可靠性工程的概率失效物理方法

[美]穆罕默德·莫达雷斯
梅赫迪·埃米里
克里斯托弗·杰克逊　　　　　著

陈溪奉　符江锋　周　龙　龙运伟　译

U0195234

西北工业大学出版社
西安

作者名：Mohammad Modarres，Mehdi Amiri and Christopher Jackson

作品名：PROBABILISTIC PHYSICS OF FAILURE APPROACH TO RELIABILITY：MODELING，ACCELERATED TESTING，PROGNOSIS AND RELIABILITY ASSESSMENT

书　号：ISBN 978-1-119-38863-0

　　　　ISBN 1-119-38863-5

陕西省版权局著作权合同登记号：25-2025-013

图书在版编目(CIP)数据

可靠性工程的概率失效物理方法 ／（美）穆罕默德·莫达雷斯，（美）梅赫迪·埃米里，（美）克里斯托弗·杰克逊著；陈溪奉等译. — 西安：西北工业大学出版社，2024.3

　　ISBN 978-7-5612-9181-8

　　Ⅰ. ①可… Ⅱ. ①穆… ②梅… ③克… ④陈… Ⅲ. ①可靠性工程-研究　Ⅳ. ①TB114.39

中国国家版本馆 CIP 数据核字(2024)第 026565 号

KEKAOXING GONGCHENG DE GAILÜ SHIXIAO WULI FANGFA
可 靠 性 工 程 的 概 率 失 效 物 理 方 法

[美]穆罕默德·莫达雷斯　梅赫迪·埃米里　克里斯托弗·杰克逊　著

陈溪奉　符江锋　周龙　龙运伟　译

责任编辑：朱晓娟		策划编辑：张　炜	
责任校对：朱辰浩		装帧设计：高永斌　李　飞	

出版发行：西北工业大学出版社

通信地址：西安市友谊西路 127 号　　邮编：710072

电　　话：(029)88491757，88493844

网　　址：www. nwpup. com

印 刷 者：西安五星印刷有限公司

开　　本：787 mm×1 096 mm　　1/16

印　　张：15

字　　数：374 千字

版　　次：2024 年 3 月第 1 版　　2024 年 3 月第 1 次印刷

书　　号：ISBN 978-7-5612-9181-8

定　　价：129.00 元

译 者 序

可靠性是指系统、设备、元件等在规定的条件下,在规定的时间内完成规定功能的能力。经过多年的研究,可靠性工程已经发展成为一门具有广泛内容的综合性工程技术。机械类产品的可靠性研究大致可分为两类:一类是研究其寿命短、可靠性差的原因,分析其失效机理,从物理上采取措施,对设计进行调整和改进,利用新的结构或者材料,提高元件、产品、系统的固有可靠性,可称为"可靠性物理"研究。另一类是对既有产品进行可靠性试验,应用概率论、统计学等数学方法对试验结果进行评估及预测,给出产品的可靠性指标,可称为"可靠性数学"研究。由于机械故障模式多,通常包括疲劳、磨损、腐蚀、断裂等,所以研究人员需要深入了解这些故障模式的物理机制以及它们与材料、设计和使用条件之间的关系,具有一定的挑战性。此外,机械产品通常涉及多种物理过程,例如力学、热传导、电磁效应等。理解和建立上述模型的过程,对于可靠性数学的理论研究及验证至关重要,但物理过程的复杂性和相互作用,通常使建模和仿真面临极大的挑战。同时,机械的可靠性研究涉及大量的不确定因素,例如材料的变异性、加载条件的不确定性以及环境变化的影响等,需要采用可靠性数学理论对这些不确定性进行建模和仿真。最后,准确的可靠性评估需要大量的数据支持,而机械产品在获取可靠性数据方面还面临诸多挑战,如高昂的成本、长期监测和数据处理等。可靠性物理的重点是研究失效物理学,其研究目的是通过物理模型揭示产品失效机理以提高机械产品的可靠性,通常需要综合考虑多个因素,包括材料选择、结构设计、工艺优化等,研究人员需要运用多学科的知识,如材料学、力学、数学和统计学等,通过理论推导、试验研究和计算模拟等手段,不断深入探索机械产品可靠性的物理本质,并寻找解决方案来提高机械产品的可靠性。本书所介绍的失效物理学,提供了关于失效原因和机制的知识,而可靠性工程则将这些知识应用于预测和改进产品或系统的寿命和性能,以确保其在预期使用条件下的可靠性,二者相辅相成,共同促进了产品和系统的可靠性和稳定性。因此,研究关键物理失效机制以及产品、项目和工程的可靠性问题具有非常重要的意义。

全书共7章:第一部分(第1章和第2章)介绍了概率失效物理方法,系统性分析了典型失效机制,包括各种机制相应的失效物理模型,为理解和建立失效预测模型提供了理论基础;第二部分(第3~6章)重点介绍了加速试验,包括加速寿命试验类型,加速退化建模,试验规划,数据收集,概率失效物理模型的开发、表征和分析方法,有助于理解如何通过模拟加速条件来预测产品或系统在更短时间内的性能表现和寿命情况;第三部分(第7章)重点探讨了基于物理学模型在可靠性以及预后和健康管理方面的不确定性分析。全书的内容覆盖了可靠性预测、评估基础理论知识和应用技术等内容,同时提供了求解示例作为补充,以阐明每章涉及的复杂工程技术问题。本书可作为高等学校理学、工学和可靠性工程领域等相关专业研究生的参考书,也可供从事产品设计、开发、生产与使用维修的工程技术人员以及管理人员阅读、参考。

在翻译、出版本书的过程中,得到了中国航发贵州红林航空动力控制科技有限公司的帮助,以及西北工业大学李华聪教授等人的修改建议和支持。同时,西北工业大学魏鹏飞副教授、刘显为副教授对部分专业术语进行了校核,长安大学肖红亮老师对本书的第 7 章进行了翻译和校对,西北工业大学赵晨辉老师对本书的第 5 章和第 6 章进行了校对,罗康、仲世杰、任凯旗、孙泽昊等研究生对全书的公式、图表进行了编辑,在此一并致以诚挚的谢意。

本书的译文和校正是一项艰巨的工作。尽管经过多次修改,尽力确保译文准确无误,但书中仍难免存在一些疏漏和不足之处。此外,鉴于译者水平有限,译文可能存在不足之处,敬请读者批评指正。

译　者

2023 年 9 月

前　　言

　　本书是根据数年课堂笔记汇编而成的,这些课堂笔记的内容涉及失效物理和加速试验(摘自马里兰大学的理学硕士、工程硕士和可靠性工程博士学位研究生课程)。针对基于失效物理和机械学的可靠性预测和评估,本书提出了概率方法和技术型方法,还汇总了公开文献中发表的各种方法和技术,涉及失效物理分析、加速寿命试验和加速退化试验的发展和实践。笔者首先论述了基于形式概率失效物理模型的加速寿命评估的总体概念、目标和框架;然后回顾了重要的失效机制,以展示适当物理学和机械学模型的研发过程,这些模型描述了采用加速寿命试验方法和加速退化试验方法(包括步进应力试验)期间出现的退化和失效现象。本书也介绍了数学分析方法,可用于评估概率失效物理模型,这种模型基于从加速可靠性试验中获得的观测数据。此外,本书还探讨了概率寿命评估的步骤和方法,以及基于概率失效物理模型的结构、部件和系统的完整性。由于本书的目标受众是研究生和训练有素的可靠性工程师,所以书中提供了求解示例作为补充,以阐明每章涉及的复杂技术问题。其中,一些示例直接引用于或改编引用于其他资料,包括班南特等人(1997)、柯林斯(1993)、史蒂芬斯等人(2003)、米克和埃斯科巴(1998)、尼尔森(2004)和道林(1998),这些资料在本书中被广泛引用。

　　尽管简要评述了高加速寿命试验(HALT)、环境应力筛选(ESS)等定性加速寿命试验,但本书还是侧重于论述基于概率物理和加速试验的结构、部件和系统寿命评估的定量方法。马里兰大学风险与可靠性中心的专用网站(www.crr.umd.edu)提供了可下载的支持文件,可获取更多信息和计算工具(采用 MATLAB、R 和 OpenBUGS 脚本的形式),用以执行本书所述的一些更复杂的计算分析。这些文件将与这些工具同步更新。专用网站上还设有一个加速试验所需设备和资源的专用版块。

　　本书的出版离不开曾修过加速试验课程的众多马里兰大学学生的多年贡献。特别感谢温德尔·福克斯、乔纳森·德赫苏斯、雷埃尔·史密斯、雷扎·阿扎克尔、安德鲁·布拉德肖和周陶陶所提供的重要资料和求解示例。

穆罕默德·莫达雷斯

梅赫迪·埃米里

克里斯托弗·杰克逊

2017 年 2 月

目　　录

第1章　可靠性的概率失效物理方法概述

1.1　引　言

为了应对在设计、制造和运营方面的风险与可靠性挑战,可靠性工程在过去几十年中经历了一系列的变革。结合数据和实际原因的相关信息,并对失效现象进行建模,可靠性方法逐步变得更加切实可行。可靠性建模从恒定风险率发展到更典型的寿命分布(如威布尔分布和对数正态分布),这是更好地解决结构、系统和部件的磨损和老化失效机制的第一步;在此之后,开始采用物理学和机械学原理以及热力学定律。加速试验借鉴了材料退化和断裂力学的概念,基于这些概念,寿命模型中正式考虑了工况和环境条件的综合影响。

可靠性工程中的物理学和机械学方法被称为失效物理方法。该方法是一种针对可靠性工程和预测以及预后和健康管理的科学手段。不同于基于历史数据的传统统计方法,失效物理方法采用基于物理学的建模和仿真,以评估设计和可靠性。该方法可用于评估和预测系统性能,同时通过对疲劳、断裂、磨损和腐蚀等失效机制进行建模,减少可靠性评估的主观因素的影响。失效物理方法是对磨损和老化的综合表述,并能在结构、部件和系统的寿命评估和可靠性模型中引用相关物理因素。

迄今为止,开发失效物理模型所需的参考资料都十分有限。与这种限制相关的不确定性导致了概率失效物理方法的出现。该方法真正解决了失效物理模型及其输出的不确定性问题。

基于物理学和机械学的失效模型可分为三个核心框架:应力强度、损伤耐久性和性能要求。在这些失效物理建模框架中,应确认代表失效因子的指标,如施加载荷和恶劣环境。机械诱导力、热诱导力、电诱导力、化学诱导力和辐射诱导力都会对某一产品产生应力,这些应力会对产品产生损伤。随着时间的推移,损伤不断累积。载荷和时间既可采用确定的方式进行分析(例如,确认并研究应力来源),也可采用概率的方式进行分析(例如,将应力变化作为一个随机变量)。与失效因子相关的大量不确定性可能来自环境条件和工况(使用条件),也可能是因为出现了设计时未考虑或未充分理解的失效机制。

鉴于成本和时间的限制,人们侧重于以最小的代价从现场数据中获取可靠性信息。由此可知,以机械方式解决失效的设计和评估方法已成为流行的成本节约技术。加速寿命试验(ALT)是一种针对磨损、损伤过程和失效的机械建模方法,也是节约成本的直接结果。基于现场数据开发的可靠性模型在工况下和实践中差距大,而基于失效物理的可靠性模型是利用加速寿命或退化试验而开发的,考虑了相关操作条件(施加应力),在这种条件下,施加应力可以灵活变化,从而开发出相关性更大的模型。

在进行加速试验之前,应确定应力因子,它可能是一项或多项物理条件和工况的综合影响。之后,应使该应力因子加速,并在试验环境中将此应力因子应用于结构、系统或部件的样品。利用加速试验的数据,可开发失效、损伤和退化的模型。与传统的概率失效建模方法相比,新建模方法对损伤、失效现象、性能和寿命的描述更灵活、更具代表性。

对于机械产品和部件的可靠性建模而言,失效的相互依存性也是一个关键因素。在对系统行为的研究过程中,存在这一情况:某一部件逐渐失效,可能会激活或加速其他失效机制或其他部件的失效。鉴于部件的特性和共同环境条件,不同部件之间通常有千丝万缕的联系,失效物理方法恰好考虑了复杂结构、系统和部件中的这种相互依存性。

1.2　失效物理建模综述

失效物理建模的最初是研究材料疲劳和断裂。20 世纪 50 年代和 60 年代初,与材料疲劳和断裂有关的可靠性工作取得了重大进展。1957 年,乔治·R.欧文证明了材料断裂的成因是裂纹尖端的塑性变形,并归纳、总结了格里菲斯的理论(欧文,1957)。该理论描述了断裂时施加的标称应力与裂纹长度之间的关系。1955—1963 年,瓦洛迪·威布尔撰写了几部与疲劳和蠕变机制建模有关的出版物,其中还探讨了相关数据评估问题(威布尔,1959)。1961 年,威布尔在为美国空军材料实验室担任顾问时出版了一本关于材料和疲劳试验的著作(威布尔,1961)。在欧文关于应力强度因子的研究基础上,帕里斯等人(帕里斯、戈麦斯和安德森,1961)介绍了疲劳裂纹扩展率的预测方法。

随着基于机械学的寿命模型(尤其是疲劳和断裂失效评估)的发展,罗马航空发展中心(RADC,美国空军罗马实验室的前身)在 1961 年制订了失效物理研究计划,以解决军事装备日益复杂以及随之而来的失效次数增加的问题。1962 年,贝尔实验室的研究人员发表了一篇名为《高应力老化导致半导体器件失效》的论文,其中采用动力学验证了阿伦尼斯方程的合理性:这是一个简单而准确的反应速率常数随温度变化的公式,可作为评估温度引起的半导体器件老化的依据(多德森和霍华德,1961)。随后,罗马航空发展中心和伊利诺伊理工学院的装甲研究基金会于 1962 年 9 月在芝加哥组织了首届电子产品失效物理研讨会。该研讨会为后来罗马航空发展中心和其他几个组织开展失效物理有关的研究工作奠定了基础,会上提出了众多介绍和解释失效物理概念和方法的原创论文和观点,这些论文和观点至今仍出现在电气和电子工程师协会(IEEE)国际可靠性物理研讨会和可靠性与维修性学术年会(RAMS)上。

可靠性的失效物理方法利用了关于损坏和退化过程的科学知识,以及应用于某一产品、结构、材料属性和环境条件的载荷特性,以确认潜在的失效机制,其中某个或多个机制可能会导致该产品失效。然后,利用失效物理模型评估可靠性、消耗寿命和剩余寿命。借助失效物理,可减少对使用级寿命数据的海量需求,采用较小的加速试验数据集和其他相关数据集,生成一个更具代表性的模型。失效物理方法采用关于失效机制的现有知识。通过失效物理模型,可了解产品失效的方式和原因,由此减少对寿命数据的海量需求。

失效物理方法中最关键的一步是了解失效机制(如腐蚀或疲劳),以便根据退化程度和失效发生时间建模。基于失效物理模型的加速寿命试验是一种方法,可减少寿命试验的次数。利用这种方法,可将材料的基本物理和化学特性与可靠性指标(如退化、寿命或失效周期)相关联。要想根除(或减少)失效,必须消除(或减少)其根本原因。因此,必须了解材料及相关失效机制的物理特性(瓦卡罗,1962)。在某些情况下,无法建立几个相同的单元或原型进行可靠性试验,例如大型系统(如建筑物和空间飞行器)、专属系统或高成本系统,以及必须第一次能正常运作的单元。在这种情况下,无法提供性能和现场数据,因而采用失效物理方法进行退化和寿命评估是最好的办法。因此,在设计阶段,当原型或试验设施受限时,失效物理方法的效果较好。最后,在处理高度可靠的单元(可用于分析的失效数据很少)时,失效物理方法特别实用。

失效物理技术可用于解释和推测现场数据,以便对在役部件进行失效预测。现场数据可能包括一些参数,这些参数与传统物理措施有关,但只能用作失效预测的松散模型。轴承振动就是一个很好的示例。振动意味着有缺陷,但由于无法跟踪缺陷本身,所以振动可用于失效评估。显然,这样可能会带来高度不确定性,其原因是不易发现模型中的变化。例如,如果出现存在新的缺陷,就会加速失效,从而也就可以发现缺陷,并将其纳入模型中,但这种推论是无法保证的。当然,这种方法至少提出了一些跟踪部件退化的方法,这对维修人员来说非常有用。当传统方法因缺乏可测量的失效物理模型参数而无法使用时,这种方法提供了失效估算的手段。

基于失效物理的可靠性分析没有专用的方法。第 2 章将进一步探讨某一产品失效物理模型的开发步骤。如果某一产品涉及多个子组件(零件和部件),每个都有不同的失效机制,那么应对适用失效机制的综合效应进行建模。图 1.1 描述了一个多部件系统的失效物理分析要素的结构和动态层次体系。在该层次体系中,最底层是环境内部因素和环境间因素。环境内部因素是指单元运行本身所产生的条件,例如散热或由不平衡的旋转轴引起的振动。环境间因素是指从设计边界施加的外部因素,例如相对湿度和尘粒普遍存在性。环境内部因素和环境间因素之间可能有一个因果链,某个因素可能会引发另一个或另一些因素,反之亦然。例如,低温可能导致冷凝,进而导致腐蚀加速。

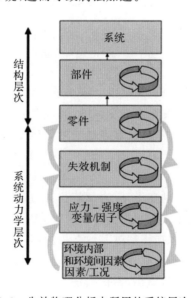

图 1.1　失效物理分析中所用的系统层次体系

所有环境因素都可能导致产生各种形式的应力。例如,高温(作为环境内部因素或环境间因素)导致热膨胀,进而(如果单元受限)可能产生机械应力。在利用相应失效机制激活或加速退化的过程中,这种应力因子发挥着重要作用。虽然某一失效机制可能加速另一失效机制(如腐蚀加速疲劳),但失效机制也可能产生新的应力。例如,轴颈轴承的磨损可能导致振动诱发的疲劳。图1.1中层次体系的上半部分是结构层次,描绘了系统的正式构造和拓扑结构,显示了零件、部件和整个系统之间的功能和支持关系。另外,图1.1的下半部分是系统动力学层次,显示了潜在过程(失效机制)以及导致这种机制发生或加速的条件。

1.3 失效物理模型的重要形式

如前文所述,有三种可用的失效物理建模框架,采用哪种框架取决于潜在失效和退化机制的性质。下文将逐个进行简要的介绍。

1. 应力强度模型

在该模型中,如果由设计、运行和外部环境产生的施加应力超过其强度,那么产品(例如结构、系统或部件)就会失效(见图1.2)。这种失效模型可能取决于环境条件、施加的工作载荷和关键事件的发生,而不是时间的推移或周期的变化。将应力和强度视为一个随机变量,其中涵盖各种条件下的变化。该模型有两个示例。一个示例是平均拉应力低于其屈服点的钢筋,随着时间的推移,会随机承受超过屈服点的载荷。

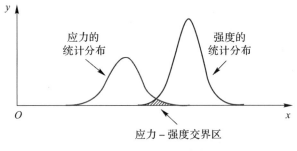

图1.2 应力-强度建模

另一个示例是晶体管,在发射极-集电极上施加平均电压,晶体管仍然低于失效水平,但可能出现随机超过限制的情况。在钢筋的示例中,通过对应力随机变量和强度随机变量各自的分布进行卷积计算,求出应力随机变量超过强度随机变量的概率,根据这一概率,进而估算出钢筋的失效概率。

2. 损伤耐久性模型

该模型与应力强度模型的区别在于,应力(载荷)通过腐蚀、磨损、脆化、蠕变或疲劳,以不可逆的累积损伤形式引起退化。累积损伤指标的驱动因素是应力(载荷)总量。累积损伤可能不会导致性能退化,但当累积损伤超过其耐久极限时,该产品就会失效。例如,某一结构上的裂纹不断扩展,直至达到一个临界长度,若超过该临界长度,会出现急速扩展。尽管有时退火等处理方法可以修复累积损伤,累积损伤不会在消除应力后消失。代表损伤和耐久性的变量可视为随机变量,用概率密度函数表示,以获得初始损伤、模型参数的不确定性和模型误差的分布。因此,在任何时间或周期(见图 1.3),失效概率可用耐久性概率密度函数中损伤分布的超过数表示。如果耐久性不是一个随机变量,而是一个常数,那么当累积损伤值随机超过耐久性的恒定值时,就可获得失效时间的分布(见图 1.3)。图 1.3 所示的失效时间分布是基于一个假设,即在耐久性分布的中值区附近有一个恒定的耐久极限。显然,在某一特定时间或周期 N 下,拉伤分布超过耐入度(耐久度分布)的概率等于随机变量故障时间(由故障时间分布表示)小于 N 的概率。

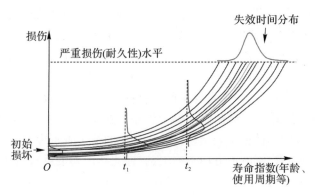

图 1.3　损伤耐久性模型

3.性能要求模型

在该建模方法中,如果某一系统的性能特征(如系统输出能力、效率或可用性)保持在可接受的公差范围内,那么该特征符合要求,例如旋转机械的效率和打印机的打印质量(基于泵头的效率或输出水平)。一开始,系统的性能裕度为正,随后由于潜在失效机制,该性能会以不可逆的方式逐步退化,直到性能下降到最低要求水平以下(即失效)。随着单元上施加的应力加速性能退化,失效时间(即系统达到最低或可接受性能极限的时间)会提前。图1.4描述了这一概念。

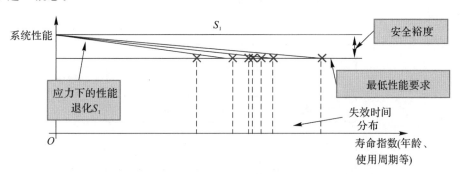

图 1.4　性能要求模型

1.4　寿命评估的概率失效物理方法

由于在失效物理模型所述的退化和失效过程中,许多因素会发生随机变化,因此可使用概率失效物理模型考虑不确定性和模型误差。这些因素变化包括环境和运行应力的不确定性、任务剖面、材料属性的变化,以及应力因子。最早的概率失效物理建模工作由哈加格等人(哈加格、麦克马洪、赫斯、程、李和吕丁,2000)负责,他们结合共同的缺陷活化能分布,提出了概率失效物理方法,保证了高性能芯片的可靠性。霍尔和斯特鲁特(2003)结合参数和模型的不确定性,提出了用于部件可靠性的概率失效物理模型。阿扎克尔和莫达雷斯(2007)提出了贝叶斯框架,可对基于物理学的可靠性模型中的不确定性进行管理。马蒂克和斯鲁克(2008)强调了概率失效物理的必要性,以便在分析时考虑到不可避免的变量变化,而这些变量出现在导致失效发生的过程中。最后,查特吉和莫达雷斯(2012)针对小型模块化反应堆中的集成蒸汽发生器,提出了概率失效物理建模。尽管在可靠性评估的概率失效物理建模方面已经做了大量研究,但该领域仍需进行更多研究。

在概率失效物理模型中,用某个要素可评估某一部件(如疲劳磨损退化机制下的滚珠轴承)的失效时间,如图1.5所示。该图要素(5)是环境内部因素和环境间因素,会产生应力,导致退化和失效。要素(2)~(4)来自退化的失效物理模型。要素(1)是概率寿命评估,考虑了失效物理模型中参数的不确定性以及模型误差。在图1.5中,有概率方法(如贝叶斯推理)可描述相应的失效物理模型不确定性。图1.5中的箭头表示影响的方向,例如外部环境温度如何影响黏度。通常,影响的方向是向上的(即连续因果关系),但部分影响可能是向下的,造成变量之间的循环协同作用。例如,某些工况(如运行期间因润滑不良而产生内部高温)会降低润滑油的黏度,而这又会增大摩擦力,进一步加剧内部的高温。

偶然不确定性和认知不确定性是两种基本的不确定性类型,均可采用失效机制的失效物理模型进行描述。偶然不确定性是该模型试图预测现象的内在随机性。这种不确定性是固有性质,无法减少,例如随机环境变化、应力振幅的随机振动和某些材料属性(如缺陷大小和密度)。

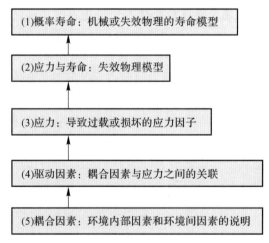

图 1.5　概率机械可靠性寿命模型中的系统层次体系

认知不确定性是指缺乏知识,包括对模型现象的描述不完整、测量误差以及测量值的准确度不足以全面记录现象。通过纳入其他失效物理模型数据和信息,可以减少这种不确定性。由此可知,这种不确定性可以减少,而偶然不确定性则不可以减少。由于可能存在与失效因子(即应力)、模型参数和模型本身相关的不确定性,因此失效预测本质上是一种概率问题,需采用概率失效物理模型,而这种模型适用于主要失效机制(莫达雷斯、卡明斯基和克里夫佐夫,2017)。每个失效、损坏或退化机制都应有本身的概率失效物理模型。为了确定整体退化过程,需综合考虑所有适用于某一产品的概率失效物理模型。综合考虑多个概率失效物理模型的方法之一是利用最薄弱环节的方法,该方法假设其中一个退化机制会先于其他适用机制造成超过耐久极限而损坏。

　　在制作概率失效物理模型时,需考虑所有相关变量,这些变量可能会引发在研产品退化并加速其退化。在这个过程中,应确认导致退化的重要变量,如转管的法向载荷、位移振幅和接触表面的材料属性,可采用材料损耗量来衡量转管的退化程度,然后将其与应力变量相关联。试验性退化数据需从加速退化试验中获取,用于确定退化和因果应力变量之间基于失效物理的关联性。在某些情况下,可采用经文献证实的关联性。在开发失效物理模型时,也可考虑其他重要变量(如几何形状)。随后,需描述与失效物理模型和数据相关的各种不确定性,并估算模型参数,由此将失效物理模型转换为概率失效物理模型。此外,还应制定合适的回归法,正式描述所有的不确定性。例如,贝叶斯回归就是一种强大的技术,可估测模型参数的概率分布。在上述转管的示例中,需采用现有环境(结合每个退化机制相应的工况)下的试验性退化数据。

　　其他因素(如制造方法和材料属性)可能会导致失效概率的不确定性,也需予以考虑。在评估作用于转管的应力因子时,应考虑到大部分不确定性。在上述转管的示例中,流动引起的振动应力和热应力会加速转管退化。每种失效机制都有导致退化的特定应力因子。疲劳应力等因子属于交变应力,而应力腐蚀开裂(SSC)的应力因子则涉及恒定的拉应力。为了确定应力因子,需对转管的几何形状和材料属性进行详细的有限元分析,并运用现有工况。有限元分析的输入参数(如几何形状、材料属性)需采用概率的方式(而非确定的方式)输入,并以概率分布方式估测相应的应力。

　　在蒙特·卡洛模拟方法中,通过传播所有相关的不确定性(如与模型、其参数和初始材料缺陷相关的不确定性),对概率失效物理模型进行补充,以便在现有应力下,估测单元失效或损坏量的概率分布(随时间而变化)。蒙特·卡洛模拟是一种方法,主要用于模拟具有许多耦合输入变量的系统。考虑到可操作性,需针对每种失效机制界定适当的失效标准。例如,正常工况下引起的疲劳机制的失效标准可界定为达到管壁厚度的穿透裂纹。

1.5　加速试验在概率失效物理模型开发中的应用

　　要想开发失效物理模型,并估测其参数和模型的不确定性,就必须参考失效和退化(损坏)与时间之间的关系数据,而这些数据来源于寿命和退化试验或有效的现场数据。如今,许多结构、系统和部件都能在良性环境应力下无故障运行数千小时,导致此类设备的正常寿命(非加速)试验变得困难且昂贵。在许多情况下,现场数据都很少,即使有现场数据,也难以判断数据的统一性和准确性。另外,加速试验有助于进一步快速了解设备寿命和退化过程,并产生用于开发失效物理模型和概率失效物理模型的数据。因此,为了在最短的时间内产生退化数据,可以采用加速试验方法。

　　从本质上讲,加速试验可在比正常使用环境更恶劣的试验环境中,以更短的时间收集更多的可靠性和寿命信息。加速试验可增加应力源(即导致系统失效的主要原因),以便在缩短的时间内对其进行试验。最重要的是,加速试验可确保在试验期间不会无意之中引入任何在正常使用条件下不会出现的失效模式和机制。图 1.3 和图 1.4 所示的累积退化轨迹在加速试验状态下会向左移动,这是因为失效发生的速度比在正常工况(或使用条件)下更快。

加速试验可用于开发概率失效物理模型,而这些模型又可用于估测正常工况下的设备寿命或退化和损坏。在概率失效物理分析中,该步骤强调了描述概率失效物理模型中所有不确定性的重要性,以便表明基于这些模型预测的寿命也存在这种不确定性。

图 1.6 显示了概念性加速试验的应力区域,可在"过应力"区域内的两个应力水平上产生若干失效数据点。然后,这些数据可用于开发最适合描述数据的失效物理模型,包括相关的不确定性,将生成的概率失效物理模型(与寿命的每个四分位数相关)外推至"使用"应力水平,估测相应的寿命分布(见图 1.7)。

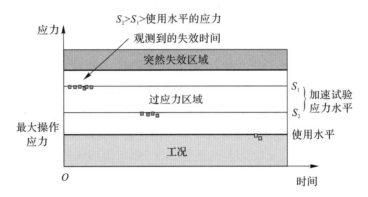

图 1.6 两种过应力条件下的应力因子加速概念以及加速寿命试验生成的相应数据点

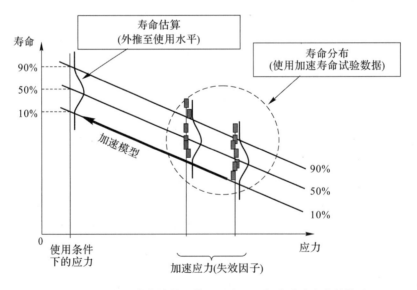

图 1.7 概念性概率失效物理模型开发以及加速试验中的外推法

加速试验有三种基本方法:

(1)在更高的使用频率或操作应力(载荷)下对单元进行现场试验。

（2）在更高的应力或使用频率下对单元、原型、材料样品或试样进行实验室试验。

（3）使用经验证的概率失效物理模型进行计算机模拟加速。

应力变量可单独加速，也可组合加速。其示例如下：

（1）更频繁的功率循环。

（2）更高的振动水平。

（3）更高的湿度。

（4）更严酷的温度循环。

（5）更高的温度。

（6）更高的载荷振幅。

除了开发失效物理模型和概率失效物理模型外，为了保证可靠性，还有其他加速试验的动机，这些动机来源于：

（1）需确认设计失效。通过重新设计，加速试验的结果有助于消除或减少设计失效（如内在冗余）。

（2）需立即验证寿命统计数据（而不是等待现场数据），这在预测高度可靠产品性能的情况下尤其重要。在这种情况下，无法获取正常使用的失效数据。

（3）由于产品的技术发展迅速，需进行更短的寿命试验。

（4）需在设计阶段评估和证明部件的可靠性。

（5）需对部件进行认证，并检测失效模式，以便对其进行纠正。

（6）需在缩短的时间范围内比较不同的制造商和供应商。加速试验可协助选择设计、部件、供应商、额定工况和试验程序。

（7）需在缩短的时间范围内确定适当的服务政策。加速试验可帮助确定检查、维修和更换单元的最合适方法。

加速试验有两大基本类别：定量加速试验和定性加速试验。前者通常指加速寿命试验和加速退化试验（ADT）。后者主要指用于提高产品在设计和操作期间的可靠性的试验。

定量加速试验的对象是产品（结构、系统、部件）和制造过程，可能需要几周到几个月的时间完成。从根本上来说，加速寿命试验基于一种假设：试验单元在较短的时间内（高应力条件下）表现的行为与在较长的时间内（使用应力条件下）表现的行为相同。因此，在进行加速寿命试验时，需考虑几个重要的规划注意事项，以确保上述假设始终有效。

定性加速试验的目的是发现与设计或制造有关的失效，而不是提供与产品有关的任何寿命或损坏特性。通过加速结构、部件或系统的失效，这些试验可确定该单元在其有效寿命期间的稳健性。如果在定性加速试验期间发生失效，那么需确定失效的根本原因，并判断观测到的失效模式和机制是否会在正常使用条件下出现。高加速寿命试验（HALT）是最常见的定性加速试验类型。作为一种定性加速试验，需特别注意的是高加速寿命试验不是寿命试验，这是因为其目的不是确定寿命特性，而是促进产品在正常使用条件下的寿命期间出现失效模式（机械或电子方式）。高加速寿命试验可提供有价值的信息，确定设计缺陷以及产品的破坏上限和下限。

定性加速试验的另一个示例是高加速应力筛选（HASS）。高加速应力筛选试验在制造阶段进行，用于筛选临近损坏的和有缺陷的单元。高加速应力筛选可能会暴露出早期失效和其他潜在缺陷,否则这些缺陷会在单元使用时出现。高加速寿命试验在设计阶段进行,可消除潜在的设计问题,而高加速应力筛选则可筛选出与制造过程有关的缺陷(可以反馈给设计人员)。高加速应力筛选通常建立在高加速寿命试验的基础上,但通常采用更小的应力。

1.6　本书的结构

本书可分为三个部分:第一部分(第1章和第2章)较正式地介绍概率失效物理方法,并全面概述关键的失效机制,包括各种机制相应的失效物理模型;第二部分(第3~6章)重点介绍加速试验,包括加速试验类型,加速退化建模,试验规划,数据收集,概率失效物理模型的开发、表征和分析方法;第三部分(第7章)重点探讨基于物理学模型在可靠性以及预后和健康管理方面的不确定性。

第2章 失效机制概述及相关失效物理模型

2.1 引　　言

第1章介绍了加速试验的总体情况。如前文所述,为了成功进行加速寿命试验,关键要素之一是确定最合适的加速寿命模型(这取决于最合适的失效物理模型),并基于此模型进行试验。如何选择加速寿命模型,取决于适用材料的失效机制。因此,任何加速寿命试验分析都离不开失效物理研究。本章将论述典型的失效机制,从失效物理角度展示寿命和施加应力之间关系的推导过程。机械失效、热失效、电化学失效和电气失效机制包括:

(1)疲劳开裂。

(2)蠕变。

(3)点状腐蚀。

(4)均匀腐蚀。

(5)缝隙腐蚀。

(6)侵蚀。

(7)磨损。

(8)辐射脆化。

(9)氢脆化。

(10)电迁移。

(11)导电细丝形成。

(12)热疲劳(循环蠕变疲劳)。

(13)振动疲劳。

(14)冲击和跌落引起的断裂。

(15)振动引起的连接器微动腐蚀。

此外,还有一些协同失效机制:

(1)蠕变疲劳。

(2)腐蚀疲劳。

(3)微动磨损。

按照根本原因对材料退化进行分类,是在特定情况下制订材料保护计划的第一步。图2.1将已知的材料退化形式分为三类,即物理现象、化学现象或生物现象,并将其用文氏图表示。

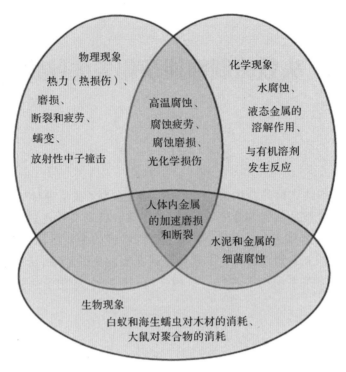

图 2.1　材料退化分类

对于所有材料(包括电子产品),造成材料退化的原因有三大类:

(1)物理原因。

(2)化学原因。

(3)生物原因。

物理原因是指力、热力或辐射的影响。化学原因是指材料和与之接触的化学品之间产生的破坏性化学反应。生物原因是指生命形式和工程材料之间的所有相互作用。

物理和化学材料退化(如热损伤或破坏性的化学反应)与组合形式的材料退化(如腐蚀磨损)共存。环境条件对材料退化存在影响显著,这意味着任何材料退化问题都取决于所处地点。例如,在腐蚀性环境中的部件易受腐蚀,而在生物体内的部件则更易遭受生物破坏。正如后文所述,退化过程之间可能存在各种相互作用或协同作用,需要相当谨慎地预测对于给定情况而言哪些相互作用更为重要。

退化过程之间有一种称为腐蚀磨损相互作用,这是一种机械磨损,但通过对被磨损材料的化学破坏,可以加速这种磨损。此外,可能引起这种腐蚀的生物现象要么以纯粹的形式出现(如生物体食用人造材料),要么以更复杂的关系出现(如细菌腐蚀,其中细菌废物对材料有破坏性)。

只涉及一种现象的损坏比涉及多种现象的损坏更容易识别(例如在腐蚀磨损中发生的损坏)。在处理多种现象时,损坏检测通常无效。在讨论更复杂的退化形式之前,先介绍涉及一种现象的材料退化。

加速寿命试验的失效物理方法旨在利用物理学来创建分析模型,进而描述部件和设备的失效。本质上,失效物理方法可说明某一特定部件或材料失效的原因和时间。根据第 1 章的内容,失效物理建模过程可总结为以下几点:

(1)具体说明产品或系统及其操作限制、所有相关特性和操作要求(即预期用途)。

(2)确定产品的设计操作环境和概况。

(3)根据概况确定产品的静态或动态机械载荷、热载荷、电载荷和化学载荷(应力或损伤因子)。

(4)确认暴露在最高应力或载荷条件下的"热点"(hot spot)以及激活的相关失效机制。

(5)确定材料、结构、制造和装配过程。

(6)开发一个失效物理模型,将施加载荷与退化量或退化率相关联。

(7)使用通用数据或试验数据(主要取自加速试验),估算失效物理模型的参数,包括任何参数不确定性和模型误差。

(8)指定一个退化程度,超过此程度,该产品就无法运行或达到耐损极限。

(9)使用失效物理模型和耐久极限,估算在各种条件下发生失效事件的时间或运行周期,包括与这种估算有关的不确定性。

(10)执行计算机模拟,估算产品的预期寿命或剩余寿命。

表 2.1 中列出了一些重要的失效机制及其相关驱动因素。磨损和腐蚀失效在现场失效中占比很高,但相应的定量失效物理模型还未发展成为成熟有效的设计工具。关于磨损和腐蚀的更多详情,请参见《机械设计中的材料失效》(*Failure of Materials in Mechanical Design*)(柯林斯,1993)的第 17 章。由于还有许多其他失效模式和机制也适用于材料,并与加速试验有关,因此本章的重点是机械部件和结构中常见的物理和化学退化机制,例如疲劳、腐蚀、磨损和蠕变。

2.2　疲　　劳

疲劳是一种退化现象,源于导致部件损坏(和失效)的作用力的重复施加。某一部件的疲劳寿命可以分为:

(1)直到发生开裂的寿命。

(2)从开裂扩展到断裂所需的寿命。

疲劳是加速寿命试验的一个重点,这是因为许多硬件部件都面临某种形式的疲劳。

本章介绍了三种疲劳分析方法:

(1)1850—1870 年制定的寿命-应力方法。

(2)20 世纪 60 年代制定的应变-寿命方法。

(3)20 世纪 60 年代制定的断裂力学方法。

前两种方法针对开裂前的寿命时段,而第三种方法针对裂纹扩展寿命。每种方法都可用于进行疲劳分析。了解这三种方法后,工程师可以选择最合适的分析方法。

本节还将探讨应变-寿命方法和断裂力学方法的组合方法。此外,本节也会提及当材料出现缺口效应时如何调整分析方法。

表 2.1 常见失效模式汇总表(柯林斯,1993;阿鲁纳加代、斯通和特纳,2002; 孔萨里和埃米里,2012)

失效机制	失效因子	子 类	示 例
疲劳	波动的应力/应变 环境影响因素:温度、湿度、氧化、腐蚀	高周疲劳 低周疲劳 热疲劳 冲击疲劳 表面疲劳 微动疲劳 腐蚀疲劳 蠕变疲劳	机身、管道、桥梁、铁路结构、旋转轴、涡轮叶片、泵、螺栓、齿轮、髋关节、焊接结构、电子器件中的焊料
腐蚀	与环境发生化学或电化学反应 影响因素:应力、变形、磨蚀、磨损	直接化学侵蚀 电偶腐蚀 均匀腐蚀 点状腐蚀 侵蚀腐蚀 缝隙腐蚀 晶间腐蚀 应力腐蚀 生物腐蚀 氢蚀 腐蚀疲劳 选择性腐蚀	压力容器、锅炉管、泵、压缩机、桥梁、原油储罐、机身、海事结构、螺栓、医疗设备
磨损	配合面之间的相对运动 塑性变形 环境影响因素:湿度、氧化、温度、腐蚀	黏着磨损 磨粒磨损 微动磨损 腐蚀磨损 疲劳磨损 冲击磨损 变形磨损	弯管、密封件、轴承、齿轮、磁盘和磁带、活塞环、核装置、钻机、泵叶轮、人类牙齿和关节
蠕变	应力和温度升高导致的塑性变形 影响因素:波动的应力/应变、腐蚀	蠕变疲劳 蠕变腐蚀	锅炉过热器、石化炉、反应釜部件、燃气轮机叶片、航空发动机
断裂	静态应力 弹性变形(脆性材料) 塑性变形(延性材料)	脆性断裂 延性断裂	船舶结构、焊接接头、复合结构、桥梁结构、坦克
冲击	动态载荷或突然施加的载荷 弹性/塑性变形	冲击断裂 冲击变形 冲击疲劳 冲击磨损 冲击微动磨损	飞机、复合结构、装甲系统、作战车辆、安全带托架

续表

失效机制	失效因子	子类	示例
布式效应	静态接触应力 局部屈服 两个静止接触体的振动	布式效应 伪布氏压痕	闲置的滚动部件、轴承、感应电动机
热冲击	明显热梯度		涡轮发动机、推进系统
屈曲	压缩或扭转载荷(高载荷和/或点载荷) 影响因素:高温	屈曲 蠕变屈曲	棒材、管材、立柱、发动机轴
屈服	塑性变形		承受拉应力的延性材料、直升机发动机轴和部件

2.2.1　寿命-应力法

最简单的疲劳分析方法是寿命-应力法,其要求根据施加应力算出疲劳部件的失效周期数。该方法是定量方法,没有具体考虑现象的失效物理机理。经证明,利用寿命-应力法,可针对长寿命部件(受恒幅应力的影响)的失效进行建模。另外,许多材料的可靠性数据也很充足,因而寿命-应力法的适用范围广泛。

寿命-应力法不会考虑研究材料的真实应力-应变行为,而是将所有应变视为弹性应变(班南特等人,1997)。为此,只有当负载材料的塑性应变足够小时,才可使用寿命-应力法。对于高周疲劳(失效周期大于 1×10^4 个)而言,通常寿命-应力法更为合适。

在疲劳分析中,重点是了解应力的各种测量值以及相关的术语。图 2.2 展示了恒幅循环载荷。

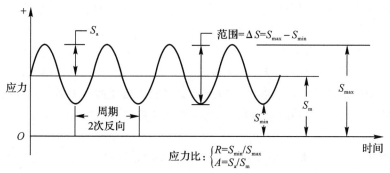

图 2.2　恒幅循环载荷的命名法

根据图 2.2,可以做出以下推断。

(1)应力范围: $\Delta S = S_{max} - S_{min}$。

(2)应力振幅: $S_a = \dfrac{\Delta S}{2}$。

(3)平均应力: $S_m = S_{max} - S_a = S_{min} + S_a$。

(4)应力比: $R = \dfrac{S_{min}}{S_{max}}$。

（5）振幅比：$A = \dfrac{S_a}{S_m}$。

注意 $R = 0$（零至最大值）和 $R = -1$（全反）是两个常见参考试验条件，可用于了解疲劳性能。

2.2.1.1 S-N 曲线图

S-N 曲线图是寿命-应力法的基础，其物理意义就是在全反载荷的情况下，施加应力 S 与失效周期数 N 的关系图。要生成 S-N 曲线图所需的数据，可采用很多方法。S-N 试验数据通常绘制在双对数图上，S-N 线代表数据的平均值（班南特等人，1997）。理想化的 S-N 曲线图如图 2.3 所示。

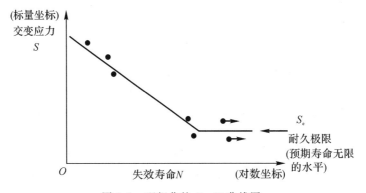

图 2.3　理想化的 S-N 曲线图

如图 2.3 所示，耐久极限 S_e 是预期寿命无限的水平，或是最低应力水平，可认为在该应力水平下循环载荷所造成的损坏不会导致失效。如果施加于材料的应力低于该耐久极限，那么可以认为材料具有无限的寿命。这是寿命-应力法的一个基本假设，尽管像钢、钛等材料都符合这种假设，但该假设仍存在一些限制。因此，该假设只适用于良性环境条件。在无限寿命和安全应力设计中，均采用了耐久极限这个概念。但是，在使用耐久极限的假设时必须谨慎对待。例如，周期性过载、腐蚀环境或高温可能会致使假设失效。耐久极限并非基于材料的物理特性，而是受各种因素的影响，包括表面粗糙度、温度、应力集中、缺口敏感性、尺寸和环境。

至于理想化的 S-N 曲线图（见图 2.3），双对数直线 S-N 关系的结果（史蒂芬斯、法特米、史蒂芬斯和福克斯，2001）如下：

$$S_a \text{ 或 } S_{N_f} = A(N_f)^B \tag{2-1}$$

式中：S_a 是施加的交变应力；S_{N_f} 是 N_f 个周期时的全反疲劳强度；A 和 B 是待定常数，A 是一个周期时的 S_{N_f} 值，B 是双对数 S-N 曲线的斜率。

因此，在双对数坐标上的线性关系可表示为

$$\lg S_{N_f} = \lg A + B \lg N_f \tag{2-2}$$

对于寿命-应力法，值得注意的其他重要关系如下。

（1）与硬度有关的耐久极限：

$$S_e \approx 0.25 \times 布氏硬度值(BHN)$$

式中:BHN≤2 800 MPa。若 BHN>2 800 MPa,则 $S_e \approx 700$ MPa。

(2)与极限强度有关的耐久极限(应力产生断裂的水平):

$$S_e \approx 0.5 S_u$$

式中:S_u≤1 400 MPa。若 S_u>1 400 MPa,则 $S_e \approx 700$ MPa。

2.2.1.2　平均应力效应

平均应力 S_m 对疲劳行为有重大影响。交变应力与在三种平均应力下的失效周期数之间的关系图如图 2.4 所示。一般而言,平均拉应力对材料的寿命会产生不利的影响,而压应力则会产生有利的影响。这符合人的直观认知,因为裂纹在压缩状态下不会扩展。

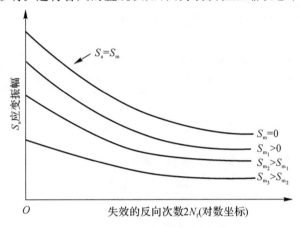

图 2.4　平均应力对疲劳寿命的影响

由此可知,平均应力效应会生成以下几种修正方程:

$$\frac{S_a}{S_{ar}} + \frac{S_m}{S_y} = 1 \quad (索德倍尔格方程)$$

式中:S_y 表示屈服应力。

$$\frac{S_a}{S_{ar}} + \frac{S_m}{S_u} = 1 \quad (古德曼修正方程)$$

$$\frac{S_a}{S_{ar}} + \frac{S_m}{\sigma_f} = 1 \quad (莫洛方程)$$

式中:σ_f 表示真实断裂强度。

$$\frac{S_a}{S_{ar}} + \left(\frac{S_m}{S_u}\right)^2 = 1 \quad (格伯方程) \tag{2-3}$$

$$\frac{S_a}{S_{ar}} = \left(\frac{1-R}{2}\right)^{1/2} \quad (史密斯-沃特森-托普尔方程)$$

式中:R 表示应力比。

$$\frac{S_a}{S_{ar}} = \left(\frac{1-R}{2}\right)^{1-\gamma} \quad (沃克方程)$$

式中:γ 是拟合常数。

在上述方程中,S_{ar} 是非零平均应力的等效应力振幅,可用于 $S - N$ 曲线图,该图假设平均应力为零,且全反载荷。上述方程通常用于疲劳设计和分析,可针对缺口、尺寸、表面粗糙度、环境效应和有限寿命进行修改(史蒂芬斯等人,2001)。在特定的应用中,每种方程都有利有弊。例如,格伯方程使用简便,对于延性材料和低施加应力来说,比古德曼方程的效果更好。不过,对于平均压应力而言,格伯方程不准确。SWT 方程建议用于一般用途(道林,2004)。孔萨里和埃米里(2012)概述了这些方程的适用性。

[例 2.1]　疲劳分析的 $S - N$ 方法

以下述情况为例:如果某一钢制部件承受着 $70 \sim 760\ MPa$ 的周期应力,那么该部件的极限强度 S_u 为 $1\ 030\ MPa$,耐久极限 S_e 为 $410\ MPa$。在 $1\ 000$ 个周期时施加 $760\ MPa$ 的全反应力。在该例中,古德曼方程可用于求出部件的寿命。

求解:

根据下式确定应力振幅和平均应力:

$$S_a = \frac{S_{最大} - S_{最小}}{2} = \frac{760 - 70}{2}\ MPa = 345\ MPa$$

$$S_m = \frac{S_{最大} + S_{最小}}{2} = \frac{760 + 70}{2}\ MPa = 415\ MPa$$

利用上文提出的古德曼修正方程,根据下式确定 S_{ar}:

$$\frac{345\ MPa}{S_{ar}} + \frac{415\ MPa}{1\ 030\ MPa} = 1$$

$$S_{ar} \approx 578\ MPa$$

S_{ar} 的取值现在可以和 $S - N$ 曲线图(见图 2.5)一起使用,估算出部件的寿命 N_f($S - N$ 曲线图表示全反载荷)。当应力达到 $578\ MPa$ 时,估算得出的寿命约为 $22\ 113$ 个周期。该问题也可采用其他方程解决,如格伯或莫洛平均应力方程。每种方程求出的寿命都会略有不同。本例是基于班南特等人(1997)的修正版。

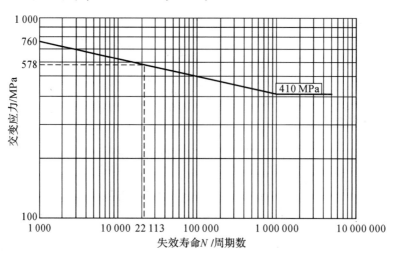

图 2.5　例 2.1 的 $S - N$ 曲线图

2.2.1.3　组合载荷

在工程应用中,部件和结构通常承受复合应力状态,如扭转、轴向和弯曲载荷的组合。例如,如图 2.6 所示,某一薄壁圆柱形压力容器承受着周向应力(箍应力)和纵向应力。柄或车轴可能会承受扭转和弯曲载荷的共同影响。

多轴疲劳分析方法可分为五种(尤和李,1996):

(1)柯芬-曼森方程的经验公式和修正公式。

(2)应力或应变不变量方法。

(3)应力或应变的空间平均值。

(4)临界面理论。

(5)能量基础法。

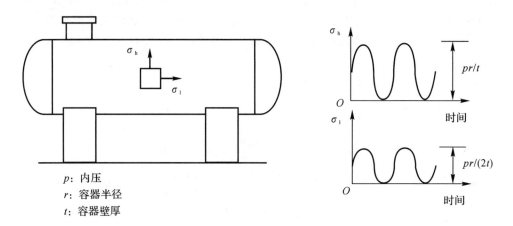

p: 内压
r: 容器半径
t: 容器壁厚

图 2.6　薄壁压力容器的双轴应力状态

尤和李(1996)全面论述了上述多轴疲劳方法及其有效范围和局限性。在斯坦菲尔德(1935)的开创性工作之后,临界面理论凭借其有效性和广泛的应用范围而备受瞩目(卡罗尔祖克和马卡,2005)。采用临界面法时,需在法向应力和剪切应力的综合效应最显著的平面上算出疲劳寿命。这些平面是疲劳断裂的平面,斯图伦和康明斯(1959)将其命名为"临界面"。临界面不一定是主平面,而主平面是莫尔圆中出现最大和最小主应力的平面。

简单多轴疲劳应力分析是基于有效应力振幅和有效平均应力。该分析方法假定多轴疲劳寿命可根据有效应力进行评估。根据任意简化坐标系(见图 2.7),有效应力振幅和有效平均应力可通过应力分量的振幅和平均值求得

$$\left. \begin{array}{c} \bar{\sigma}_a = \dfrac{1}{\sqrt{2}} \sqrt{(\sigma_{xa}-\sigma_{ya})^2 + (\sigma_{ya}-\sigma_{za})^2 + (\sigma_{za}-\sigma_{xa})^2 + 6(\tau_{xya}+\tau_{yza}+\tau_{zra})^2} \\[2ex] \bar{\sigma}_m = \sigma_{xm}+\sigma_{ym}+\sigma_{zm} \end{array} \right\} \tag{2-4}$$

式中:下标 a 和 m 指特定应力分量的振幅和平均值,上标横杠表示有效应力。在确定了有效振幅和有效平均应力后,可利用 2.2.1.1 节所述的寿命-应力法算出疲劳寿命。

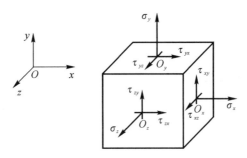

图 2.7　某处的应力状态(用应力单元表示)

[例 2.2]　多轴应力分析

有一个压力容器,直径为 1.4 m,长度为 3.6 m,壁厚为 16 mm,由 AISI 1040 HR 钢制成(S_y=227 MPa,S_u=415 MPa)。该容器承受着 10 个周期/min 的波动,而在每个周期中,压力在 2~6 MPa 之间波动。该压力容器的预期寿命是多少(假设是薄壁容器)? 根据 2.2.1.1 节所述,寿命-应力公式的 A 值和 B 值分别为 886 和 —0.14。

求解:

首先,根据下式求出应力振幅和平均应力:

$$p_a = \frac{p_{最大} - p_{最小}}{2} = \frac{6-2}{2} \text{ MPa} = 2 \text{ MPa}$$

$$p_m = \frac{p_{最大} + p_{最小}}{2} = \frac{6+2}{2} \text{ MPa} = 4 \text{ MPa}$$

接着,根据下式求出纵向应力和周向应力(箍应力)的振幅:

$$\sigma_{al} = \frac{p_a r}{2t} = \frac{2 \times (1.4/2)}{2 \times 0.016} \text{ MPa} = 43.8 \text{ MPa}$$

$$\sigma_{ah} = \frac{p_a r}{t} = \frac{2 \times (1.4/2)}{0.016} \text{ MPa} = 87.5 \text{ MPa}$$

根据下式求出平均纵向应力和周向应力(箍应力):

$$\sigma_{ml} = \frac{p_m r}{2t} = \frac{4 \times (1.4/2)}{2 \times 0.016} \text{ MPa} = 87.5 \text{ MPa}$$

$$\sigma_{mh} = \frac{p_m r}{t} = \frac{4 \times (1.4/2)}{0.016} \text{ MPa} = 175 \text{ MPa}$$

根据下式求得有效应力振幅和有效平均应力:

$$\bar{\sigma}_a = \frac{1}{\sqrt{2}} \sqrt{(87.5 - 43.8)^2 + (87.5 - 0)^2 + (0 - 43.8)^2} \text{ MPa} = 75.8 \text{ MPa}$$

$$\bar{\sigma}_m = (87.5 + 175) \text{ MPa} = 262.5 \text{ MPa}$$

利用 2.2.1.2 节所述的古德曼修正方程,可求出 σ_{ar},即全反应力水平,对应的寿命与在应力条件 S_a 和 S_m 下求出的寿命相同,公式如下:

$$\sigma_{ar} = \frac{\bar{\sigma}_a}{1 - \frac{\bar{\sigma}_m}{s_u}} = \frac{75.8}{1 - \frac{262.5}{415}} \text{ MPa} = 206.3 \text{ MPa}$$

将 σ_{ar} 的取值用作 2.2.1.1 节所述寿命-应力方程中的应力振幅,根据下式求出寿命:

$$\sigma_{ar} = A(N_f)^B$$

$$N_f = \left(\frac{\sigma_{ar}}{A}\right)^{\frac{1}{B}} = \left(\frac{206.3}{886}\right)^{\frac{1}{-0.14}} \text{个周期} = 3.32 \times 10^4 \text{ 个周期} \approx 2.3 \text{ 天}$$

2.2.2　应变-寿命法

在疲劳分析的应变-寿命法中,需测定材料的塑性变形和弹性变形。正如 2.2.1 节所述,寿命-应力法不会考虑塑性应变。在长寿命的情况下,塑性应变可以忽略不计,而应力与应变是线性关系,因此应变-寿命法和寿命-应力法基本是等效的。采用应变-寿命法时,假定当裂纹(通常长度为 1 mm)出现时,就会发生失效。应变-寿命法的主要优势之一是,材料在热点(如缺口)的响应往往取决于应变或变形因素。与寿命-应力法不同,应变-寿命法适用于分析低周疲劳,不过该方法不会考虑裂纹扩展,通常用于开裂刚发生时。在某些应用条件下,仅凭存在裂纹来判断失效是过于保守的标准。由此可知,在疲劳设计和分析中需考虑开裂和裂纹扩展时,可采用 2.2.2.1 节所述的断裂力学方法。

下文将论述与疲劳分析的应变-寿命法有关的一些基本原则,其中包含与单调应力-应变行为、循环应力-应变行为以及应变-寿命关系有关的信息。

2.2.2.1　单调应力-应变行为

通过施加可引起应变的单调应力,由此可获知静态载荷下的工程结构和部件的设计参数。要了解单调载荷下的应力-应变行为,就需确定若干参数。以图 2.8 所示的圆柱形试样为例,设计应力就是试样中的平均法向应力,由下式给出:

$$s = \frac{P}{A_0} \qquad (2-5)$$

式中:P 为施加载荷;A_0 为试样的原有空载横截面积。

设计应变就是沿试样长度方向的平均线性应变,由下式给出:

$$e = \frac{l - l_0}{l_0} \qquad (2-6)$$

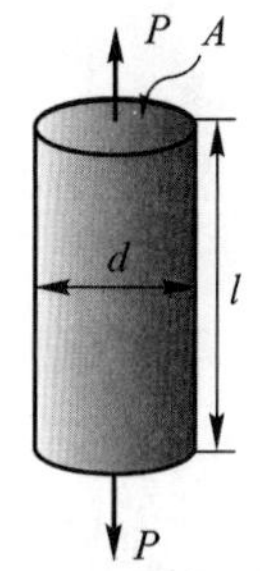

图 2.8　单调载荷下的圆柱形试样

式中:l_0 为原有无应变试样长度;l 为应变长度。

真实应力 σ 是基于实际(瞬时)面积的实际应力 A,对应于每一个时间点,由下式给出:

$$\sigma = \frac{P}{A} \qquad (2-7)$$

真实应变是通过从原有长度到瞬时长度的积分长度计算求出:

$$\varepsilon = \int_l^{l_0} \frac{dl}{l} = \ln\frac{l}{l_0} \qquad (2-8)$$

"设计"这一术语并没有考虑应变如何在试样处于拉伸状态时减小其横截面积。当达到极限拉伸强度 S_u 时,这种拉伸最终会导致试样出现颈缩。在发生颈缩之前,真实应力和应变与设计应力和应变之间的关系可由下式给出:

$$\left.\begin{array}{l}\varepsilon=\ln(1+e)\\\sigma=s(1+e)\end{array}\right\} \qquad (2-9)$$

材料的真实断裂强度 σ_f 由材料在最终断裂时承受的应力求出：

$$\sigma_f=\frac{P_f}{A_f} \qquad (2-10)$$

式中：P_f 和 A_f 分别为断裂时的载荷和横截面积。

真实断裂应变是最终断裂时的真实应变，由下式给出：

$$\varepsilon_f=\ln\frac{A_0}{A_f} \qquad (2-11)$$

图 2.9 是设计应力和真实应力与设计应变和真实应变的关系图。设计的和真实的应力-应变曲线之间存在差异，这是因为应力和应变的定义不同，详见上文。

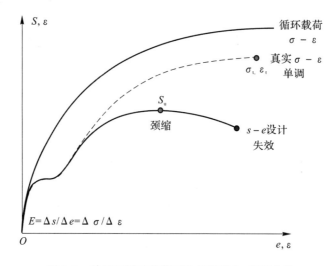

图 2.9 单调和循环载荷下的标准应力-应变曲线

弹性模量 E 表示弹性区（曲线的初始直线部分）内应力-应变曲线的斜率。弹性应变由胡克定律的表达式给出：

$$\varepsilon_e=\frac{\sigma}{E} \qquad (2-12)$$

应力-应变曲线的塑性区通常可用一个经验方程表述，如下式所示：

$$\sigma=K(\varepsilon_p)^n \qquad (2-13)$$

式中：K 为强度系数；n 为应变硬化指数。

总体真实应变是弹性应变和塑性应变的总和，如下式所示：

$$\varepsilon_{tot}=\varepsilon_e+\varepsilon_p \qquad (2-14)$$

因此，单调应力-应变关系可由下式给出：

$$\varepsilon_{tot}=\underbrace{\frac{\sigma}{E}}_{\text{弹性}}+\underbrace{\left(\frac{\sigma}{K}\right)^{\frac{1}{n}}}_{\text{塑性}} \qquad (2-15)$$

2.2.2.2　循环应力-应变行为

如果 2.2.1.1 节所述的载荷过程在图 2.10(a)中再次出现,通过反向过程进行循环,即试样在屈服后处于空载,则应力-应变关系式将按照一个等同于弹性模量的斜率计算,如图 2.10(b)所示。马辛的假设指出,材料在拉伸和压缩条件下的行为相似。因此,可以将图 2.10(a)中的应力-应变曲线的数值加倍,从而获得滞后曲线[见图 2.10(c)],更多相关说明参见图 2.11。此处载荷过程继续进行,目的是获得稳定的滞后曲线。

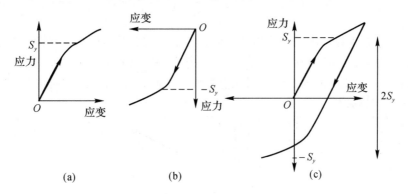

图 2.10　循环应力-应变行为

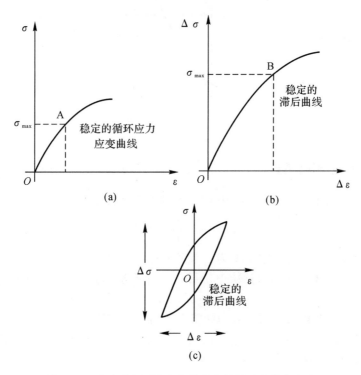

图 2.11　通过马辛假设表明获得稳定滞后曲线的方式

循环应力-应变曲线方程与单调情况相同,只是更改了幂律常数,以反映循环系数和指数,如下式所示：

$$\Delta\varepsilon = \frac{\Delta\sigma}{E} + 2\left(\frac{\Delta\sigma}{2K'}\right)^{\frac{1}{n'}} \tag{2-16}$$

式中：K' 为循环强度系数；n' 为循环硬化指数。

根据马辛的假设，滞后曲线方程为

$$\Delta\varepsilon = \frac{\Delta\sigma}{E} + 2\left(\frac{\Delta\sigma}{2K'}\right)^{\frac{1}{n'}} \tag{2-17}$$

注意 上述方程只适用于在拉伸和压缩条件下表现出对称行为的材料。对于在拉伸和压缩条件下响应不相同的材料，不得采用应变-寿命法。材料的这种对称行为称为"包兴格效应"。压缩时屈服应力的绝对值会因先前施加的拉伸载荷而降低（班南特等人，1997）。图 2.12 展示了包兴格效应。

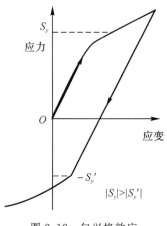

图 2.12　包兴格效应

2.2.2.3　应变-寿命关系

循环应变的弹性和塑性分量都可利用经验幂关系进行建模，如下式所示：

$$\varepsilon_e = \frac{\sigma_a}{E} = \frac{\sigma'_f}{E}(2N_f)^b \tag{2-18}$$

式中：σ'_f 为疲劳强度系数（y 截距）；b 为疲劳强度指数（斜率）。

一般来说，应变-寿命法的表达式中使用 $2N_f$ 而不是 N_f，因此需照用传统符号：

$$\varepsilon_p = \varepsilon'_f(2N_f)^c \tag{2-19}$$

式中：ε'_f 为疲劳延性系数（y 截距）；c 为疲劳延性指数（斜率）。

这就是所谓的柯芬-曼森方程，于 20 世纪 60 年代初提出，可表示某一部件的塑性应变和寿命之间的关系（曼森，1953；柯芬，1954）。

由此可知，应变-寿命曲线可通过结合弹性和塑性分量获得，如下式所示：

$$\varepsilon_{tot} = \frac{\sigma'_f}{E}(2N_f)^b + \varepsilon'_f(2N_f)^c \tag{2-20}$$

图 2.13 中有一条标准应变-寿命曲线,用灰色表示。弹性和塑性分量对曲线形状的影响,如图 2.13 所示。过渡寿命 $2N_t$ 表示一种寿命,对应于弹性和塑性应变回归线之间的截距,也是失效从以塑性应变为主过渡到以弹性应变为主的临界点。过渡寿命的代数关系式如下式所示:

$$2N_t = \left(\frac{\varepsilon'_f E}{\sigma'_f}\right)^{\frac{1}{b-c}}\tag{2-21}$$

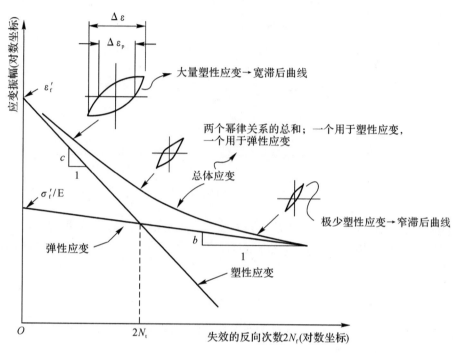

图 2.13　标准应变-寿命曲线

弹性应变对高于过渡寿命的疲劳寿命曲线影响较大,而塑性应变对低于过渡寿命的疲劳寿命曲线影响较大。因此,通常倾向于将过渡寿命作为低周和高周疲劳的分界线。如前文所述,图 2.13 也大致说明了塑性应变在高周疲劳条件下的影响可以忽略不计,应变-寿命法和寿命-应力法基本得出了相同的结果。需要注意的是,应变-寿命图描绘了应变与失效的反向次数之间的关系,而不是应变与失效周期之间的关系。两次反向等于一个周期。

2.2.2.4　平均应力效应

在应变-寿命关系方面,通常使用三种修正法解释平均应力效应。如 2.2.1.2 节所述,平均拉应力一般会缩短疲劳寿命,而平均压应力一般会延长寿命。三种常用的修正法如下。

(1)莫洛平均应力修正法:

$$\varepsilon_{tot} = \frac{\Delta\varepsilon}{2} = \frac{\sigma'_f - \sigma_m}{E}(2N_f)^b + \varepsilon'_f(2N_f)^c\tag{2-22}$$

式中:平均应力 σ_m 对于拉应力为正,对于压应力为负。

莫洛平均应力修正法如图 2.14 所示。由图可知,平均应力在塑性应变低且疲劳寿命长的情况下有显著影响,而在疲劳寿命短的情况下的影响可以忽略不计。

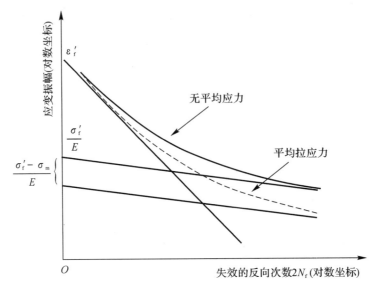

图 2.14 应变-寿命曲线(适用于平均拉应力)的莫洛平均应力修正法(班南特等人,1997)

(2)修正后的莫洛平均应力修正法。该方法修正了莫洛方法的假设,即弹性应变与塑性应变的比率取决于平均应力。因此,该方法修正了应变-寿命方程的弹性项和塑性项,以确保弹性塑性应变比独立于应力:

$$\varepsilon_{\text{tot}} = \frac{\Delta\varepsilon}{2} = \frac{\sigma_{\text{f}}' - \sigma_{\text{m}}}{E}(2N_{\text{f}})^b + \varepsilon_{\text{f}}'\left(\frac{\sigma_{\text{f}}' - \sigma_{\text{m}}}{\sigma_{\text{f}}'}\right)^{c/b}(2N_{\text{f}})^c \qquad (2-23)$$

(3)SWT 平均应力修正法,通常称为 SWT 参数。该方法的依据是各种平均应力下获得的应变-寿命试验数据,即

$$\sigma_{\text{最大}}\frac{\Delta\varepsilon}{2} = \frac{(\sigma_{\text{f}}')^2}{E}(2N_{\text{f}})^{2b} + \sigma_{\text{f}}'\varepsilon_{\text{f}}'(2N_{\text{f}})^{b+c} \qquad (2-24)$$

式中:$\sigma_{\text{最大}} = \sigma_{\text{m}} + \sigma_{\text{a}}$;$\Delta\varepsilon$ 为交变应变。

注意 SWT 修正法中,假设当最大应力等于或小于零(即压缩)时,不会发生疲劳损坏,但此假设并不总是有效。因此,莫洛修正法或修正后的莫洛修正法应用于以压缩为主的载荷顺序,而 SWT 修正法应用于以拉伸为主的载荷顺序。

[例 2.3] 疲劳分析的应变-寿命法

以一个具有以下材料属性的试样为例:

(1)弹性模量 $E = 210\,\text{GPa}$。

(2)循环应变硬化分量 $n' = 0.2$。

(3)循环强度系数 $K' = 1.2\,\text{GPa}$。

该试样经受全反循环应变,应变范围 $\Delta\varepsilon$ 为 0.05。需确定材料的应力-应变响应。

求解:

该试样的应变记录如图 2.15 所示。在最初施加应变时(点 1),材料的响应按照循环应力-应变曲线方程计算,如下式(参见 2.2.2.2 节)所示:

$$\varepsilon_1 = \frac{\sigma_1}{E} + \left(\frac{\sigma_1}{K'}\right)^{\frac{1}{n'}}$$

代入给定值(应变值为 0.02),可得

$$0.025 = \frac{\sigma_1}{210\,000\ \text{MPa}} + \left(\frac{\sigma_1}{1\,200\ \text{MPa}}\right)^{\frac{1}{0.2}}$$

通过迭代求解,可得

$$\sigma_1 \approx 561\ \text{MPa}$$

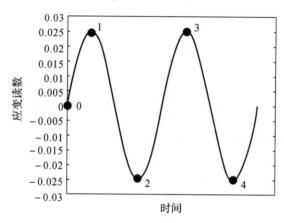

图 2.15　应变记录

循环应力-应变曲线仅用于最初施加应变。在所有后续的应变反向中,可采用滞后曲线方程对材料的响应进行建模:

$$\Delta\varepsilon = \underbrace{\frac{\Delta\sigma}{E}}_{\text{弹性}} + \underbrace{2\left(\frac{\Delta\sigma}{2K'}\right)^{\frac{1}{n'}}}_{\text{塑性}}$$

将材料属性代入上述方程,应变范围 $\Delta\varepsilon = 0.05$,可得

$$0.05 = \frac{\Delta\sigma}{210\,000\ \text{MPa}} + 2\left(\frac{\Delta\sigma}{2 \times 1\,200\ \text{MPa}}\right)^{\frac{1}{0.2}}$$

通过迭代求解上式的 $\Delta\sigma$,可得

$$\Delta\sigma = 1\,122\ \text{MPa}$$

可从点 1 的数值(σ_1, ε_1)中减去应力和应变的变化值($\Delta\varepsilon$, $\Delta\sigma$),进而求出图 2.15 中点 2 对应的应力值和应变值。

$$\varepsilon_2 = \varepsilon_1 - \Delta\varepsilon = 0.025 - 0.05 = -0.025$$

$$\sigma_2 = \sigma_1 - \Delta\sigma = (561 - 1\,122)\ \text{MPa} = -561\ \text{MPa}$$

与点 3 相对应的应力值和应变值同样采用滞后曲线方程求出:

$$\varepsilon_3 = \varepsilon_2 - \Delta\varepsilon = -0.025 - (-0.05) = 0.025$$

$$\sigma_3 = \sigma_2 - \Delta\sigma = [-561 - (-1\,122)]\ \text{MPa} = 561\ \text{MPa}$$

点 3 的求解表明,材料的响应回到了(正如预期)点 1。因此,材料的响应形成了一个封闭的稳定滞后曲线,所有连续的应变周期都将遵循该曲线。稳定的应力-应变响应如图 2.16 所示。

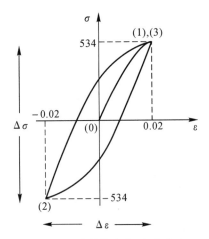

图 2.16 示例的应力–应变响应

[例 2.4] 平均应力修正法

例 2.3 中所述的材料试样具有以下材料属性：

(1)疲劳强度系数 $\sigma_f' = 1$ GPa。

(2)疲劳延性系数 $\varepsilon_f' = 1.1$。

(3)疲劳强度指数 $b = -0.1$。

(4)疲劳延性指数 $c = -0.6$。

试样的疲劳寿命需根据以下信息估算：

(1)试样处于图 2.17(a)中的应变范围内。

(2)试样处于图 2.17(b)中的应变范围内(采用 SWT 平均应力修正模型)。

求解：

(1)由于平均应力为零,所以采用 2.2.2 节所述的应变–寿命预测模型：

$$\varepsilon_{tot} = \frac{\sigma_f'}{E}(2N_f)^b + \varepsilon_f'(2N_f)^c$$

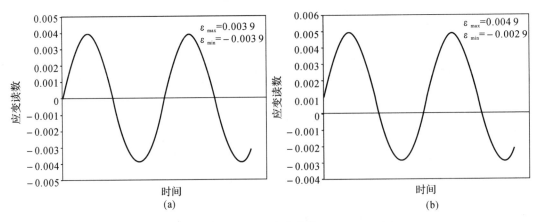

图 2.17 应变读数

(a)零平均应力； (b)平均拉应力

将材料属性代入上述方程,应变振幅 $\varepsilon_{总} = \Delta\varepsilon/2 = 0.003\ 9$,可得

$$0.003\ 9 = \frac{1\ 000}{210\ 000}(2N_f)^{-0.1} + 1.1(2N_f)^{-0.6}$$

通过迭代求解上式的 $2N_f$,可得

$$2N_f = 31\ 293\ \text{次反向}$$

(2)在最初施加最大应变时,材料的响应按照循环应力-应变曲线方程(参见 2.2.2.2 节)计算,如下式所示:

$$\varepsilon_{最大} = \frac{\sigma_{最大}}{E} + (\sigma_{最大})^{\frac{1}{}}$$

代入已知值(应变值为 0.004 9),可得

$$0.004\ 9 = \frac{\sigma_{最大}}{210\ 000} + \left(\frac{\sigma_{最大}}{1\ 200}\right)^{\frac{1}{0.2}}$$

通过迭代求解 $\sigma_{最大}$,可得

$$\sigma_{最大} \approx 378\ \text{MPa}$$

最小应力可采用类似的估算式:

$$\sigma_{最小} \approx -321\ \text{MPa}$$

平均应力为

$$\sigma_0 = \{-321 + [378 - (-321)]/2\}\ \text{MPa} = 28.5\ \text{MPa}$$

应变范围的估算式为

$$\frac{\Delta\varepsilon}{2} = \frac{\varepsilon_{最大} - \varepsilon_{最小}}{2} = \frac{0.004\ 9 - (-0.002\ 9)}{2} = 0.003\ 9$$

使用莫洛平均应力修正模型,可得

$$\frac{\Delta\varepsilon}{2} = \frac{\sigma_f' - \sigma_0}{E}(2N_f)^b + \varepsilon_f'(2N_f)^c$$

并将材料属性代入上述方程,可得

$$0.003\ 9 = \frac{(1\ 000 - 28.5)}{210\ 000}(2N_f)^{-0.1} + 1.1(2N_f)^{-0.6}$$

通过迭代求解上式的 $2N_f$,可得

$$2N_f = 30\ 305\ \text{次反向}$$

使用修正后的莫洛平均应力修正模型,可得

$$2N_f = 29\ 031\ \text{次反向}$$

使用 SWT 平均应力修正模型,将预估寿命修正为

$$2N_f = 27\ 538\ \text{次反向}$$

由此可知,平均应力会缩短疲劳寿命。

2.2.3　变幅载荷

前文的讨论是针对恒幅应力的情况,但实际上大多数应用都是处理变幅载荷。例如,某一飞机会历经从滑行到着陆的各种操作模式所产生的一系列变幅载荷。在此情况下的疲劳分析中,需采用累积损伤法和循环计数法(基于载荷记录)。

如图 2.18 所示,变幅载荷由恒幅载荷周期的"块"组成。许多变幅载荷情景会比这复杂得多,此处使用该例仅为说明变幅载荷分析所需的概念。

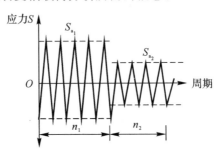

图 2.18 由恒幅"块"组成的变幅载荷

这是因为大多数变幅载荷分析方法都需采用变幅载荷记录,提取恒幅块,以求出试验产品的累积损伤总量。最常见的理论是帕尔姆格伦-米勒线性损伤理论,可用于涉及变幅载荷的疲劳分析。以图 2.19 中的 S-N 图为例。

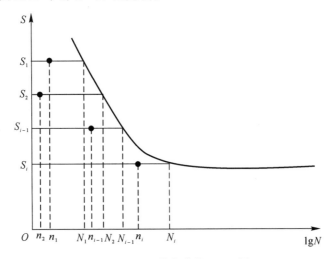

图 2.19 显示载荷谱的 S-N 图

注意 n 是在每个不同的相应应力水平 S_i 下累积的周期,N_i 是在每个 S_i 下的失效周期。

线性损伤理论的基本假设如下:

(1)根据 S-N 图,如果在恒幅应力 S 下运行,将在 N 个周期内发生完全损坏或失效。

(2)如果在某个小于 S 的应力水平下运行,将产生较小的损伤分数。

(3)如果在一系列不同应力水平下运行,每个应力水平都会产生损伤分数。当上述损伤分数的总和为 1 时,就可预测为失效。根据线性损伤理论的假设,任何应力水平下的损伤分数与可能产生失效的循环周期数的比值呈线性比例关系。因此,该理论预测在以下情况下会出现失效:

$$\frac{n_1}{N_{f_1}} + \frac{n_2}{N_{f_2}} + \cdots = \sum \frac{n_i}{N_{f_i}} \geq 1 \tag{2-25}$$

式中:n_i 是在应力水平 S_i 下运行的周期数;N_{f_i} 是在恒定应力水平 S_i 下的失效周期数。

线性损伤理论的主要劣势是没有考虑一些重要的影响因素,而这有可能会影响失效预测。具体而言,线性损伤理论假设各种应力水平的施加顺序不会产生任何影响,在任何已知应力水平下,无论先前的应力施加顺序如何,损伤都会以相同的速率累积(这称为"顺序效应")。实际上,顺序效应可能会产生显著的影响,损坏率随先前循环应力记录而变化。尽管如此,线性损伤理论仍是常用的理论,因为该理论简单且便于进行最初失效预测的相关计算。例如,当变幅载荷顺序出现重复时,可分析每个顺序,然后将每次重复的顺序效应相乘。计算每次顺序重复中的循环比总数,当这些循环比相乘等于 1 时,将预示失效(以重复次数计算)(道林,1998):

$$B_f \left(\sum \frac{n_i}{N_{f_i}} \right)_{重复一次} = 1 \tag{2-26}$$

式中:B_f 是重复到失效的次数。

每个载荷水平都会造成一定比例的损伤,由下式求出:

$$D_i = B_f \times \frac{n_i}{N_{f_i}} \tag{2-27}$$

在使用上述方程计算重复次数时,必须保证所用单位一致。尤其需要注意重复一次的单位(如重复 5 个周期、重复 10 h)和周期的单位(如小时、转数)。

此外,还提出了一些非线性损伤理论,目的是克服上述线性损伤理论的部分缺陷。2.2.3.1 节将讨论一些非线性损伤模型。

[例 2.5]　以 www.efatigue.com 中所述的滚珠轴承试验修正版为例,其表明在 2 个变幅载荷下的预期寿命如下:

(1)在 2 kN 的载荷下,3×10^8 个周期。

(2)在 3 kN 的载荷下,4×10^7 个周期。

若在试验中施加的变幅载荷为 2 kN,则寿命为 70%;若为 3 kN,则寿命为 30%。为了计算轴承预计能持续的周期数,利用帕尔姆格伦-米勒理论,可确定因已知变幅载荷而累积的损伤的表达式。直至失效的总施加周期为 n,这表示在 2 kN 和 3 kN 载荷下的周期数分别为 $n_1 = 0.7n$ 和 $n_2 = 0.3n$。累积的损伤总量由下式求出:

$$\frac{0.7n}{3 \times 10^8} + \frac{0.3n}{4 \times 10^7} = 9.83 \times 10^{-9} n$$

然后,预计发生失效的周期数由式(2-26)求出,故:

$$n = \frac{1}{9.83 \times 10^{-9}} 个周期 = 1 \times 10^8 个周期$$

[例 2.6]　由 $\sigma_f' = 1\,500$ MPa 和 $b = -0.1$ 的材料制成的光滑试样接受了应力试验,其中轴向应力块重复出现。每个应力块包括 200 次反向(-550~550 MPa)、1 000 次反向(0~690 MPa)、100 次反向(-690~0 MPa)。需求出该载荷下的块数 B_f,该载荷可在预计开裂失效之前施加。

求解:

需求出以下任一应力载荷块在各应力水平下失效的反向次数。

(1)在 -550~550 MPa 范围内的应力载荷块:

使用公式 $\sigma_a = \sigma_f'(2N_f)^b$，可根据材料属性求出：

$$550 = 1\,500(2N_f)^{-0.1}$$

求解 $2N_f$，可得

$$2N_f = 22\,766 \text{ 次反向}$$

(2) 在 0～690 MPa 范围内的应力载荷块：

需确定平均应力效应，以计算该载荷块的有效应力。使用莫洛平均应力修正方程：

$$\frac{\sigma_a}{\sigma_{ar}} + \frac{\sigma_m}{\sigma_f} = 1$$

式中：

$$\sigma_a = \frac{\Delta\sigma}{2} = 345 \text{ MPa}$$

$$\sigma_m = \frac{\sigma_{最小} + \sigma_{最大}}{2} = 345 \text{ MPa}$$

$$\sigma_f = 1\,500 \text{ MPa} \quad (\text{已知})$$

则

$$\frac{\sigma_a}{\sigma_{ar}} + \frac{\sigma_m}{\sigma_f} = \frac{345}{\sigma_{ar}} + \frac{345}{1\,500} = 1$$

求解得

$$\sigma_{ar} = \frac{\sigma_a}{1 - \dfrac{\sigma_m}{\sigma_f}} = 448 \text{ MPa}$$

因此，该应力载荷块的有效应力为 448 MPa。使用与第 1 部分相同的公式，可得

$$448 = 1\,500(2N_f)^{-0.1}$$

求解 $2N_f$，可得

$$2N_f = 176\,860 \text{ 次反向}$$

(3) 在 −690～0 MPa 范围内的应力载荷块：

同样，需考虑平均应力效应，与第(2)部分一样。此处：

$$\sigma_a = \frac{\Delta\sigma}{2} = 345 \text{ MPa}$$

$$\sigma_m = \frac{\sigma_{最小} + \sigma_{最大}}{2} = -345 \text{ MPa}$$

$$\sigma_f = 1\,500 \text{ MPa} \quad (\text{已知})$$

求解得

$$\sigma_{ar} = \frac{\sigma_a}{1 + \dfrac{\sigma_m}{\sigma_f}} = 281 \text{ MPa}$$

因此，有

$$281 = 1\,500(2N_f)^{-0.1}$$

求解 $2N_f$，可得

$$2N_f = 19\ 132\ 545\ \text{次反向}$$

已知在持续施加每个应力载荷块的条件下失效的反向次数,可使用帕尔姆格伦-米勒理论求出失效的块数,如下式所示:

$$B_f \left(\sum \frac{n_i}{N_{f_i}} \right)_{\text{重复一次}} = 1$$

因此,有

$$B_f \left(\frac{200}{22\ 766} + \frac{1\ 000}{176\ 860} + \frac{100}{19\ 132\ 545} \right) = 1$$

$$B_f \approx 69\ \text{次重复}$$

非线性损伤模型如下:

非线性损伤模型可解释线性模型无法解释的疲劳损伤非线性特性,例如马可-斯塔克(Marco-Starkey)非线性损伤理论。该理论引入了一个指数项 m(随应力水平而变化),作为帕尔姆格伦-米勒理论的补充,如下式所示:

$$D_i = \left(\frac{n_i}{N_i} \right)^m \quad (0 < m \leqslant 1) \tag{2-28}$$

值得注意的是,当 $m = 1.0$ 时,上述理论就等同于帕尔姆格伦-米勒理论。如前文所述,当 D 达到 1 时,承受任何全反正弦波应力顺序的试样都会失效。这种非线性方法与观测到的材料行为相关,特别是在蠕变与疲劳相互作用的高温应用条件下(班南特等人,1997)。不过,有许多因素并不在帕尔姆格伦-米勒理论和其他非线性理论的考虑范围内,在复杂的变幅载荷情景下,这些因素会致使损伤估测复杂化。

2.2.4　缺口效应

前文介绍了疲劳分析中所用的寿命-应力法和应变-寿命法。实际上,疲劳失效通常发生在受载试样的应力集中点或缺口处。1.6.6 节探讨了有缺口试样的断裂力学方法。本节将介绍如何使用前文所述的疲劳分析方法说明缺口效应。

2.2.4.1　寿命-应力法

几乎所有机械加工的部件和结构件都存在某种形式的几何不连续性,导致应力集中,例如孔、槽和圆角,这些都会提高局部应力。最大局部应力 $\sigma_{\text{最大}}$ 大于施加在试样上的标称应力 S,即施加载荷除以标称横截面积(类似于没有缺口的面积)。与之相对应的,最大应力的定义式为施加载荷除以减小的横截面积。对于弹性构件,上述应力的比率称为弹性应力集中系数 K_t,由下式给出:

$$K_t = \frac{\sigma_{\text{最大}}}{S} \tag{2-29}$$

该系数是最大局部应力与试样标称应力之比。K_t 完全取决于试样的几何形状和载荷模式(如轴向或平面弯曲)。许多关于疲劳的教材都列出了弹性应力集曲线的典型示例,其中包含有助于对有缺口构件进行疲劳分析的有效数据。下面列举其中部分教材:

(1)《疲劳分析的基本原理》(*Fundamentals of Fatigue Analysis*)(班南特等人,1997),

4.2 节,图 4.1,第 125 页。

(2)《机械设计中的材料失效》(*Failure of Materials in Mechanical Design*)(柯林斯, 1993),12.3 节,图 12.3～图 12.8,第 418～425 页。

(3)《工程中的金属疲劳》(*Metal Fatigue in Engineering*)(史蒂芬斯等人,2001),7.1 节,图 7.3 和图 7.4,第 191～192 页。

除了上述教材外,还有许多在线资源(如 www.cfatiguc.com)也提供相关数据。"疲劳计算器"(efatigue.com)工具是一个在线工具,可帮助工程师快速、轻松地对常见的基本疲劳情况进行疲劳或耐久性分析。该网站提供了分步运行的简单示例,以演示该工具的功能。

在寿命压力法中,疲劳缺口系数 K_f(也称为疲劳应力集中系数)可衡量缺口效应。K_f 将无缺口疲劳强度(这是铁质材料的耐久极限)与分析构件的有缺口疲劳强度相关联,关系式如下:

$$K_f = \frac{S_e^{(\text{无缺口})}}{S_e^{(\text{有缺口})}} \tag{2-30}$$

几乎在任何情况下,K_f 都小于弹性应力集中系数 K_t。与 K_t 不同,K_f 取决于材料类型和缺口大小。缺口敏感系数 q 说明了两者的相关效应,由下式给出:

$$q = \frac{K_f - 1}{K_t - 1} \tag{2-31}$$

缺口敏感系数是衡量由缺口存在引起的金属强度下降的指标。q 的取值范围从 0(表示没有缺口效应)到 1(表示所有理论效应,即 $K_f = K_t$)。根据经验数据,已提出许多可求出 q 值的分析公式。两个最常见的公式是诺伯公式和彼特逊公式。可求出缺口敏感系数的彼特逊公式如下:

$$q = \frac{1}{1 + \dfrac{a}{r}} \tag{2-32}$$

式中:

(1)r 为缺口根半径。

(2)a 为材料常数,取决于材料强度和延性,可从有缺口和无缺口试样的长寿命疲劳试验中获取。对于较高强度的钢材,a 由下式(道林,1998)给出:

$$a = 0.025 \left(\frac{2\,070\ \text{MPa}}{S_u} \right)^{1.8} \text{mm} \quad (S_u \geqslant 550\ \text{MPa})$$

式中:S_u 是极限强度。

可求出缺口敏感系数的诺伯公式如下:

$$q = \frac{1}{1 + \sqrt{\dfrac{\rho}{r}}} \tag{2-33}$$

式中:

(1)r 为缺口根半径。

(2)ρ 为材料常数(与材料的粒度有关)。对于钢材,ρ 由下式(道林,1998)给出:

$$\lg\rho = -\frac{S_u - 134\ \text{MPa}}{586}\ \text{mm}\quad (S_u \leqslant 1\ 520\ \text{MPa})$$

疲劳缺口系数 K_f 的另一个用途是修正有缺口试样的疲劳强度,如下式所示:

$$S_{ar} = \frac{\sigma_{ar}}{K_f} \tag{2-34}$$

假设对应于寿命为 1 000 个周期的应力疲劳缺口系数是 K_f'。如图 2.20 所示,K_f' 可用于修正 S-N 曲线,以考虑有缺口构件的情况,这种方法称为"朱维纳尔修正方法"。

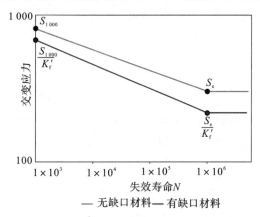

图 2.20　有缺口部件的 S-N 曲线的朱维纳尔修正方法

[**例 2.7**]　一个有缺口的钢部件由宽度 W＝100 mm、厚度 t＝5 mm 的钢筋和两个半径 r＝10 mm 的半圆形边缘缺口组成(见图 2.21)。这导致板材的宽度缩减 80 mm。求出该部件在承受振幅 F＝150 kN 的全反载荷时的寿命。钢的极限强度 S_u 为 790 MPa,材料常数 a 为 1.45×10^{-4} m,1 000 个周期内的疲劳应力集中系数比为 0.3。

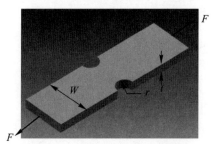

图 2.21　例 2.7 的有缺口钢筋构造

求解:

首先,根据已知尺寸,利用 efatigue 在线工具,求出理论应力集中系数 K_t。这样求出的应力集中系数 K_t＝2.41。

参见 https://www.efatigue.com/constantamplitude/stressconcentration。

然后,使用以下公式求出缺口敏感系数 q:

$$q = \frac{1}{1+\dfrac{a}{r}} = \frac{1}{1+\dfrac{1.45\times10^{-4}}{0.01}} = 0.985\ 7$$

疲劳应力集中系数由下式给出：

$$K_f = 1 + q(K_t - 1) = 1 + 0.985\ 7 \times (2.41 - 1) = 2.39$$

材料的极限强度 $S_u = 790$ MPa。耐久极限与极限强度的关系式如下：

$$S_e = \frac{S_u}{2} = 395 \text{ MPa}$$

对应于寿命为 1 000 个周期的交变应力水平（$S_{1\ 000}$）由下式给出：

$$S_{1\ 000} = 0.9 \times S_u = 711 \text{ MPa}$$

利用以下关系式（班南特等人，1997），求出 1 000 个周期内的疲劳应力集中系数 K'_f：

$$\frac{K'_f - 1}{K_f - 1} = 0.3$$

因此，有

$$K'_f = (2.39 - 1) \times 0.3 + 1 = 1.417$$

随后，在双对数坐标上定位以下各点，以描绘出 $S-N$ 设计曲线。

1×10^6 个周期内：应力 $= \dfrac{S_e}{K_f} = \dfrac{395 \text{ MPa}}{2.39} \approx 165 \text{ MPa}$。

1×10^3 个周期内：应力 $= \dfrac{S_{1\ 000}}{K'_f} = \dfrac{711 \text{ MPa}}{1.417} \approx 502 \text{ MPa}$。

1 个周期内：应力 $= S_u + 345 = 1\ 135$ MPa。

$S-N$ 曲线的扩展范围是 1～1 000 个周期，仅用于比较，不建议用于一般设计目的。在一个周期内可估测出真实断裂强度 σ_f。对于钢材来说，σ_f 约等于极限强度加上 345 MPa。在双对数坐标上绘制出上述各点，如图 2.22 所示。该部件的净截面应力（标称应力）可利用下式求出：

$$S_{net} = \frac{P_a}{A_{net}} = \frac{150 \text{ kN}/10^6}{(0.005 \times 0.08) \text{ m}^2} = 375 \text{ MPa}$$

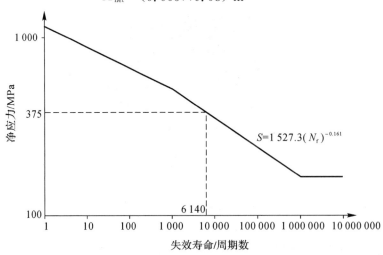

图 2.22　例 2.7 的 $S-N$ 设计曲线

在 $S-N$ 设计曲线上找到与净截面应力相对应的寿命，由此求出失效周期 N_f。通过求解以下 N_f 的最佳拟合线方程，可求得 $S-N$ 曲线上对应于 375 MPa 的寿命：

$$375 \text{ MPa} = 1\,527.3\,N_f^{-0.161}$$

故

$$N_f \approx 6\,140 \text{ 个周期}$$

2.2.4.2　应变-寿命法

为了使用应变-寿命疲劳分析方法,需了解缺口根部的局部应力-应变行为。众多方法都可以确定局部应力-应变行为,例如:

(1)应变片测量。

(2)有限元分析。

(3)与局部应力和应变有关的方法。

在上述三种方法中,就时间和成本而言,第 3 种最为简单。该方法涉及使用应力集中系数 K_t 或疲劳缺口系数 K_f。采用该方法时,需将缺口附近的应力-应变场与光滑试样的疲劳试验中所确定的远程应力和应变相关联。在图 2.23 中,有一个承受拉应力的试样,最大应力集中度在开孔的边缘。如果标称区和局部区的条件都保持纯弹性应力,那么理论上的弹性应力集中系数 K_t 就等于局部应力集中系数 $K_\sigma = \dfrac{\sigma}{S}$ 和局部应变集中系数 $K_\varepsilon = \dfrac{\varepsilon}{e}$,即

$$K_t = K_\sigma = K_\varepsilon \tag{2-35}$$

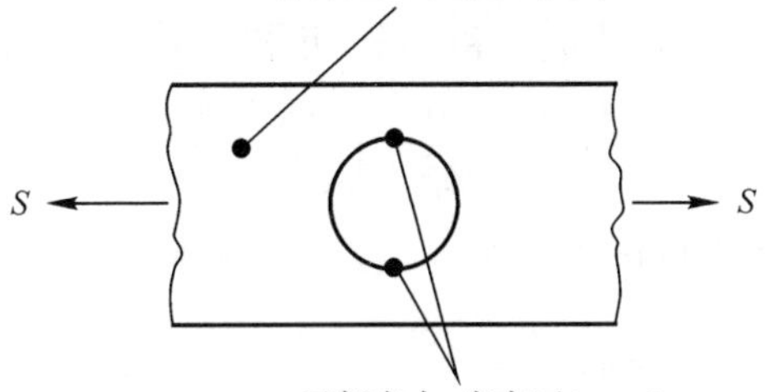

图 2.23　标称应力-应变区和局部应力-应变区

然而,一旦材料在缺口尖端屈服,应力集中系数 K_σ 就会相对于 K_t 有所下降。对于塑性变形,诺伯提出,根据应力和应变集中系数(K_σ 和 K_ε)的几何平均值,可求出弹性应力集中系数 K_t 的近似值。由此,诺伯准则由下式给出:

$$K_t = \sqrt{K_\sigma \times K_\varepsilon} \tag{2-36}$$

请注意,在运用诺伯准则时,使用 K_t 可保守估计出部件失效的寿命。对于与部件失效相对应的寿命预测,建议采用涉及疲劳缺口系数 K_f 的修正方法,公式如下:

$$K_f = \sqrt{K_\sigma \times K_\varepsilon} = \sqrt{\dfrac{\sigma}{S} \times \dfrac{\varepsilon}{e}} \tag{2-37}$$

化简上述公式可得

$$K_f^2 \times S \times e = \sigma\varepsilon \tag{2-38}$$

将上述方程与 2.2.2.2 节提出的循环应力-应变方程结合,可得

$$K_{\mathrm{f}}^{2} \times S \times e = \sigma \left[\underbrace{\frac{\sigma}{E}}_{弹性} + \underbrace{\left(\frac{\sigma}{}\right)^{\frac{1}{}}}_{塑性} \right] \tag{2-39}$$

为了计入载荷反向次数,诺伯准则可进行以下扩展:

$$\left. \begin{array}{l} K_{\mathrm{f}}^{2} \times \Delta S \times \Delta e = \Delta \sigma \Delta \varepsilon \\[2mm] K_{\mathrm{f}}^{2} \times \Delta S \times \Delta e = \Delta \sigma \left[\dfrac{\Delta \sigma}{E} + \left(\dfrac{\Delta \sigma}{K'} \right)^{\frac{1}{n'}} \right] \end{array} \right\} \tag{2-40}$$

式中:

$$\Delta e = 标称应变范围$$
$$\Delta \varepsilon = 局部应变范围$$
$$\Delta S = 标称应力范围$$
$$\Delta \sigma = 局部应力范围$$

诺伯方法常用于估测缺口根部的弹性塑性应力和应变,其估测基于远场弹性标称应力和应变。对于标称区的全弹性行为,标称应力和应变的关系式如下:

$$e = \frac{S}{E} \tag{2-41}$$

鉴于此关系式,诺伯准则可改写为

$$\frac{(K_{\mathrm{f}} S)^{2}}{E} = \sigma \varepsilon \tag{2-42}$$

根据标称区内有限屈服的标称应力和应变,可求出真实应力和应变的近似值:

$$e = \frac{S}{E} + \left(\frac{S}{K'} \right)^{\frac{1}{n'}} \tag{2-43}$$

基于上述内容,诺伯准则可由下式表示:

$$K_{\mathrm{f}}^{2} \times S \times \left[\frac{S}{E} + \left(\frac{S}{K'} \right)^{\frac{1}{n'}} \right] = \sigma \varepsilon \tag{2-44}$$

[例 2.8] 鉴于以下材料属性,利用诺伯分析法,重新求解例 2.7:

(1)弹性模量 $E = 210\ \mathrm{GPa}$。

(2)$S_{y} = 690\ \mathrm{MPa}$。

(3)$K' = 1\ 060\ \mathrm{MPa}$。

(4)$n' = 0.14$。

(5)$\sigma_{\mathrm{f}}' = 1\ 160\ \mathrm{MPa}$。

(6)$b = -0.081$。

(7)$\varepsilon_{\mathrm{f}}' = 1.1$。

(8)$c = -0.65$。

求解:

需根据应变-寿命疲劳概念,求出诱发小裂纹(长度约为 1 mm)的预期周期数。第一步是利用诺伯分析法,确定缺口根部的应力-应变行为。鉴于:

$$K_{t} S_{\mathrm{net}} = (2.41 \times 375)\ \mathrm{MPa} = 903.75\ \mathrm{MPa} > S_{y} \quad (= 690\ \mathrm{MPa})$$

故缺口根部的行为无弹性。对于单调载荷:

$$\sigma\varepsilon = \frac{(K_{\mathrm{f}}S)^2}{E} = \frac{(2.39\times375)^2}{210\,000} = 3.83$$

以及塑性应变

$$\varepsilon = \frac{\sigma}{E} + \left(\frac{\sigma}{K'}\right)^{1/n'}$$

因此,有

$$\begin{cases} \dfrac{\sigma}{E} + \left(\dfrac{\sigma}{K'}\right)^{1/n'} = \dfrac{3.83}{\sigma} \\ \dfrac{3.83}{\sigma} = \dfrac{\sigma}{210\,000} + \left(\dfrac{\sigma}{1\,060}\right)^{1/0.14} \end{cases}$$

求解 σ,可得

$$\sigma = 507\ \mathrm{MPa}$$

并代入 σ,求出 ε:

$$\varepsilon = \frac{3.83}{507} = 0.007\,55$$

因此,经分析表明,在根部缺口处,507 MPa 的最大应力对应于 0.007 55 的最大应变。在 -375 MPa 的压缩点时(当循环载荷始于滞后曲线时),有

$$\Delta\varepsilon\Delta\sigma = \frac{(K_{\mathrm{f}}\Delta S)^2}{E} = \frac{(2.39\times750)^2}{210\,000} = 15.3$$

另外,有

$$\frac{\Delta\varepsilon}{2} = \frac{\Delta\sigma}{2E} + \left(\frac{\Delta\sigma}{2K'}\right)^{\frac{1}{n'}}$$

因此,有

$$\frac{15.3}{2\Delta\sigma} = \frac{\Delta\sigma}{2\times210\,000} + \left(\frac{\Delta\sigma}{2\times1\,060}\right)^{1/0.14}$$

求解 $\Delta\sigma$ 和 $\Delta\varepsilon$,可得

$$\begin{cases} \Delta\sigma = 1\,013.5\ \mathrm{MPa} \\ \Delta\varepsilon = 0.015\,1 \end{cases}$$

因此,在缺口处,最小应力 $\sigma = (507-1\,013.5)\ \mathrm{MPa} = -506.5\ \mathrm{MPa}$,最小应变 $\varepsilon = 0.007\,55 - 0.015\,1 = -0.007\,55$。

在已知缺口根部应变的情况下,可利用应变-寿命方程(SWT 模型)求出疲劳寿命 N_{f},如下式所示:

$$\sigma_{\max}\frac{\Delta\varepsilon}{2} = \frac{(\sigma_{\mathrm{f}}')^2}{E}(2N_{\mathrm{f}})^{2b} + \sigma_{\mathrm{f}}'\varepsilon_{\mathrm{f}}'(2N_{\mathrm{f}})^{b+c}$$

$$507\times\frac{0.015\,1}{2} = \frac{(1\,160)^2}{210\,000}(2N_{\mathrm{f}})^{2(-0.081)} + 1\,160\times1.1(2N_{\mathrm{f}})^{-(0.081+0.65)}$$

通过数值求解,可得

$$2N_{\mathrm{f}} = 5\,830\ \text{次反向}$$

因此,有

$$N_f = 2\ 915\ \text{个周期}$$

[例 2.9] 如要一根钢筋出现疲劳失效,就需每天来回弯曲 1 000 次,并持续 20 年。可通过在钢筋上加工一个缺口,加速同类型新钢筋的疲劳失效。如果疲劳缺口集中系数 $K_t = K_f = 10x\ \text{cm}^{-1}$,其中 x 是以厘米为单位的缺口深度,而钢筋的属性如下:

(1)$b = -0.1$。

(2)$c = -0.5$。

(3)$\sigma'_f = 1\ 400\ \text{MPa}$。

(4)$E = 200\ 000\ \text{MPa}$。

(5)$\varepsilon'_f = 0.5$。

(6)$K = 1\ 500\ \text{MPa}$。

(7)$n = 0.193$。

在相同的曲率下,求出新钢筋在两周内失效的最小切口深度 x。

求解:

原有钢筋的失效周期由下式给出:

$$N_f = 1\ 000 \times \frac{\text{周期数}}{\text{天}} \times 365 \times \frac{\text{天数}}{\text{年}} \times 20\ \text{年} = 7\ 300\ 000\ \text{个周期}$$

利用应变-寿命公式,可合理地假设原有钢筋只经历了弹性应变(因为这是一个高周疲劳问题)。因此,可将原有应力 σ_1 用作

$$\text{原有应力} = \sigma_1 = \sigma'_f(2N_f)^b$$
$$= 1\ 400\ \text{MPa} \times (2 \times 7\ 300\ 000)^{-0.1} = 269\ \text{MPa}$$

因此,在每个周期需施加 269 MPa 的应力。

对于新钢筋而言,采用缺口会导致出现因弯曲产生的塑性应变。使用应变-寿命模型:

$$\varepsilon_a = \frac{\sigma'_f}{E}(2N_f)^b + \varepsilon'_f(2N_f)^c$$

在每天 1 000 个周期的情况下,两周的循环应变所对应的失效周期是 14 000 个周期。因此,需利用上述公式求出在 14 000 个周期时造成疲劳失效的施加应力。

$$\varepsilon_{a_2} = \frac{1\ 400\ \text{MPa}}{200\ 000\ \text{MPa}} \times (2 \times 14\ 000)^{-0.1} + 0.5 \times (2 \times 14\ 000)^{-0.5} = 0.005\ 5$$

根据兰贝格-奥斯古德方程:

$$\varepsilon_{a_2} = \frac{\sigma_2}{E} + \left(\frac{\sigma_2}{K}\right)^{1/n}$$

$$0.005\ 5 = \frac{\sigma_2}{200\ 000\ \text{MPa}} + \left(\frac{\sigma_2}{1\ 500\ \text{MPa}}\right)^{1/0.193}$$

$$\sigma_2 = 490\ \text{MPa}$$

根据诺伯定律(缺口效应):

$$\varepsilon_2 \sigma_2 = \frac{(K_f \Delta S)^2}{E}$$

$$0.005\ 5 \times 490\ \text{MPa} = \frac{(10x\,\text{cm}^{-1} \times 269\ \text{MPa})^2}{200\ 000\ \text{MPa}}$$

求解 x,可得

$$x \approx 0.27 \text{ cm} = 2.7 \text{ mm}$$

请注意,在该求解过程中,当利用应变-寿命法预测疲劳寿命时,只考虑到了开裂,而没有考虑裂纹扩展。实际上,为了更准确地计算疲劳寿命,需要考虑裂纹扩展寿命。下一节将分别探讨光滑和缺口构件疲劳分析的断裂力学方法。

2.2.5　疲劳寿命估算的两阶段法

应变-寿命法(如上文所述)和断裂力学方法(如下文所述)可以相互结合,以更准确地进行寿命预测,这是因为某一结构的寿命通常可分为以下两个阶段(史蒂芬斯等人,2001):

第 1 阶段:形成 1 mm 裂纹前的寿命(应变-寿命法)。

第 2 阶段:从裂纹形成到失效的寿命(断裂力学法)。

在疲劳设计中,工程师必须确定每个阶段的寿命对总体寿命所做的贡献,其依据是应力水平、载荷记录、残余应力、材料属性和几何形状等因素。在某些情况下,与第 1 阶段相比,第 2 阶段可以忽略不计,例如简单几何结构(如小轴)的低幅载荷,几乎没有应力集中部位(如缺口)。此外,在某些情况下,寿命预测可使用断裂力学法(第 2 阶段)进行更适当的计算。例如,针对本身有小裂纹的特定设计,需要设定安全裕度。尽管如此,还是有充分的理由将上述阶段相互结合进行疲劳寿命预测。例如,经证明两阶段法或混合法适合应用于存在应力集中部位(如缺口)的情况。从本质上讲,只要有任何适用的因素(如几何形状和材料属性)改变了整个材料的应力分布,混合法就有可能实现更准确的寿命预测。

2.2.6　断裂力学法

在疲劳分析的断裂力学法中,需计算出所分析部件的疲劳裂纹扩展速率和后续失效周期。假定某一部件的疲劳寿命由开裂阶段和裂纹扩展阶段组成,对于众多材料而言,在开裂后仍有很长的使用寿命,因此不应将失效简单地与开裂画等号。图 2.24 中对比了开裂和裂纹扩展的应力与寿命曲线。在进行裂纹扩展分析时,必须运用某些初始假设(如果尚无已知)描述开裂过程。随后,鉴于该初始裂纹已经存在,利用失效力学法可估测结构或部件的强度,并根据裂纹扩展速率计算出寿命(史蒂芬斯等人,2001)。

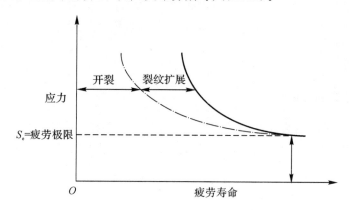

图 2.24　疲劳寿命中的开裂部分和裂纹扩展部分

关于开裂尺寸,目前尚无公认的定义。对于金属而言,已经有报告提出多种关于开裂尺寸的定义。例如,库亚维斯基和艾尔利因(1992)所用的裂纹长度范围从粒径到 $50 \sim 100~\mu\mathrm{m}$,具体取决于相关材料和物理标度。马丁和维尔辛(1991)认为裂纹长度为 0.5 mm,这是结构焊缝的开裂尺寸。对于 En7A 型钢,则采用 1 mm(卡伊纳克等人,1996)。穆尔塔扎和阿基德(1995)认为 BS250A53 型钢的开裂长度为 0.12 mm,碳钢则采用 0.051 mm(马宗达等人,1993)。

对于承受恒幅循环载荷的开裂试样,其远程应力范围由下式给出:

$$\Delta\sigma = \sigma_{最大} - \sigma_{最小} \tag{2-45}$$

裂纹长度 a 与相应周期数 N 的标准曲线图如图 2.25 所示。部件寿命的大部分由裂纹长度相对较小(与最终裂纹长度相比)的时期占部件寿命的大部分。此外,该曲线图还显示出裂纹扩展速率,即曲线的斜率 $\mathrm{d}a/\mathrm{d}N$。

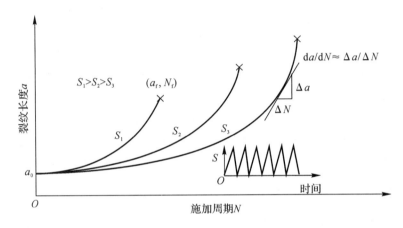

图 2.25　疲劳裂纹长度与施加周期的关系(x 表示断裂)

本节介绍了线性弹性断裂力学(LEFM),其理论基础是含有裂纹或缺陷的物体的弹性理论,即小位移和线性应力与应变关系(班南特等人,1997)。采用线性弹性断裂力学法时,通常假定开裂尺寸约为 1 mm。通过该方法,可将裂纹尖端附近的应力大小与以下各项相关联:

(1)远程应力。

(2)裂纹尺寸和形状。

(3)材料属性。

2.2.6.1　应力强度因子

对于一个不断扩展的裂纹,应力强度因子 K 表示裂纹尖端局部应力大小的尺度。该因子的影响要素包括裂纹尺寸、裂纹形状和几何边界。应力强度因子方程的一般形式如下:

$$K = f(g)\sigma\sqrt{\pi a} \tag{2-46}$$

式中:σ 为施加在部件上的远程应力;a 为裂纹长度;$f(g)$ 为修正系数(受试样的材料属性和裂纹几何形状的影响)。

许多关于疲劳分析的教材都对此进行了详细介绍。

应力强度因子范围由下式确定：

$$\Delta K = K_{最大} - K_{最小} \tag{2-47}$$

对于线性弹性断裂力学疲劳分析方法而言，应力强度因子非常重要，这是因为该因子可初步反映裂纹尖端的应力环境。对数 $\mathrm{d}a/\mathrm{d}N$ 与对数 ΔK 的标准图表如图 2.26 所示。从图中可得，生成的曲线可分为三个区域，即一区、二区和三区，下文将逐个进行介绍。

2.2.6.2　一区

在该区域中，ΔK 的取值很低，这表明裂纹扩展非常缓慢。图 2.26 中 $\Delta K_{阈值}$ 代表应力强度阈值，低于该值，裂纹就不会扩展。因此，在设计部件时，最好是在使用条件下设一个低于 $\Delta K_{阈值}$ 的应力强度因子。

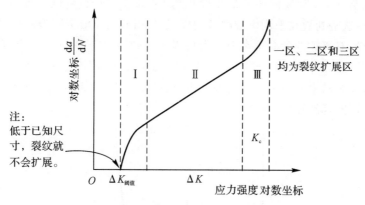

图 2.26　裂纹扩展速率与应力强度因子范围的标准曲线

2.2.6.3　二区

二区是裂纹扩展速率与应力强度范围的关系图（见图 2.26）中应力强度的中间区域。如图 2.26 所示，曲线的斜率近似线性。适用于二区曲线的最广为接受的方程是 20 世纪 60 年代提出的帕里斯方程：

$$\frac{\mathrm{d}a}{\mathrm{d}N} = C(\Delta K)^m \tag{2-48}$$

式中：C 和 m 是材料常数，许多材料研究领域的参考资料都会提供。

将方程等号两边对 $\mathrm{d}N$ 进行积分计算，可推导出失效周期 N_{f} 的表达式为

$$N_{\mathrm{f}} = \int_{a_0}^{a_{\mathrm{f}}} \frac{\mathrm{d}a}{C(\Delta K)^m} \tag{2-49}$$

式中：a_0 是初始裂纹长度；a_{f} 是最终（临界）裂纹长度。

由于 K 是修正系数的函数 $f(g)$，而 $f(g)$ 又取决于裂纹长度 a，所以上述积分通常需使用数值方法求解。$f(g)$ 的有些常见近似值（如 1.12 用于无限板的单边裂缝，或 1.0 用于内部裂缝）可用于简化计算。如果假定 $f(g)$ 为常数，那么将上述式代入式（2-45），可得

$$N_{\mathrm{f}} = \int_{a_0}^{a_{\mathrm{f}}} \frac{\mathrm{d}a}{C\left[f(g)\Delta\sigma\sqrt{\pi a}\right]^m} \tag{2-50}$$

当 $m \neq 2$ 时,有

$$N_f = \frac{a_f^{(-m/2)+1} - a_0^{(-m/2)+1}}{\left(-\dfrac{m}{2}+1\right) C(\Delta\sigma)^m \pi^{m/2} \left[f(g)\right]^m} \tag{2-51}$$

为了求解上述方程,必须首先求出最终裂纹尺寸 a_f。鉴于

$$K = f(g)\sigma\sqrt{\pi a} \tag{2-52}$$

那么,可得出最终裂纹尺寸 a_f 为

$$a_f = \frac{1}{\pi}\left[\frac{K_c}{f(g)\sigma_{最大}}\right]^2 \tag{2-53}$$

式中:K_c 是"断裂韧性",即 K 的临界值,在该临界值下,裂纹以快速(不稳定)的方式扩展,但无须增加载荷或施加能量(即撕裂效应)。该值取决于材料、应变率、环境、厚度,以及裂纹长度(影响程度较小)。断裂韧性的最小值称为"平面应变断裂韧性",即 K_{Ic}。在此符号中,下标 Ⅰ 是指这些断裂几乎均由裂纹开裂模式 Ⅰ 引起的。疲劳断裂的模式 Ⅱ 和模式 Ⅲ 在此不进行讨论,有兴趣的读者可参考班南特等人(1997)关于断裂模式 Ⅱ 和模式 Ⅲ 的讨论。值得注意的是,疲劳寿命主要取决于裂纹的初始尺寸,而不是最终尺寸,如图 2.27 所示。因此,在极硬材料承受极大应力的情况下,疲劳寿命对断裂韧性的敏感度不高(即初始和最终裂纹尺寸的差异极小)。

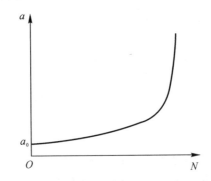

图 2.27 初始裂纹尺寸对疲劳寿命的影响

2.2.6.4 三区

该区会出现快速、不稳定的裂纹扩展。当最大应力强度因子接近材料的断裂韧性时,裂纹扩展速率会提高。由于该区涉及的疲劳寿命很短,因此在许多实际应用中,该区可忽略不计,这是因为它对预估裂纹扩展总寿命几乎没有影响。从二区到三区的过渡取决于材料的屈服强度、应力强度因子和应力比。福曼针对该区的行为提出了通用表示法,由下式给出:

$$\frac{\mathrm{d}a}{\mathrm{d}N} = \frac{C(\Delta K)^m}{(1-R)K_c - \Delta K} \tag{2-54}$$

式中:R 是应力比,定义为 $\dfrac{\sigma_{最小}}{\sigma_{最大}}$。

施加应力比 R 会对裂纹扩展速率产生显著影响。一般而言,应力比越高,裂纹扩展速率就越高。应力比又取决于材料属性。上述福曼方程只适用于 R 为正数时(即拉伸载荷)。

如果 R 为负数(即压缩载荷),与 $R=0$ 的情况相比,扩展速率没有明显变化。这是直观判断,这是因为压缩载荷通常应"缩小间隙",从而禁止裂纹扩展。但是,经证明,在压缩载荷下,某些材料的裂纹扩展速率可能更高(与 $R=0$ 载荷相比)。

[**例 2.10**] 在海水环境中使用一块大型板材,其中心裂纹长度 $2a=2\text{ mm}$(见图 2.28)。将该材料置于盐雾条件下,可获得以下试验数据:

$$\frac{\mathrm{d}a}{\mathrm{d}N}=A(\Delta K)^3$$

$$K_{\text{IC}}=66\text{ MPa}\sqrt{\text{m}}$$

$$A=3.81\times\frac{10^{-12}\text{ m}}{\text{周期}}$$

$$K=\sigma\sqrt{\pi a}$$

$$f(g)=1.0$$

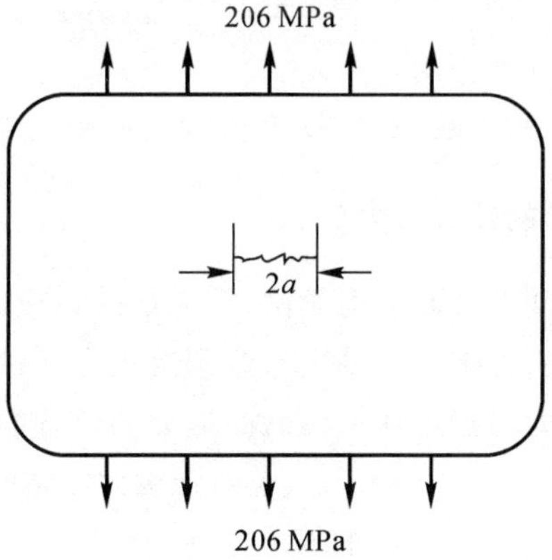

图 2.28 例 2.10 的图示

该板受到 206 MPa 的循环应力,且 $R=0$。需计算出失效时间。

求解:

已知关系式如下:

$$\frac{\mathrm{d}a}{\mathrm{d}N}=A(\Delta K)^3$$

代入 $\Delta K=\Delta\sigma\sqrt{\pi a}$ 可得

$$\frac{\mathrm{d}a}{\mathrm{d}N}=A(\Delta\sigma\sqrt{\pi a})^3$$

重新排列后,得到以下关系式:

$$\mathrm{d}N=\frac{\mathrm{d}a}{A(\Delta\sigma)^3\pi^{3/2}a^{3/2}}$$

对方程式等号两边进行积分计算,可得

$$\int_0^{N_f}\mathrm{d}N=\frac{1}{A\Delta\sigma^3\pi^{3/2}}\int_{a_0}^{a_f}\frac{\mathrm{d}a}{a^{3/2}}$$

对上述表达式(从初始裂纹尺寸 a_0 到最终裂纹尺寸 a_f)进行积分计算,进而求出裂纹长度。

$$N_f = \frac{2}{A \Delta\sigma^3 \pi^{3/2}} \left(\frac{1}{\sqrt{a_0}} - \frac{1}{\sqrt{a_f}} \right)$$

可利用以下关系式求出 a_f:

$$a_f = \frac{1}{\pi} \left[\frac{K_{IC}}{f(g)\sigma_{最大}} \right]^2$$

$$a_f = \frac{1}{\pi} \left(\frac{66 \text{ MPa}\sqrt{m}}{1 \times 206 \text{ MPa}} \right)^2 = 32.67 \text{ mm}$$

$$a_0 = 1 \text{ mm} \quad (初始裂缝尺寸)$$

因此,有

$$\begin{cases} N_f = \dfrac{2}{3.81 \times 10^{-12} \times 206^3 \times \pi^{3/2}} \times \left(\dfrac{1}{\sqrt{0.001}} - \dfrac{1}{\sqrt{0.032\,67}} \right) \\ N_f \approx 2.8 \times 10^5 \text{ 个周期} \end{cases}$$

注:边缘裂纹长度 a 和中心裂纹长度 $2a$ 具有相同的初始裂纹长度 a。

2.2.6.5　具有缺口效应的断裂力学法

对有缺口的部件采用线性弹性断裂力学法,需考虑缺口应力-应变场。在评估有缺口构件时,无论采用上述何种方法,都需要计算出过渡裂纹长度。过渡裂纹长度(即 l_t)的定义是从缺口边缘到试样中局部应力最接近体积(标称)应力的位置的距离。

根据班南特等人(1997), l_t、缺口深度 D、应力强度因子 K_t 之间的关系式为

$$l_t \left[\frac{1.12K_t}{f(g)} \right]^2 = D \pm l_t \tag{2-55}$$

重新排列上述方程,可得

$$l_t = \frac{D}{\left[\dfrac{1.12K_t}{f(g)} \right]^2 \pm 1} \tag{2-56}$$

请注意,式(2-56)中的符号"±"考虑到了两种缺口场景。对于浅缺口(见图 2.29),裂纹长度等于缺口深度加上自由表面裂纹长度。对于深缺口(见图 2.30),裂纹长度等于缺口深度减去自由表面裂纹长度。

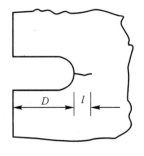

图 2.29　浅缺口

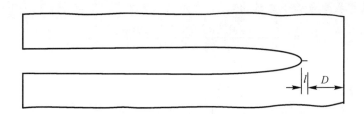

图 2.30　深缺口

当物理裂纹长度 l 超过过渡裂纹长度取值时,假定裂纹在缺口应力场之外,然后可采用 2.2.6 节所述的断裂力学法,对裂纹扩展进行计算,裂纹长度等于 $l+D$。

[例 2.11]　利用断裂力学法,求出例 2.7 和例 2.8 中的裂纹扩展到断裂所需的周期数,假设初始裂纹尺寸为 1 mm。

$$A = 6.91 \times \frac{10^{-12} m}{周期} \quad 且 \quad K_C = 66 \text{ MPa} \sqrt{\text{m}}$$

求解:

首先,用下式求出过渡裂纹长度:

$$l_t = \frac{D}{[1.12 K_t / f(g)]^2 - 1}$$

在该分析中,几何修正系数 $f(g)$ 约为 1.12,即自由边缘修正系数。过渡裂纹长度变为

$$l_t = \frac{D}{K_t^2 - 1}$$

式中:

$$D = 椭圆形缺口的深度 = 10 \text{ mm}$$
$$K_t = 2.41$$

代入上述表达式中,可得

$$l_t = \frac{10}{2.41^2 - 1} \text{ mm} = 2.08 \text{ mm} > 1 \text{ mm} （绝对裂纹长度）$$

因此,1 mm 的裂纹长度代表"短"裂纹,表明裂纹扩展受到缺口局部应力分布的影响。由此,应分两部分进行分析:

(1)从裂纹长度为 1 mm～l_t 的扩展寿命期。

(2)从裂纹长度为 $l_t + D$～$a_f + D$ 的扩展寿命期。

(1)第 1 部分。

利用帕里斯方程,裂纹扩展指数 $n \neq 2$ 的 N_f 为

$$N_f = \frac{a_f^{(-n/2)+1} - a_0^{(-n/2)+1}}{\left(-\dfrac{n}{2}+1\right) A (\Delta S)^n \pi^{n/2} [f(g)]^n}$$

式中:

$$A = 6.91 \times 10^{-12}$$
$$n = 3 \quad （适用于铁素体钢）$$

因此,裂纹扩展寿命由下式给出:

$$\begin{cases} N_f = \dfrac{0.002\,08^{-0.5} - 0.001^{-0.5}}{(-0.5) \times 6.91 \times 10^{-12} \times (375)^3 \pi^{1.5} \times 1.12^3} \\ N_{f_1} = 6\,803 \text{ 个周期} \end{cases}$$

(2)第 2 部分。

$$a_f = \frac{1}{\pi} \left[\frac{K_c}{S_{最大} f(g)} \right]^2$$

式中:

$$S_{最大} = 375 \text{ MPa}$$

$$K_c = 66 \text{ MPa} \sqrt{\text{m}} \quad (已知)$$

因此有

$$\begin{cases} a_f + D = \left[\dfrac{1}{\pi} \left(\dfrac{66}{375 \times 1.12} \right)^2 + 10 \right] \text{ mm} = 17.86 \text{ mm} \\ N_f = \dfrac{0.017\,86^{-0.5} - 0.012\,08^{-0.5}}{(-0.5) \times 6.91 \times 10^{-12} \times (375)^3 \pi^{1.5} \times 1.12^3} \\ N_{f_2} = 1\,134 \text{ 个周期} \end{cases}$$

扩展总时间为

$$N_f = N_{f_1} + N_{f_2} = 7\,937 \text{ 个周期}$$

2.2.7　疲劳失效的影响因素

本章前几节讨论了一些载荷参数对疲劳寿命的影响,具体研究了平均应力、组合模式载荷、变幅和缺口敏感性的影响。本节将简述对疲劳寿命有显著影响的其他因素,并在部件和结构设计中予以考虑,其中包括尺寸效应(也称为几何效应)、频率效应和环境效应(湿度、温度、电场、磁场和腐蚀介质)。

2.2.7.1　尺寸效应

与较小构件相比,较大构件往往存在更多易受疲劳失效影响的位置,这是因为疲劳中存在"最薄弱环节"(道林,1998)。在易发生疲劳退化的位置,应力、几何形状、缺陷和材料属性的影响共同作用,形成疲劳开裂和裂纹扩展的最佳条件(卑尔格,1985)。道林(1998)指出,与较小横截面相比,较大横截面上的应力随深度而降低的变化过程更平稳。因此,较大体积的材料会承受大应力。在焊缝的疲劳寿命预测中,尺寸效应变得更加重要(先前存在的裂缝随着焊缝尺寸的增大而增多)。尺寸效应对开裂和裂纹扩展的影响都十分明显。目前,针对疲劳寿命预测中的尺寸效应展开了几项研究。希格利和米施克(2001)提出了尺寸系数 K_b,使用 133 组来自弯曲试验和扭转试验的数据点进行估算,具体如下:

$$\left. \begin{array}{l} K_b = 1.24 d^{0.107} \quad (2.79 \text{ mm} \leqslant d \leqslant 51 \text{ mm}) \\ K_b = 0.859 - 0.000\,837 d \quad (51 \text{ mm} \leqslant d \leqslant 254 \text{ mm}) \\ K_b = 1 \quad (适用于轴向载荷) \end{array} \right\} \qquad (2-57)$$

上述模型适用于圆形横截面的构件。对于其他形状,希格利和米施克(2001)特别介绍

了有效尺寸 d。以两个承受扭转疲劳载荷的圆形试样为例,一个试样的直径 $d_1 = 3$ mm,另一个 $d_2 = 35$ mm。根据上述方程,尺寸系数的比率为

$$\frac{K_{b_1}}{K_{b_2}} = \left(\frac{d_1}{d_2}\right)^{-0.107} = \left(\frac{3}{35}\right)^{-0.107} = 1.3 \qquad (2-58)$$

这表明当试样直径从 3 mm 增加到 35 mm 时,耐久极限降低至 1.3 倍。然而,有几项研究不仅分析了对裂纹扩展的尺寸效应,还分析了对开裂和裂纹扩展的尺寸效应。例如,卑尔格(1985)研究了板厚对轴向载荷下横向角焊缝疲劳强度的影响。他采用厚度为 12.5~80 mm 的 C-Mn 钢板进行试验,相关结果表明,厚度为 80 mm 的钢板的疲劳强度比厚度为 12.5 mm 的钢板低 40%。卑尔格(1985)提出了一个幂律模型:

$$\frac{N}{N_0} = \left(\frac{t_0}{t}\right)^{3/4} \qquad (2-59)$$

式中:N_0 为参考板厚 t_0 的疲劳寿命。

金和沈(2000)研究了板厚对恒幅载荷下铝 7075-T6 疲劳裂纹扩展速率的影响。他们引入变量 Z,说明厚度问题,从而提出了 $da/dN-\Delta K$ 方程的修正版:

$$\frac{da}{dN} = Z \cdot f(\Delta K, R) \qquad (2-60)$$

式中:f 随应力强度范围 ΔK 和应力比 R 而变化。金和沈(2000)假设 Z 的对数为正态分布,即

$$\gamma = 1 - \varphi\left(\frac{\lg Z_\gamma - \mu_{\lg Z}}{\sigma_{\lg Z}}\right) \qquad (2-61)$$

式中:$\sigma_{\lg Z}$ 是 Z 的对数标准差;$\mu_{\lg Z}$ 是 Z 的对数平均值($\mu_{\lg Z} = 0$)。

相关结果表明,Z 的对数方差可用于估测因厚度效应引起的裂纹扩展速率变化。由幂律相关函数可知,Z 的对数方差随着厚度的减少而增加:

$$\sigma_{\lg Z}^2 = \alpha B^\beta \qquad (2-62)$$

式中:α 和 β 是材料常数;B 是板厚。对于铝 7075-T6,求出 $\alpha = 0.0143$ 和 $\beta = -0.792$(金和沈,2000)。

对于黏弹性材料而言,尺寸效应也变得极其重要,例如聚合物,会在循环载荷期间产生内热。内热导致样品温升,这反过来又缩短了疲劳寿命。由于这种材料的导热性差,较薄试样具有更好的疲劳性能(1989)。

2.2.7.2 频率效应

疲劳试验通常需要很长的试验时间,特别是对于高周疲劳失效($>1 \times 10^7$ 个周期)。较高性价比的疲劳试验需提高疲劳频率,用以将更多周期压缩在更合理的时间内。了解频率效应,不仅可阐明疲劳失效机制,而且还为结构设计和加速试验提供了参考。

本节探讨了频率对室温疲劳寿命的影响,但不考虑其他环境因素的影响。莫罗(1965)在低频率(0.017~0.17 Hz)下进行了一系列轴向拉伸压缩低周疲劳试验,并得出结论,在此范围内频率的变化不会对塑性应变能所产生的阻尼产生任何影响。这是因为在远低于蠕变范围的温度下,塑性应变和塑性应变能的大小理论上与试验频率无关。

古柯尔和卡帕(1970)研究了频率(0.003 Hz、0.017 Hz、0.17 Hz 和 1.7 Hz)对钢制试样全反弯曲低周疲劳的应变行为和裂纹扩展速率的影响。关于高周疲劳,他们的报告指出,在 80~170 Hz 范围内,频率效应较小。据观察,在高出此范围的频率下,高周疲劳的疲劳强度持续增加。在低周疲劳的周期(寿命短于 $1×10^4$ 或 $1×10^5$ 个周期),频率效应变得显著。他们的结果表明,随着频率的增加,试样会出现更多的弹性变形,而塑性变形则会减少。这种效应将延长疲劳寿命,这是因为在低周疲劳下,失效主要受制于塑性变形。报告还指出,裂纹扩展速率也会随着频率的降低而提高。图 2.31(a)显示了低周疲劳下不同频率的裂纹扩展情况。在疲劳寿命方面,古柯尔和卡帕(1970)的工作结果表明,当频率从 1.7 Hz 下降到 0.003 Hz 时,疲劳寿命缩短 50%。频率对疲劳寿命的影响如图 2.31(b)所示。

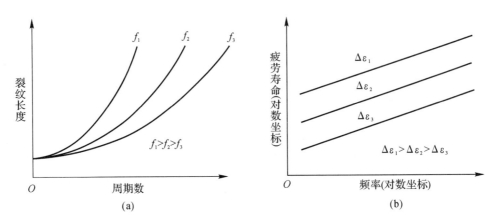

图 2.31 频率 f 对低周疲劳寿命的影响
(a)裂纹扩展; (b)疲劳寿命

2.2.7.3 环境效应和外部效应

环境效应(如化学和热力)可能会对疲劳寿命产生不利的影响,这可能出现在开裂和裂纹扩展期间,导致蚀坑、表面裂纹和裂纹尖端材料的溶解。下文探讨蠕变和腐蚀疲劳时会考虑到温度效应。

在图 2.32 中,通过相应的 S-N 曲线,显示出因环境效应而导致疲劳寿命缩短。

孔萨里和埃米里(2012)研究了疲劳寿命的外部影响因素,如电流、交流磁场和表面冷却。通过这些因素,可减速开裂和裂纹扩展,从而大大延长寿命。例如,东布什等人(1997)研究了空气和水对形状记忆合金丝材的旋转弯曲疲劳寿命的影响。他们的试验结果表明,对于低周疲劳($<1×10^4$ 个周期),在水中的疲劳寿命有所延长。水可确保丝材恒温,从而维持屈服应力,延长疲劳寿命。不过,对于高周疲劳($>1×10^5$ 个周期),在水中的疲劳寿命比在空气中更短,主要是由于材料在水中易腐蚀。

平野等人(2003)研究了在模拟轻水反应堆(LWR)环境中水流速率对碳钢疲劳寿命的影响。在 289 ℃的条件下,以 0.4(%)/s、0.01(%)/s 和 0.001(%)/s 的应变率测试了不同溶解氧含量(DO)的碳钢。他们的实验结果表明,在应变率为 0.01(%)/s 时,不同溶解氧含量的条件下,疲劳寿命均随着流速的增加而延长。他们的报告指出,7 m/s 流速下的疲劳寿命比 0.3 m/s 流速下的疲劳寿命约长 3 倍。疲劳寿命的延长归因于开裂寿命和裂纹扩展寿命的延长。

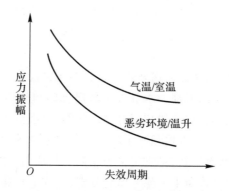

图 2.32　恶劣环境和/或温升导致的疲劳寿命缩短

埃米里和孔萨里(2013)分析了大气中的表面冷却对两种材料(即不锈钢 304L 和钢 4145)疲劳寿命的影响。他们在有表面冷却和无表面冷却的条件下分别进行了疲劳试验。当试样进行表面冷却时,两种材料的疲劳寿命都明显延长。在 495 MPa 的应力振幅下,不锈钢 304L 的疲劳寿命延长了约 100%;在 450 MPa 的应力振幅下,寿命延长了约 1 000%。但该研究中,并未针对观测结果做出物理方面的解释。

有若干研究针对外部要素(如电流脉冲和磁场)对金属疲劳寿命的影响(卡朋科等人,1976;阿卜杜勒·拉提夫,1979;贝兹博罗德科,1984;曹,1989;康拉德等人,1991)。康拉德等人(1991)分析了电流脉冲对99.9%纯铜疲劳寿命的影响。他们的研究结果显示,通过增加微开裂所需的周期数和减轻晶间开裂的趋势,电流对低周和高周疲劳寿命都产生了积极的影响。此现象归因于滑移均匀度的增加,这会导致滑移带间距和宽度减小。

另一个影响疲劳寿命的外部因素是磁场。勇等人(1993)研究了在 25 Hz 的频率和 0.01 的应力比下,磁场对 A3 钢试样的影响。他们的研究结果表明,通过施加交变磁场,疲劳寿命明显延长,勇等人(1993)的报告指出,疲劳寿命的平均增幅为 269%。

2.2.7.4　其他因素

除了上述因素外,疲劳寿命评估还需考虑其他一些因素,包括表面条件(研磨、机加工、热轧或锻造表面等)、载荷(扭转、轴向、弯曲等)和其他影响因素。因此,可利用修正系数对耐久极限 S'_e 进行修正:

$$S_e = k_a k_b k_c k_d k_e S'_e \qquad (2-63)$$

式中:

$$k_a = 表面条件修正系数$$
$$k_b = 尺寸修正系数$$
$$k_c = 载荷修正系数$$
$$k_d = 温度修正系数$$
$$k_e = 其他影响的修正系数$$

如欲了解更多信息,可参见希格利和米施克的著作——《机械工程设计》(*Mechanical Engineering Design*)(2001)7.6 节,其中提供了对耐久极限修正系数的全面信息。

2.3 磨 损

磨损是指两个固体表面因摩擦而逐渐损失材料的相关现象。这两个物体要么直接接触(干滑动),要么中间隔着一层润滑剂。本节探讨磨损机制和分类,细述加速磨损的因素,并将磨损(作为一种轴承、离合器、制动器和密封件退化形式)进行研究。

摩擦力最早的符号表示大概可追溯到 1508 年,当时意大利数学家、工程师和艺术家列奥纳多·达·芬奇提出了摩擦因数,将它定义为摩擦力与法向力的比值。后来,法国物理学家纪尧姆·阿蒙顿和夏尔-奥古斯丁·德·库仑分别于 1699 年和 1785 年发展了该概念,指出静摩擦和动摩擦之间的区别。最近,许多失效物理磨损模型取代了传统的经验关系。艾查德的磨损定律(1953)最为实用和易用,将磨损体积 W 与磨损材料硬度 H、施加法向载荷 N 和滑动距离 L 联系起来:

$$W = kNL/H \qquad\qquad (2-64)$$

式中:k 是指无量纲磨损系数。某些接触材料对的磨损系数值见表 2.2。

表 2.2　磨损系数的某些取值(摘自恩格尔,1993)

接触对	磨损系数 $k/10^{-3}$
锌接触锌	53
低碳钢接触低碳钢	15
铂金接触铂金	13
铜接触铜	11
不锈钢对	7
银对	4
铜接触低碳钢	0.5
铂金接触低碳钢	0.5
铂金接触银	0.33

摩擦和磨损并非材料属性,而是摩擦系统的响应(加藤,2000)。一般而言,磨损机制可分为三类:机械磨损、化学磨损和热磨损。每类可继续划分为一些子类别。例如,机械磨损可分为磨料磨损、黏着磨损、流动磨损和疲劳磨损。图 2.33 为磨损模式示意图[经许可,摘自加藤(2000)]。顾名思义,机械磨损的原因是配合面的变形和断裂。化学磨损的原因主要是摩擦膜中的化学反应。摩擦膜是摩擦滑动期间在交界处形成的动态结构,在摩擦控制中起着重要的作用。热磨损是摩擦热过高造成的交界处局部熔化(加藤,2000)。在大多数实际应用中,摩擦涉及机械、化学和热摩擦机制等因素的相互作用,情况比较复杂。当对摩擦系统进行全面研究时,需对摩擦机制和影响磨损率的因素形成进行全面解。本节探讨常见

的磨损机制和影响因素。

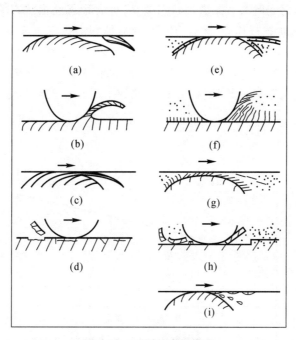

图 2.33　不同的磨损模式

(a)由黏着剪切和传递引起的黏着磨损；　(b)由延性块体表面微切削引起的磨粒磨损；

(c)由累积塑性剪切流引起的冲蚀磨损；　(d)由裂纹萌生和扩展引起的疲劳磨损；

(e)由韧性摩擦膜剪切断裂引起的腐蚀磨损；　(f)由软性摩擦膜刮削引起的腐蚀磨损；

(g)由软性摩擦膜的累积塑性剪切流引起的腐蚀磨损；　(h)由脆性摩擦膜分层引起的腐蚀磨损；

(i)由局部熔化和转移或分散引起的熔融磨损(加藤,2000;经许可)

　　目前不存在根据基本原理推导得出,并适用于一般情况和实际应用的摩擦模型。有用的方程都以经验为基础,适用于特定的材料和条件。蒙和卢德玛(1995)分析了 180 多个磨损方程,其中涉及 100 多个变量。虽然他们并未找到合适方法来统一一组适合一般应用的方程。但是,卢德玛(1981)根据典型的磨损参数将方程分为了三组。表 2.3 显示了用于磨损模型开发的影响参数(卢德玛,1981)。

表 2.3　用于开发磨损模型的参数

材料参数
1)硬度(冷硬);2)延展性;3)断裂韧性;4)强度;5)加工淬透性;6)弹性模量;7)材料形态;8)表面膜的类型和厚度;9)热性能

运行参数
1)表面形貌;2)施加载荷;3)接触几何形状;4)滑动速度、滚动速度;5)摩擦因数

环境参数
1)润滑剂性能;2)碎片和污垢;3)支撑结构刚度;4)工作温度;5)间隙、对准、配合;6)相似或不同的接触对;7)连续、启停、往复

属于黏着磨损模型的大多数磨损都与时间无关,磨损发生速度恒定。不过,试验表明,磨损体积与滑动距离之间既有暂态磨损状态关系,也有稳态磨损状态关系(杨,2004),如图2.34所示。暂态磨损状态被称为"磨合"阶段,此时体积磨损率很高,在接近稳态时逐渐降低。在磨合过程中,两个配合面的一致性、形貌和摩擦相容性都得到改善。在此期间,磨损率之所以高,是由于粗糙面接触不平滑。明显凸出的粗糙部位消除或磨平后,磨损率逐渐降低。磨合期的长短取决于表面粗糙度、材料属性和工况。一旦磨合完成,将开始进入稳定状态。

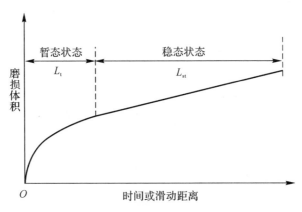

图 2.34　黏着磨损机制的暂态和稳态磨损状态

杨(2004)提出了一个包含暂态和稳态磨损状态的模型。对于稳态–稳态状态,采用艾查德磨损定律。对于暂态状态,假设单位滑动距离的体积磨损率随交界处材料体积而变化:

$$\frac{\mathrm{d}W}{\mathrm{d}L} = -BW \qquad (2-65)$$

或

$$\frac{\mathrm{d}W}{W} = -B\,\mathrm{d}L \qquad (2-66)$$

负号表示滑动距离增加后,体积磨损率将降低。考虑在 $L=0$ 时,可用材料体积为 $W=W_0$,因此式(2-66)的解为

$$W = W_0(1 - \mathrm{e}^{-BL}) \quad (L < L_t) \qquad (2-67)$$

对于稳态($L_t < L$),由艾查德磨损定律得出:

$$W = k\frac{NL}{H} \qquad (2-68)$$

要想得出暂态距离 L_t,可以对暂态和稳态磨损方程求导,并用得出的方程列出如下等式:

$$W_0 B\mathrm{e}^{-BL_t} = k\frac{N}{H} \qquad (2-69)$$

求解上文 L_t 的方程得出:

$$L_t = \frac{1}{B}\ln\frac{W_0 BH}{kN} \qquad (2-70)$$

2.3.1　磨损方程的一般形式

基于接触力学的方程通常根据接触面形貌计算局部接触区域(蒙和卢德玛,1995)。这些方程假设,材料性能(通常是弹性模量 E 或硬度 H)在磨损过程中十分重要。例如,前文提到的艾查德磨损定律就是基于接触力学的磨损方程。艾查德(1953)将塑性变形体的接触压力、滑动速度和实际接触面积的概念转化为一个一次方程,这对实践意义重大。

巴威尔(1957)提供了一些经验方程,将磨损率表示为以下三个方程之一:

$$\left. \begin{array}{l} W = \dfrac{\beta}{\alpha}(1 - e^{-at}) \\ W = \alpha t \\ W = \beta e^{at} \end{array} \right\} \tag{2-71}$$

式中:α 是常数;t 是时间;β 被定义为"初始曲面的某些特征"。

如图 2.34 所示,这些方程体现了磨损随时间(或等效滑动距离)呈现不同状态。在稳态之后的其他状态中体积磨损率随时间呈指数增长。这种效应会导致接触体咬死。李(1970)的经验研究表明,磨损体积随施加载荷 N、滑动速度 V 和时间 t 而变化:

$$\Delta W = KN^a V^b t^c \tag{2-72}$$

式中:ΔW 为软质材料的重量损失;K、a、b、c 为试验得出的常数。

这类方程是一些试验参数的乘法运算,在摩擦系统分析中很常见。蒙和卢德玛(1995)指出,人们通常认为经验指数相互独立,但事实证明确实如此的情况极少。这类方程在规划加速磨损试验时具有一定的实用价值,这是因为每个参数在方程中都有明确表示,与其他参数无关。

卢德玛(1996)提出了一个关于车床刀具寿命 T 的广义方程,取决于切削速度 V、切削深度 d、进给速度 f,方程如下式所示:

$$VT^n f^a d^b = C \tag{2-73}$$

式中:n、a、b、C 取自试验。

该方程并非磨损方程,而是采用刀具切削时间 T 建立的刀具寿命模型,刀具在使用时长超过 T 之后会丧失作用。该方程适用于各种各样的切削速度,但仅对切削工作条件有效。

磨损一般有三种测量方法:

(1)材料损失体积(mm^3)。

(2)材料损失质量(g)。

(3)磨损深度(mm)。

可采用磨损材料的密度将磨损体积转换为磨损质量。

设计使用的经验磨损模型有两种:一种给出磨损寿命与工次之间的关系,另一种提供累积磨损或磨损率与工况之间的关系。拜耳(2004)对这两类工程磨损模型进行总结。各种磨损情况下的关系形式很相似,但系数和指数可能因不同材料、速度、环境和润滑而异。下文将介绍一些模型。关于模型适用性的全面讨论,参见拜耳(2004)第 2 章。

2.3.2 滑动磨损

滑动磨损是最常见的磨损形式之一。通过运用前文讨论的黏着磨损概念,可将艾查德磨损定律用于建立磨损量或磨损率磨损。前文还探讨了其他模型,例如,为磨合和磨损与载荷之间的非线性关系而开发的模型。考虑艾查德磨损方程,假设存在恒定的共形接触面积 A,磨损可表示为

$$W = Ah = k\frac{NL}{H} \tag{2-74}$$

式中:h 为磨损深度。因此,有

$$h = k\left(\frac{N}{A}\right)\frac{L}{H}$$

$$\frac{dh}{dt} = \left(\frac{k}{H}\right)\left(\frac{N}{A}\right)\left(\frac{dL}{dt}\right) = \frac{k}{H}(pV) \tag{2-75}$$

式中:p 为压力;V 为滑动速度。

该方程被称为 pV 因子法,将磨损与压力和速度工况联系起来。在基于 pV 因子的磨损试验中,得出了不同 pV 值下的磨损系数 k。达到 pV 极限值(即 pV 限值)后,磨损状态由轻度磨损变为严重磨损。在严重磨损状态下,磨损系数取决于 pV 因子,如图 2.35 所示。接触面积恒定的情况下,pV 因子法是较为合适的磨损分析方法。轴颈轴承和推力轴承的情况符合此方法的适用范围(拜耳,2004)。

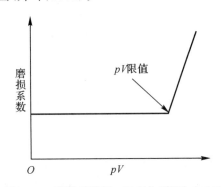

图 2.35 磨损系数随 pV 变化(拜耳,2004)

[例 2.12] 黏着磨损。

搭建销盘摩擦试验装置,如图 2.36 所示。盘和销的材料分别为 4140 钢和 70-30 黄铜,二者硬度分别为 2 840 MPa 和 390.5 MPa。该试验装置配备了线性可变差动变压器(LVDT),这样就能精确测量销盘结构的垂直位移。销径为 3 mm,放置在离盘中心 15 mm 远处。盘以 10 r/min 的速度旋转。磨损系数为 $k = 4.3 \times 10^{-4}$。假设销所受载荷为 2 kN,则需确定达到 1 mm 垂直位移所需的时间。

求解:

4140 钢的硬度远超 70-30 黄铜,因此可以假设只有黄铜在磨损。使用艾查德磨损定律:

$$W=k\,\frac{NL}{H}$$

在两边除以时间 t，代入 $V=L/t$ 和 $\dot{W}=W/t$，得

$$\dot{W}=k\,\frac{NV}{H}$$

式中：V 为滑动速度。可利用转速计算：

$$V=2\pi\times 半径\times 旋转速度=[2\pi\times 0.015\times(10/60)]\ \text{m/s}=0.015\,7\ \text{m/s}$$

因此，有

$$\dot{W}=\left(4.3\times 10^{-4}\times\frac{2\times 10^{3}\times 0.0157}{390.5\times 10^{6}}\right)\frac{\text{m}^{3}}{\text{s}}=(3.457\times 10^{-11})\,\frac{\text{m}^{3}}{\text{s}}=0.034\,57\ \frac{\text{mm}^{3}}{\text{s}}$$

假设实际接触面积等于标称接触面积，有

$$W=接触面积\times 磨损长度=\left[\pi\left(\frac{3}{2}\right)^{2}\times 1\right]\ \text{mm}^{3}=7.069\ \text{mm}^{3}$$

因此，要磨损 7.069 mm^3 的黄铜，所需时间为

$$t=\frac{7.069}{0.034\,57}\ \text{s}=204.5\ \text{s}$$

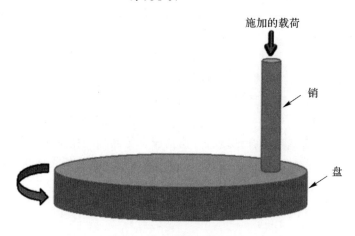

图 2.36　销盘磨损系统

2.3.3　磨粒磨损

与黏着磨损类似，可在磨粒磨损中定义一个磨损系数 k_{abr} 来表示艾查德定律的磨损过程。图 2.37 为硬质锥形滑块划出（犁出）横截面积为 rh 的沟槽。对于滑动距离 x，因摩损移除的体积（恩格尔，1993）为

$$W=r\times h\times x=N\times x\times\tan\theta/(\pi H)\tag{2-76}$$

$\tan\theta/\pi$ 可用 k_{abr} 代替，得出类似于艾查德黏着磨损定律的方程：

$$W=k_{\text{abr}}\,\frac{Nx}{H}\tag{2-77}$$

式（2-77）的一般形式可用于磨粒磨损：

$$W = k_{abr} H^m N^n L^k \tag{2-78}$$

式中:指数 m、n、k 是接触磨料、磨损材料和工况的函数,通过试验确定。

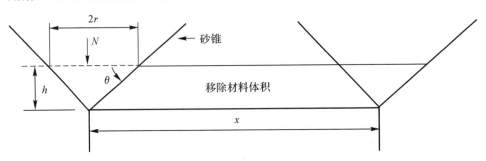

图 2.37　硬质锥体在软质材料中犁出沟槽的示意图(摘自恩格尔,1993)

2.3.4　冲击磨损

两个冲击部件之间通过"冲击磨损"机制发生冲击机械磨损。许多航空航天、运输、制造和商业机器会出现这种磨损,例如打印机[《磨损控制手册》(*Wear Control Handbook*),由彼特逊和维纳编辑,1980]。一个冲击磨损的经验模型表明,下式可准确模拟该现象(拜耳,2004):

$$W = k_{imp} V^n N_{imp} \tag{2-79}$$

式中: k_{imp} 为冲击磨损的磨损系数; V 为冲击速度; N_{imp} 为冲击次数。

上述方程中, n 取决于摩擦系数,需通过试验确定,取值范围为 $2 < n < 3$ 。

预测磨损寿命周期时,还有其他冲击磨损方程可用。例如,拜耳(2004)提出了零磨损模型,适用于冲击和滑动都造成磨损的复合冲击情况。零磨损是指从工程角度来看,表面完好无损,磨损可忽略不计的情况。零磨损状态下,磨损深度不及原始表面粗糙度的一半。零磨损 N_0 的周期数可通过下式计算:

$$N_0 = \frac{2\,000}{1+\beta} \left(\frac{\gamma \sigma_y}{\sigma_0} \right)^9$$

式中: σ_y 为磨损材料的拉伸屈服强度; σ_0 为冲击时的峰值接触应力; γ 为系统磨损系数; β 为滑动磨损对冲击磨损的贡献因数。

对于单纯的冲击损伤, $\beta = 0$ 。如果冲击周期数超过零磨损的冲击周期次数 N_0 ,那么磨损状态从零磨损过渡到可测磨损,如图 2.38 所示。研究发现几种钢的系统磨损系数 γ 为 1.1。

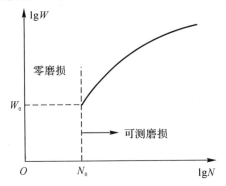

图 2.38　冲击磨损状态(改编自《磨损控制手册》,1980)

[**例 2.13**] 冲击磨损。

钢的零磨损极限应在峰值接触应力 $\sigma_0 = 450$ MPa，屈服强度 $\sigma_y = 550$ MPa 时确定。

求解：

此时仅存在冲击（无滑动），所以 $\beta = 0$。使用上式计算零磨损寿命周期，得

$$N_0 = \frac{2\ 000}{1+\beta}\left(\frac{\gamma\sigma_y}{\sigma_0}\right)^9 = 28\ 702\ \text{个周期}$$

2.3.5　滚动磨损

与滑动磨损和冲击磨损类似，滚动磨损模型确定为（拜耳，2004）

$$W = KN^m N_r \tag{2-80}$$

式中：N 为载荷；N_r 为转数；K 为磨损系数；m 通过试验确定。

然而，有一些滚动磨损寿命模型需要基于对宏观表面损伤的观察，例如，裂纹、剥落或凹坑。滚动元件可能是纯滚动接触，也可能是带滑动（如滑移）的滚动。图 2.39 为两个平行气缸的滚动滑动接触示意图。拜耳（2004）提出了一种关于滚动和滚动滑动磨损的方程，将最大接触应力 σ 与引发表面损伤的转数 N_r 联系起来，有

$$N_r = C\sigma^m \tag{2-81}$$

式中：C 和 m 为常数，由试验确定。

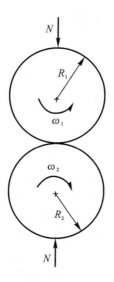

图 2.39　两个平行气缸的滚动滑动接触

该方程与疲劳状态下的寿命-应力方程（S-N 曲线）相似，由此可见这种磨损的损伤机制以疲劳磨损为主。模型参数 C 和 m 取决于配合面材料、表面条件和滑滚比。滑滚比对模型参数有显著影响，因此对滚动元件的寿命也有显著影响。该比值定义为两个接触面之间的表面速度差除以速度之和：

$$\frac{R_1\omega_1 - R_2\omega_2}{R_1\omega_1 + R_2\omega_2} \tag{2-82}$$

图 2.40 以定性方式展示了滑滚比对滚动元件磨损寿命的影响。可以看出,滑滚比变化时,曲线的斜率也会随之发生变化。

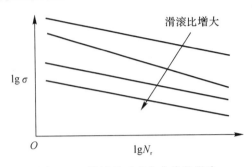

图 2.40　滑滚比对寿命曲线的影响

2.3.6　轴承寿命模型

滚动轴承用于各种应用,通常分为滚珠轴承和滚子轴承。每组可进一步分为径向(轴颈)轴承、轴向(推力)轴承和二者的组合。根据实际情况选择不同尺寸和几何形状的轴承。一般而言,轴承由滚动元件(滚珠或圆柱体)、内环、外环、台肩和保持滚子位置的轴承罩构成。轴承有几种不同的失效机制。常见的失效机制见表 2.4。

轴承材料的疲劳性能是滚动元件轴承寿命预测的决定因素[《机械设备可靠性预测程序手册》(*Handbook of Reliability Prediction Procedures for Mechanical Equipment*),1994]。由于在预测时需考虑与操作环境敏感性相关的大量设计参数,通过寿命、载荷和设计特点之间的准确关系预测单个轴承疲劳寿命的做法不切实际的。

表 2.4　典型轴承失效机制(摘自《机械设备可靠性预测程序手册》,1994)

失效机制	说　明
剥落	因载荷超过设计载荷而造成下层剥落或断裂
疲劳或脱落	因润滑不良或表面损伤而造成表面开裂或剥落
斑驳	因轴承滑动接触点未润滑而造成的表面损伤
布式效应	因滚动元件承受过度载荷或冲击而造成的压痕
微动磨损	因轴承和轴之间配合不当而造成
划痕	因轴承长时间承受过大载荷而造成

L_{10} 是标准承载能力,此时 90% 的轴承寿命大于 1×10^6 个周期。特别注意,L_{10} 表示轴承的寿命。因此,校正系数用于根据预测的实际条件调整 L_{10} 寿命。对于同一组参考条件,百万个周期的寿命(拜耳,2004)为

$$L_{10} = \left(\frac{C}{P}\right)^n \tag{2-83}$$

式中:C 为基本动载荷额定值;P 为等效径向载荷;常数 n 对于滚珠轴承为 3,对于滚子轴承

为 3.3。对于承受联合轴向力(推力)和径向力的轴承,等效径向载荷 P 为

$$P = XF_r + YF_a \tag{2-84}$$

式中:系数 X 和 Y 取决于轴承类型和结构。它们对于不同轴承的数值见《磨损控制手册》(1980)第 706 页。

对于非标准条件,引入几个经验修正系数来确定实际轴承寿命(拜耳,2004):

$$L = D \times E \times F \times G \times H \times L_{10} \tag{2-85}$$

式中:D 为材料的倍率因子;E 为材料加工和精加工的乘数;F 为润滑的乘数;G 为速度的乘数;H 为对准的乘数。

额定基本动态载荷 C 可从标准公式或相关制造目录中获得。例如,径向滚珠轴承的额定动态载荷由以下公式给出:

$$\left.\begin{aligned} C &= f_c (i\cos\alpha)^{0.7} Z^{0.67} D_w^{1.8} && (D_w \leqslant 25.4 \text{ mm})\\ C &= 3.647 f_c (i\cos\alpha)^{0.7} Z^{0.67} D_w^{1.4} && (D_w > 25.4 \text{ mm}) \end{aligned}\right\} \tag{2-86}$$

式中:i 为滚珠轴承的滚珠列数;Z 为每列滚珠的数量;α 为滚珠与其座圈之间的夹角(见图 2.41);D_w 为滚珠的直径;对于径向滚珠轴承承载力系数 f_c 随 $D_w\cos\alpha/d_m$ 而变化(见表 2.5)。需注意的是,d_m 为节径,如图 2.41 所示。如上所述,轴承寿命预测模型的乘数需通过实验确定。然而,包括载荷、润滑剂和水污染在内的一些因素可通过经验公式确定。载荷 L_{10} 的乘数为

$$\left.\begin{aligned} L_{10} &= \left(\frac{c}{P}\right)^3 && (\text{滚珠轴承})\\ L_{10} &= \left(\frac{c}{P}\right)^{3.3} && (\text{滚子轴承}) \end{aligned}\right\} \tag{2-87}$$

润滑剂的乘数取决于轴承润滑剂的黏度(《机械设备可靠性预测程序手册》,1994):

$$F = \left(\frac{\nu_0}{\nu_L}\right)^{0.54} \tag{2-88}$$

式中:ν_0 为标准试验条件下润滑剂的黏度;ν_L 为实际应用中润滑剂的黏度。

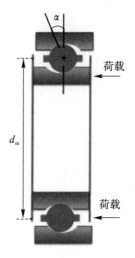

图 2.41　滚珠和座圈之间存在接触角的滚珠轴承示意图

除了损伤因素(例如,静态过载、疲劳、磨损、腐蚀、润滑剂失效和过热)外,水污染也可能对轴承疲劳寿命有害(阿姆斯特朗等人,1977)。水污染乘数可以说明因润滑处漏水而导致的疲劳寿命缩短(海希德等人,1983)。

表 2.5　径向和径向止推滚珠轴承的 f_c 值(摘自《机械设备可靠性预测程序手册》,1994)

$D_w \cos\alpha/d_m$	单排径向接触或单排和双排角接触/mm	双排径向接触/mm
0.05	46.7	44.2
0.06	49.1	46.5
0.07	51.1	48.4
0.08	52.8	50.0
0.09	54.3	51.4
0.10	55.5	52.6
0.12	57.5	54.5
0.14	58.8	55.7
0.16	59.6	56.5
0.18	59.9	56.8
0.20	59.9	56.8
0.22	59.6	56.5
0.24	59.0	55.9
0.26	58.2	55.1
0.28	57.1	54.1
0.30	56.0	53.0
0.32	54.6	51.8
0.34	53.2	50.4
0.36	51.7	48.9
0.38	50.0	47.4
0.40	48.4	45.8

[**例 2.14**]　滚珠轴承的疲劳寿命。

双列角接触滚珠轴承有 12 个球(直径为 4.97 mm),节径为 30 mm,接触角为 15°。轴承设计承受 250 N 的推力载荷。轴承预期寿命(以 h 为单位)需在 5×10^4 r/min 的转速下确定。

求解：

首先，需计算承载力系数 f_c。

$$\frac{D_w \cos\alpha}{d_m} = \frac{4.97\cos15°}{30} = 0.16$$

$f_c = 56.5 \text{ mm}$，因此，有

$$C = f_c (i\cos\alpha)^{0.7} Z^{0.67} D_w^{1.8} = 2\ 411 \text{ N}$$

根据滚珠轴承的 L_{10} 方程：

$$L_{10} = \left(\frac{C}{P}\right)^3 = 8.97 \text{ 亿个周期} = 299 \text{ h}$$

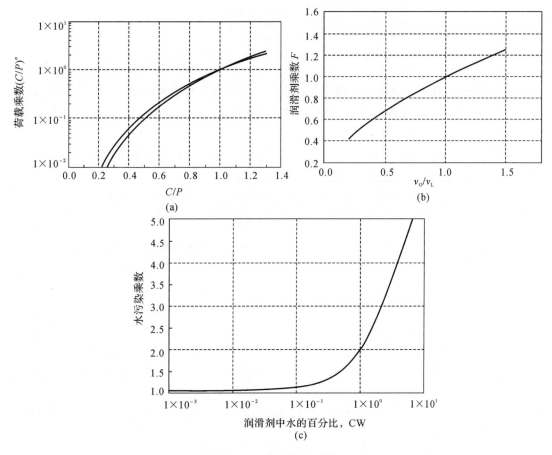

图 2.42　轴承寿命乘数

(a)载荷因素；　(b)润滑因素；　(c)水污染因素

2.3.7　密封件寿命模型

密封件主要用于阻止润滑剂从密封件一侧流向另一侧（即防止泄漏），其主要失效机制是磨损。图 2.43 为静态密封件和动态密封件的原理图。使用动态密封件时，密封件表面与旋转部件直接接触，引起摩擦、磨损和摩擦发热。下面将讨论动态密封件的可靠性和影响密

封件寿命的参数。关于静密封件寿命模型的相关内容,请参阅《机械设备可靠性预测程序手册》(1994)第 3 章。

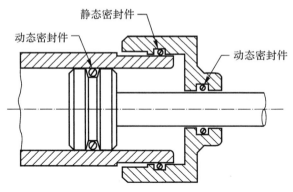

图 2.43 静态和动态密封件(来源:《机械设备可靠性预测程序手册》,1994)

运行期间,流体中的磨粒会造成密封件磨损。硬质颗粒可能嵌入软质弹性表面和金属表面,导致形成密封的较硬配合面磨损,最终引发泄漏。各类磨损是造成密封件失效的原因。常见的密封件磨损机制见表 2.6。

除了表 2.6 的失效机制外,其他一些失效机制也会加速密封件失效,包括未对准引起的动态不稳定、污染物脆化、流体/密封件不相容以及热降解。

表 2.6　典型的轴承失效机制(摘自《磨损控制手册》,1980)

磨损类型	说　明
黏着磨损	密封件的主要磨损类型,因启动、关闭和操作扰动期间的固体接触磨损而造成。密封件的黏着磨损比较轻微。在设计中采用 pV 准则识别轻微磨损过度的极限
磨粒磨损	决定了飞机发动机等整体系统的使用寿命,主要是由于操作环境、密封系统内部、机械部件等的颗粒进入了密封件
腐蚀磨损	通常出现在暴露于腐蚀性工作流体中的密封件上,滑动产生的摩擦热促进化学反应,接触压力进一步加速化学反应。温度每升高 10 ℃,化学反应的速度就会翻倍
点状腐蚀或疲劳	点状腐蚀通常与疲劳有关,也可能由其他原因造成,包括碳的氧化侵蚀、碳起泡和热应力裂纹
冲击	移动方向与交界处法向一致的密封件引起的动态不稳定性。可能产生极高的振动和加速力
微动磨损	通常出现在二次密封面上。对于气封中的活塞环二次密封,微动可在 200 h 内显著增加总泄漏量

pV 试验程序(解释见 2.3.2 节)通常用于评估密封面材料的性能和可靠性,提供黏着磨损的测量值。在密封 pV 试验中,工作面压力和工作流体压力是两个重要参数。将这些参数相乘,pV 因子可表示为(《磨损控制手册》,1980)

$$pV = [\Delta p(b-k) + p_{sp}]V_m \qquad (2-89)$$

式中:

$$pV = 压力 \times 速度$$
$$\Delta p = 密封面上的压差$$
$$b = 密封平衡,即液压封闭面积与密封面面积的比值$$
$$k = 压力梯度因子$$
$$p_{sp} = 机械弹簧压力$$
$$V_m = 密封面平均直径处的流体速度$$

对于不同介质,通常可以假设压力梯度因子 k 为:

(1)水性溶液:0.5。

(2)轻质烃等溶液:0.3。

(3)润滑油:0.7。

在 pV 试验中,摩擦功率对密封件寿命不利,应在可靠性分析中加以考虑。摩擦功率导致密封面材料温度升高,过热会引起密封面和间隙发生热变形,导致泄漏率增加(《机械设备可靠性预测程序手册》,1994)。热量还会引起材料变化,导致密封件的磨损率显著增加。摩擦功率可通过下式计算:

$$Q_s = \mu_f (pV) A \tag{2-90}$$

式中:

$$Q_s = 输入密封件的摩擦功率(热量)$$
$$pV = 压力 \times 速度$$
$$\mu_f = 摩擦因数$$
$$A = 密封面的表观面积$$

摩擦因数来自以水为润滑剂的原始设计试验,一些常用材料的摩擦因数见表 2.7。然而,《磨损控制手册》(1980)表明,当润滑剂是油时,该值可达到 $25\% \sim 50\%$。这是由于油的黏度引起了额外的阻力。相反,在其中一个密封环表面设计润滑槽、液体缓冲垫和表面纹理可降低摩擦因数。目前尚无被普遍接受的 pV 试验程序。为了最大限度地提高密封可靠性,在选择密封材料时应折中考虑。例如,某些材料的耐磨性和抗热震性比碳-石墨基材料更好,如固体碳化硅等。然而,固体碳化硅产生的热量是碳-石墨材料的 5 倍。为了抵消产生的过多热量和相关的密封面温升,应提供冷却流以保持动态密封面上的膜厚度,防止因表面温升而增加磨损。

表 2.7　各种密封材料的摩擦因数(摘自《磨损控制手册》,1980)

滑动材料		摩擦因数 μ_f
旋转面	固定面	
碳-石墨 (树脂填充)	铸铁	0.07
	陶瓷	0.07
	碳化钨	0.07
	碳化硅	0.02
	碳化硅、转换碳	0.015

续表

滑动材料		摩擦因数 μ_f
旋转面	固定面	
碳化硅	碳化钨	0.02
碳化硅、转换碳	碳化硅、转换碳	0.05
碳化硅	碳化硅	0.02
碳化钨	碳化钨	0.08

由于黏着磨损是密封磨损的主要机制,因此可以使用艾查德磨损方程:

$$W = k\frac{NL}{H} \tag{2-91}$$

该方程可修改为用 pV 因子表示磨损系数 k。为此,滑动距离 L 可表示为速度×时间 $(L=Vt)$,载荷 N 可表示为压力 $(N=pA)$,线性磨损 h 可表示为 $h=W/A$。因此,有

$$k = \frac{hH}{tpV} \tag{2-92}$$

通过一系列 pV 试验,确定了不同试验条件和材料对磨损率的影响。图 2.44 为典型密封寿命为两年的磨损率与 pV 因子关系示意图。

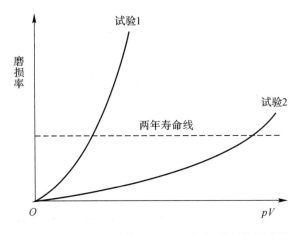

图 2.44　密封试验中的磨损率与 pV 因子(摘自《磨损控制手册》,1980)

同样,对于前几节讨论的轴承可靠性考虑因素,可通过引入几个修正系数来解释非标准试验条件(《机械设备可靠性预测程序手册》,1994):

$$L = C_Q C_H C_F C_v C_T C_N C_{pV} L_{基本} \tag{2-93}$$

式中:

$$L = 密封件的实际失效率,单位:失效次数/百万小时$$
$$L_{基本} = 密封件的基本失效率,单位:失效次数/百万小时$$
$$C_Q = 允许泄漏量影响的倍率因子$$

$$C_H = 接触应力和密封件硬度影响的乘数$$

$$C_F = 表面粗糙度影响的乘数$$

$$C_\nu = 流体黏度影响的乘数$$

$$C_T = 温度影响的乘数$$

$$C_N = 污染影响的乘数$$

$$C_{pV} = 压力速度系数影响的乘数$$

C_Q 由下面的方法确定：

对于泄漏,有

$$Q_f(\mathrm{cm}^3/\mathrm{min}) \leqslant 0.49, \quad C_Q = 4.1 - (4.82 \times Q_f) \tag{2-94a}$$

对于泄漏,有

$$Q_f(\mathrm{cm}^3/\mathrm{min}) > 0.49, \quad C_Q = 0.90/Q_f \tag{2-94b}$$

C_H 由下式确定：

$$C_H = \left(\frac{M}{0.55C}\right)^{4.3} \tag{2-95}$$

式中：

$$M = 迈氏硬度(\mathrm{MPa})$$

$$C = 接触压力(\mathrm{MPa})$$

C_F 由下面的方法确定：

对于表面粗糙度,有

$$f(\mu\mathrm{m}) \leqslant 0.38, \quad C_F = 0.25 \tag{2-96a}$$

对于表面粗糙度,有

$$f(\mu\mathrm{m}) > 0.38, \quad C_F = 1.21 f^{1.65} \tag{2-96b}$$

C_T 由下式确定：

$$C_T = \frac{1}{t^2} \tag{2-97}$$

式中：

$$t = \frac{T_R - T_0}{10}$$

$$T_R = 密封件的额定温度(℃)$$

$$T_0 = 密封件的操作温度(℃)$$

C_{pV} 由下式确定：

$$C_{pV} = \frac{pV_{op}}{pV_{ds}} \tag{2-98}$$

式中：

$$pV_{op} = 原设计的 pV 因子$$

$$pV_{ds} = 密封件实际操作的 pV 因子$$

$$C_\nu 和 C_N 的倍率因子分别见表 2.8 和表 2.9$$

表 2.8　流体黏度乘数(摘自《机械设备可靠性预测程序手册》,1994)

流体	C_v						
	流体温度/℃						
	−46	−18	10	38	66	93	121
MIL - H - 83282	0.6	0.7	0.8	0.9	1	2	3
MIL - H - 5606	0.7	0.8	0.85	0.9	1	2	
飞机用磷酸酯		0.8	0.85	1	1	2	
工业用磷酸酯			0.7	0.8	0.85	0.9	
水乙二醇		0.7	0.8	0.8	0.9		
SAE 10 润滑油			0.8	0.8	1	1	2
SAE 60 润滑油			0.7	0.7	0.8	0.85	1

表 2.9　污染乘数(摘自《机械设备可靠性预测程序手册》,1994)

液压元件所产生颗粒的典型数量	颗粒材料	按照额定流量(GPM),每小时内 10 μm 以下颗粒的数量(N_{10})
柱塞泵	钢制	1.7
齿轮泵	钢制	1.9
叶片泵	钢制	0.6
气缸	钢制	0.8
滑动动作阀	钢制	0.04
软管	橡胶	0.13

2.3.8　润滑接触位置磨损

大多数工程应用中,接触体被一层润滑剂(部分或完全)分开。因此,摩擦系统的摩擦和磨损特性受到该润滑层厚度、机械特性和化学特性的强烈影响。轴承、齿轮和轴等滑动部件的润滑在可靠性设计中十分重要,但是这会增加部件设计的复杂性。润滑剂一旦降解,便不能有效分离两个部件,导致固体的直接接触范围增大,最终因咬死引发失效。决定润滑剂性能的一个重要特性是黏度 μ。图 2.45 展示了面积为 A 的两块板,中间用厚度为 h 的润滑剂隔开。两块板的相对速度为 μ,保持该速度恒定所需的力为 F。黏度是衡量流体运动阻力的指标,定义为

$$\mu = \frac{Fh}{AU} \tag{2-99}$$

润滑膜厚度对接触面间摩擦力的产生发挥着重要作用。摩擦因数 μ_f 与索默菲德数 $(\mu U/N)$ 的关系图显示了各种试验条件下的最小摩擦点。

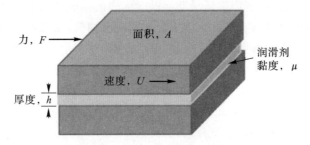

图 2.45   黏度定义的示意图

该曲线被称为斯特里贝克曲线(见图 2.46),包含三个不同区域:边界润滑、混合润滑和流体动力(或全膜)润滑。在边界润滑区,凸起粗糙部位的平均高度大于润滑膜厚度。边界润滑区的摩擦因数可达到典型的干滑动接触值。在混合润滑区,润滑层将两个表面分开。但是,配合面的凸起粗糙部位仍然接触。随着润滑膜厚度的增加,两个表面彼此完全分离。摩擦因数因流体摩擦的增加而增加,这与黏性耗散的增加有关。

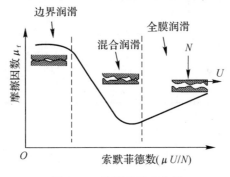

图 2.46   斯特里贝克曲线

2.3.9   润滑磨损和润滑剂寿命

艾查德磨损定律量化了非润滑金属接触位置的黏着磨损体积:

$$W = k\frac{NL}{H} \qquad (2-100)$$

对于润滑接触,艾查德磨损定律与修正的磨损系数($K=\alpha k$)结合使用,该系数考虑了润滑对磨损的缓解作用(罗维,1966):

$$W = (\alpha k)\frac{NL}{H} = K\frac{NL}{H} \qquad (2-101)$$

式中:α 为两个金属表面实际接触面积的分数。

润滑磨损系数 K 的参值见不同试验条件和润滑剂文献的表格(例如,《磨损控制手册》第 143 页)。无论试验条件如何(包括施加的载荷、速度和接触材料),润滑剂的化学成分都会显著影响磨损系数。罗维(《磨损控制手册》,1980)指出,解吸能或吸附热较高的润滑剂在减少磨损方面更有效。许多润滑剂添加剂的反应性太强,除了造成黏着磨损外,还会反过来促进化学磨损。因此,一款含添加剂的有效润滑剂应尽量减少黏着磨损和化学磨损。

润滑磨损的一个重要决定因素是滑动接触时的表面温度。温升会显著降低润滑剂的寿命和效率。例如,温度每升高 10 ℃,化学反应速率就会翻倍,导致润滑剂老化加速。润滑油与氧气发生化学反应,导致酸度和黏度增加,颜色变暗,并产生类似清漆的表面沉积物(博舍尔,1997)。ASTM D943、ALCOR 沉积试验和联邦试验方法标准 791 等评估润滑油氧化寿命的标准实验室试验表明,在 100~150 ℃范围内,温度每增加 10 ℃,润滑油的氧化寿命就会减少一半(孔萨里和博舍尔,2001)。假如 L 为氧化寿命(单位为 h),则可采用以下阿伦尼斯方程估算润滑油寿命(孔萨里和博舍尔,2001):

$$\lg L = k_1 + \frac{4\,750}{T} \tag{2-102}$$

式中:T 为温度($T=0\ \text{K}+273\ \text{K}$)。一些工业润滑剂的典型 k_1 值见表 2.10。

表 2.10　工业矿物油氧化寿命预测的 k_1 典型值(摘自博舍尔,1997)

润滑油类型	k_1	所示寿命的最大温度/℃			
		1 h	100 h	1 000 h	10 000 h
非阻化油	−10.64	135	103	75	51
EP 齿轮油	−10.31	147	113	84	59
液压油	−8.76	214	168	131	99
汽轮机油	−8.45	230	182	142	106
高度精炼、加氢裂化油	−8.05	252	200	157	121

[例 2.15] 润滑油的氧化寿命。

液压油和汽轮机油在 135 ℃时的使用寿命是多少?本例还绘制了从 100 ℃到 400 ℃温度范围的使用寿命。

求解:

表 2.10 显示,液压油的 $k_1=-8.76$,得出氧化寿命为

$$\lg L = =2.88$$
$$L=759\ \text{h}$$

汽轮机油的计算方式类似,结果为 $L=1\,549\ \text{h}$。图 2.47 显示了在 100~400 ℃温度范围内,液压油和汽轮机油随温度而变化的预期寿命。

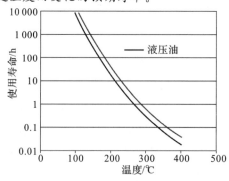

图 2.47　液压油和汽轮机油随温度变化的预期使用寿命

2.4 蠕 变

前面几节描述了疲劳分析的常用方法,有助于理解寿命-应力模型背后的科学知识,以及这些模型是如何为加速寿命试验而被开发或选择的。选择以疲劳为例是为了便于读者理解。不过,还有许多其他失效机制也适用于加速寿命试验。下文将详细讨论蠕变,蠕变是指一段时间内试样在高温应力条件下逐渐累积的塑性应变(柯林斯,1993)。当累积的蠕变应变导致发生超出设计极限的系统或部件变形时,就会发生蠕变失效。这是一种普遍存在的失效机制,在许多工程应用的材料上都会出现,特别是涉及高温的材料,例如,发电厂的汽轮机、喷气式发动机、火箭发动机和核反应堆。其他一些常见的示例包括灯泡灯丝失效和螺栓逐渐松动。

典型的蠕变试验通常是在保持温度恒定的同时使试样承受恒定的载荷或应力。随后,测量应变(或变形),并用图表体现测得值随着所经过时间而发生的变化(小卡利斯特,2007)。图 2.48 为典型的材料恒载蠕变行为示意图。如图 2.48 所示,当材料承受载荷时,会产生瞬时变形,以弹性变形为主。这条蠕变曲线上有三个区域。区域 I 是初始蠕变区域或暂态蠕变区域,特征是蠕变速率逐渐减小(即随着时间的增加,曲线的斜率减小)。该区域表明材料正在经历蠕变阻力增加,也称为应变硬化。此时材料处于拉紧状态,需要更多的载荷才能引发变形。区域 II 为稳态蠕变,蠕变速率保持恒定(即蠕变曲线为线性)。这一区域往往是蠕变持续时间最长的阶段。该区域的蠕变速率呈线性发展,这时由于相互竞争的应变硬化和恢复过程达到平衡,因此材料变得更软,并保留了发生变形的能力。最后,曲线的区域 III 被称为第三阶段蠕变,特征是蠕变速率加快,最终材料失效/断裂,这是微观结构变化的结果,例如,晶界分离和产生裂纹、空洞和孔洞。

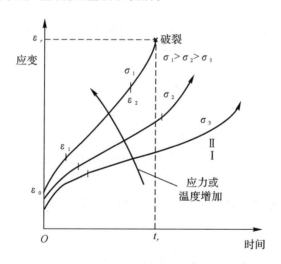

图 2.48 不同应力水平或温度下的蠕变曲线示意图

图 2.48 还显示了温度和应力对蠕变特性的影响。随着应力或温度的增加:①施加应力时瞬时应变将增加;②稳态蠕变速率将增加;③破裂寿命将缩短。

最可靠的蠕变数据来自在正常使用条件下重复实际载荷和温度的试验。遗憾的是(但是),出于一些实际原因,由于时间限制将这类数据用作部件设计的输入信息通常是不可行的。因此,人们在设计加速蠕变试验方面投入了大量精力,以提供准确可靠的长期蠕变行为预测。其中一种方法是热加速法。热加速法是指在比实际使用温度高得多的温度下测试部件的蠕变行为。图 2.49 显示了这种试验的应力与时间关系图,对于任一恒定的试验温度,整个曲线上的蠕变应变保持恒定。根据图 2.49,可利用这些数据外推出设计寿命。设计温度曲线与设计寿命相交的点表示合适的设计应力水平。

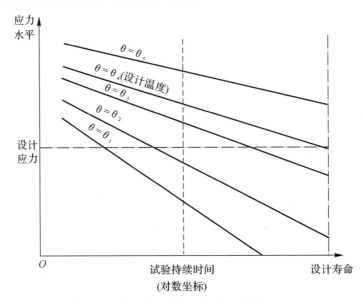

图 2.49　蠕变试验的热加速法(柯林斯,1993)

在建立短期高温试验结果与中等温度下长期使用性能的联系时,有几种加速寿命理论可供选择。截至目前,其中比较准确和有用的建议是拉森-密勒理论和曼森-哈弗德理论。

2.4.1　拉森-密勒理论

拉森-密勒理论假定,对于每种材料和应力水平的组合,存在与温度和时间相关的参数 P,并且该参数的值是唯一的,其公式为

$$P = (\theta + 460)(C + \lg t) \tag{2-103}$$

式中:

$$P = 拉森\text{-}密勒参数(在给定材料和应力水平的情况下为常数)$$
$$\theta = 温度(^\circ\mathrm{F})$$
$$C = 恒定(通常假定为 20)$$
$$t = 破裂时间或达到规定蠕变应变值的时间(\mathrm{h})$$

通过使用拉森-密勒关系,找到与预期长期使用要求等效的短期温度与时间的组合并不困难。例如,对于任何处于规定应力水平的给定材料,表 2.11 的试验条件均应与工况等同(柯林斯,1993)。事实证明,拉森-密勒参数在预测各种材料的长期蠕变行为和应力断裂性能时是有效的。

表 2.11　基于拉森-密勒参数的等效条件

工况	等效试验条件
1 000 ℉ 温度下 10 000 h	1 200 ℉ 温度下 13 h
1 200 ℉ 温度下 1 000 h	1 350 ℉ 温度下 12 h
1 350 ℉ 温度下 1 000 h	1 500 ℉ 温度下 12 h
300 ℉ 温度下 1 000 h	400 ℉ 温度下 2.2 h

2.4.2　曼森-哈弗德理论

曼森-哈弗德理论假定,对于给定材料和应力水平,存在与温度和时间相关的参数 P',并且该参数的值是唯一的,其公式为

$$P' = \frac{\theta - \theta_a}{\lg t - \lg t_a} \qquad (2-104)$$

式中:

P'＝曼森-哈弗德参数(在给定材料和应力水平的情况下为常数)

θ＝温度(℉)

t＝破裂时间或达到规定蠕变应变值的时间(h)

θ_a、t_a＝材料常数

注意,曼森-哈弗德参数引入了材料常数。计算出这些常数后,就能证明式(2-104)(例如,拉森-密勒参数)与实验结果吻合。表 2.12 为各种材料的曼森-哈弗德常数。

表 2.12　曼森-哈弗德方程的各种常数

材　　料	蠕变或破裂	θ_a	$\lg t_a$
25-20 不锈钢	破裂	100	14
18-8 不锈钢	破裂	100	15
S-590 合金	破裂	0	21
DM 钢	破裂	100	22
Inconel X	破裂	100	24
Nimonic 80	破裂	100	17
Nimonic 80	0.2%塑性应变	100	17
Nimonic 80	0.1%塑性应变	100	17

[**例 2.16**]　考虑表 2.13 所示一系列铬钼钒钢试验的蠕变断裂数据。

(1)使用表 2.13 的数据,在一张应力与对数时间关系图上绘制各种温度下的蠕变断裂曲线。

(2)使用温度为 900 ℉ 时 460 MPa 应力水平的数据,借助拉森-密勒参数预测温度为 1 100 ℉ 时相同应力水平下的断裂时间。

(3)将(2)的预测与(1)的数据进行比较。

求解:

(1)使用 MS-Excel 对表 2.13 的数据进行绘图,如图 2.50 所示。

（2）根据题设可得：

$$\theta = 900\ ^\circ F$$
$$C = 20$$
$$t = 9\ 878\ h$$

因此，使用拉森-密勒参数得出：

$$P = (\theta + 460)(C + \lg t) = (900 + 460)(20 + \lg 9\ 878) = 32\ 632.75$$

当 $P = 32\ 632.75$ 时，我们可以解出 t 的拉森-密勒方程，求出温度为 1 100 ℉ 时相同应力水平（460 MPa）下的破裂时间，如下式所示：

$$32\ 632.75 = (1\ 100 + 460)(20 + \lg t)$$

求解上文 t 的方程得出：

$$t \approx 8.3\ h$$

（3）表 2.13 显示，在温度为 1 100 ℉，应力水平为 70 ksi（1 ksi＝6.895 MPa）时，记录的应力破裂时间为 1 h，这与（2）计算的拉森-密勒估计差异明显。然而，从（a）图中可以看出，70 ksi 和 1 100 ℉ 的数据点可能是异常值，因为它与该温度下的其他数据失拟。事实上，图 2.50 的 1 100 ℉ 拟合线确实将第一个点视为异常值，并估计 70 ksi 的破裂失效时间在 7～8 h 之间，这与（2）的估计更接近。

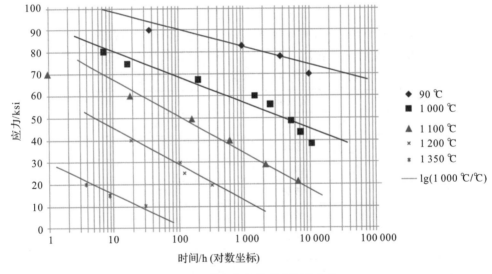

图 2.50　铬钼钒钢的蠕变断裂曲线

2.4.3　单轴应力状态下的蠕变

对于金属材料，大多数蠕变试验采用单轴拉伸方式。另外，单轴压缩试验更适合脆性材料，这是因为在拉伸载荷下不会出现应力放大和裂纹扩展（小卡利斯特，2007）这样可以更好地测量固有蠕变特性。100 h（4 天）、1 000 h（42 天）和 10 000 h（420 天）的单轴蠕变和应力破裂试验较常见，100 000 h（11.5 年）的长时间试验较少见。在蠕变过程中建立应力、应变、时间和温度的联系时，学界已经提出了多种关系式。通过蠕变应变与时间的试验数据可以发现，当绘制在对数应变与对数时间坐标上时，各种材料的数据接近线性，如图 2.51 所示。

图2.51为三种不同材料的曲线图(柯林斯,1993)。描述这种行为的方程如下:

$$\delta = At^a \tag{2-105}$$

式中:

$$\delta = 真实的蠕变应变$$

$$t = 时间$$

$$A、a = 经验常数$$

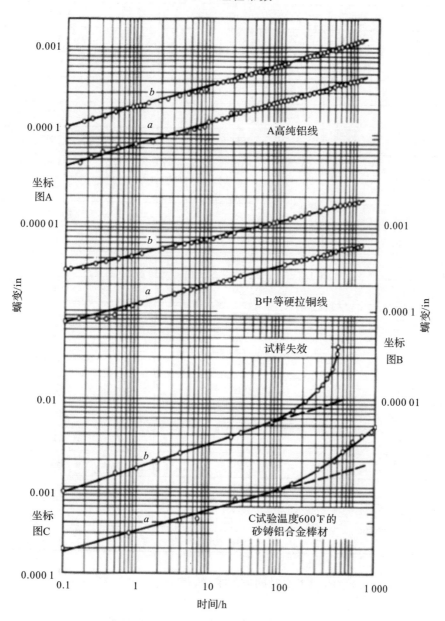

图 2.51　三种材料在重对数坐标上的蠕变曲线(出自柯林斯,1993 年,
经许可——原始出处为斯特姆等,1936)

注:1 in=2.54 cm。

表 2.13　铬钼钒钢的蠕变断裂数据

试验温度/℃	应力/ksi	破裂时间/h
900	90	37
900	82	975
900	78	3 581
900	70	9 878
1 000	80	7
1 000	75	17
1 000	68	213
1 000	60	1 493
1 000	56	2 491
1 000	49	5 108
1 000	43	7 390
1 000	38	10 447
1 100	70	1
1 100	60.5	18
1 100	50	167
1 100	40	615
1 100	29	2 220
1 100	22	6 637
1 200	40	19
1 200	30	102
1 200	25	125
1 200	20	331
1 350	20	3.7
1 350	15	8.9
1 350	10	31.8

设 $aA=b$，$(1-a)=n$，对上文时间方程求导，得

$$\dot{\delta}=bt^{-n} \tag{2-106}$$

其中，$-n$ 表示图 2.51 中曲线的斜率，b 表示交点。该方程代表了各类蠕变应变与时间曲线，具体取决于指数 n 的大小。如果 n 为零，这种行为称为"恒定蠕变速率"。这种类型的蠕变行为在高温下最常见。如果 n 为 1，这种行为称为"对数蠕变"，橡胶、玻璃、某些类

型的混凝土以及金属在较低温度下会表现出这种行为。如果指数介于 0～1 之间,这种行为称为"抛物线蠕变"。这种蠕变行为发生在中、高温条件下。

应力水平对蠕变速率的影响通常可以用经验表达式表示:

$$\dot{\delta} = B\sigma^N \qquad (2-107)$$

式中:B 和 N 为常数。假设应力 σ 与时间无关,可求式(2-107)的积分,得到真实的蠕变应变:

$$\delta = Bt\sigma^N + C' \qquad (2-108)$$

如果常数 C' 比 $Bt\sigma^N$ 小(通常如此),那么结果称为重对数应力-时间蠕变定律,由下式得出:

$$\delta = Bt\sigma^N \qquad (2-109)$$

根据式(2-109),可以确定在规定温度下将蠕变变形保持在规定极限内所需的应力。

[例 2.17]　镍铬钼钢的圆柱形压力容器两端闭合,直径为 10 in。该储罐在 850 °F 的温度、10 ksi 的内压下连续运行了 5 年。如果期望的安全系数为 1.2,并且永久变形不得超过 3%,那么该圆柱形压力容器壁的最小厚度应该是多少?

求解:

根据上述信息可确定,破坏应力 σ_f 可表示为

$$\sigma_f = \left(\frac{\delta}{Bt}\right)^{1/N}$$

或

$$\sigma_f \approx 54\,780 \text{ psi}$$

式中:常数 B 和 N 来自表 2.14(1 psi=0.001 ksi)。因此,基于期望安全系数的设计应力为

$$\sigma_d = \frac{\sigma_f}{n} = 45\,650 \text{ psi}$$

适用于该圆柱形容器的临界应力为切向应力:

$$\sigma_d = \frac{pD}{2t}$$

式中:

$$p = 储罐内压$$

$$D = 圆柱体直径$$

$$t = 圆柱体壁厚$$

表 2.14　重对数应力-时间蠕变定律常数

材　料	温度/°F	B,$(\text{in}^2/\text{lb})^N$ 每日	N
1 030 钢	750	48×10^{-38}	6.9
1 040 钢	750	16×10^{-46}	8.6
2Ni-0.8Cr-0.4Mo 钢	850	10×10^{-20}	3.0
12Cr 钢	850	10×10^{-27}	4.4
12Cr-3W-0.4Mn 钢	1 020	15×10^{-16}	1.9

注:1 lb=0.453 6 kg。

因此,有

$$45\ 650=\frac{pD}{2t}=\frac{10\ 000\times10}{2\times t}$$

求解 t,所需的最小圆柱容器厚度为

$$t=1.095\ \text{in}$$

2.4.4 累积蠕变预测

目前尚无普遍接受的方法可用于估计在不同温度和应力水平下蠕变应变积累随时间的变化。最简单的方法是 E. L. 罗宾逊提出的线性假设法。因此,如果指定蠕变应变的设计极限 δ_D,那么预测在下式条件下将达到该蠕变应变(柯林斯,1993):

$$\sum_{k}^{i=1}\frac{t_i}{L_i}=1 \tag{2-110}$$

式中: t_i 为在应力水平和温度第 i 个组合下的暴露时间; L_i 为完全暴露在应力水平和温度第 i 个组合下保持不变时,产生蠕变应变 δ_D 所需的时间。

[例 2.18] 600 °F 的温度下,在 10 ksi 的应力水平下对砂铸铝合金进行蠕变试验,结果如图 2.51 的曲线 b 所示。采用该材料制成的空心圆柱形支架外径为 2.0 in,壁厚为 0.175 in,长为 5.0 in。支架承受 5 t 的直接拉伸载荷。每个环境温度循环为 400 °F 持续 1 000 h,然后 600 °F 持续 3 h,然后 800 °F 持续 0.5 min。

(1)如果设计要求支架不能伸长超过 0.025 in,您预测支架能承受多少个周期?

(2)如果在支架内部压力为 1 750 psi,采用巧妙的端封布置避免压力在支架壁上产生轴向分量,那么根据(a)的标准,您预测支架在失效前的寿命会延长还是缩短?

求解:

(1)根据提供的条件,一个环境温度循环为

$$t_A=400\ \text{°F 温度下 1 000 h}$$

$$t_B=600\ \text{°F 温度下 3 h}$$

$$t_C=800\ \text{°F 温度下 30 s}$$

提供的极限设计伸长率为

$$\Delta L=0.025\ \text{in}$$

因此,极限设计应变为

$$\delta_D=\frac{\Delta L}{L}=0.005$$

如 2.4.1 节所述,使用拉森-密勒参数将 t_A 和 t_C 转换为 600 °F 的等效暴露时间,有

$$P_A=(400+460)(20+\lg1\ 000)=19\ 780$$

因此,对于 600 °F 的运行,采用拉森-密勒方程计算的等效时间 $t_{A\text{-eq}}$ 为

$$19\ 780=(600+460)(20+\lg t_{A\text{-eq}})$$

因此,有

$$t_{A\text{-eq}}\approx0.045\ 75\ \text{h}=600\ \text{°F 温度下 165 s}$$

同样,有

$$P_C = (800 + 460) \times (20 + \lg 0.008\ 3) \approx 22\ 580$$

因此,有

$$22\ 580 = (600 + 460)(20 + \lg t_{C\text{-eq}})$$

求解 $t_{C\text{-eq}}$,得

$$t_{C\text{-eq}} \approx 600\ {}^\circ\text{F} \ \text{温度下} \ 20.04\ \text{h}$$

图 2.51 显示,曲线 b 采用 $\delta_D = 0.005$ in/in,并注意 5 短吨 = 1 万磅(1 短吨 = 907.2 kg 与试验数据等效的应力),因此:

$$L_{0.005} = 50\ \text{h}$$

随后,使用罗宾逊假设,并设 N 等于产生极限设计应变 δ_D 所需的重复温度循环次数,

$$N\left(\frac{0.045\ 75}{50} + \frac{3}{50} + \frac{20.04}{50}\right) = 1$$

因此,有

$$N = 2.16\ \text{个周期}$$

即为产生极限伸长率的周期。

(2)在(1)中,得出了 2.16 个周期的寿命,每个周期为 1 003.008 3 h。因此,基于设计准则的预期寿命为 2 166.5 h = 90.27 天。

现在,如果有一个中空的圆柱形支架,内部压力为 1 750 psi,此时临界应力将是由内压产生的切向应力。

$$\sigma_d = \frac{pD}{2t} = 10\ 000\ \text{psi}$$

该数值大于 5 t 的拉伸载荷。因此,预计支架在失效前的寿命会更短。要让该支架正常发挥作用,需考虑一些其他设计标准,例如,使用的材料类型和圆柱体的壁厚。

2.5　腐　　蚀

本节将讨论在实践中经常观察到的另一种重要的退化机制——腐蚀。为了更好地理解腐蚀,将介绍一些基本概念,并对不同的腐蚀类型和影响腐蚀速率的因素进行回顾。此外,本节还包含腐蚀试验方法和腐蚀失效诊断技巧。

对腐蚀的科学研究已有近 150 年的历史。关于腐蚀的电化学原理已经得到了深入研究,有大量出版物可供参考。本节不涉及腐蚀电化学动力学的基本原理,而是研究腐蚀与结构健康管理的关联。腐蚀是因材料(通常是金属)与环境发生化学或电化学反应而发生的退化。当金属溶解并以离子或其他腐蚀产物的形式离开表面时,退化通常以性能变化和/或表面材料损失的形式出现。根据美国国家腐蚀工程师协会(NACE)的一项研究,2013 年美国腐蚀成本超过 1 万亿美元,约占 GDP 的 6.1%。研究表明,尽管在过去的几十年里,腐蚀管理已有所改善,但美国必须找到更多更好的方法来鼓励、支持和实施最佳的腐蚀控制措施。

腐蚀机制和腐蚀损伤与腐蚀过程的电化学和热力学有关。这是因为几乎所有金属的腐蚀过程都涉及两个或以上的水溶液中电子电荷转移的电化学反应。电化学反应需要阳极和

阴极形成电接触,以及通过电解质建立离子传导路径(戴维斯,2000)。但是,本节的重点并非电化学和热力学的腐蚀。相反,下文将着重研究腐蚀速率的预测模型和影响其严重程度的因素。腐蚀速率是腐蚀损伤预测模型中最重要的输入参数之一。为了准确评估腐蚀损伤结构的使用寿命,需要准确评估腐蚀速率。腐蚀寿命预测模型主要预测不同腐蚀损伤形式发生的时间,例如,裂纹覆盖、金属截面面积损失和刚度损失(刘和威尔斯,1998;埃尔·马德威和苏德基),2007;托雷斯-阿科斯塔等人,2007;张等人,2009)。因此,腐蚀损伤预测依赖于选择用来描述预期退化的场变量(例如,点状腐蚀裂纹、刚度损失)。因此,对于建模者来说,应首先研究不同形式的腐蚀损伤并确定其潜在原因和影响。下文中将首先讨论一些常见的腐蚀损伤形式,随后讨论现有的腐蚀速率评估模型及其影响因素。

根据腐蚀损伤的外观或作用机制,可将腐蚀损伤分为几类。琼斯(1996)将腐蚀损伤分为九种不同的形式,如图 2.52[摘自琼斯(1996),经许可]所示。

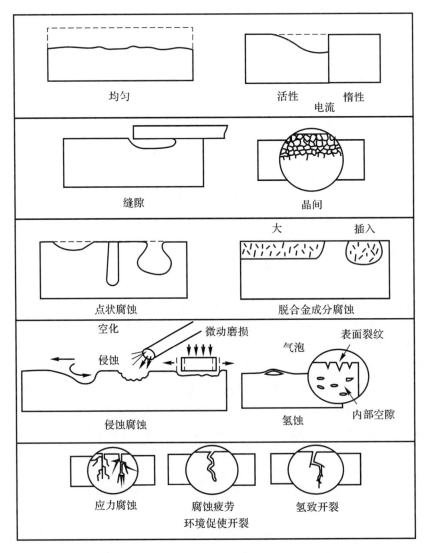

图 2.52　各种形式的腐蚀(琼斯,1996;经许可)

(1)均匀或普遍腐蚀。

(2)电偶腐蚀。

(3)缝隙腐蚀。

(4)点状腐蚀。

(5)环境促进开裂,包括应力腐蚀开裂、疲劳腐蚀开裂和氢致开裂。

(6)氢蚀。

(7)晶间腐蚀。

(8)脱合金成分腐蚀。

(9)侵蚀腐蚀,包括微动腐蚀和空化腐蚀。

(1)均匀或普遍腐蚀:顾名思义,均匀腐蚀导致金属在整个暴露表面消失或大面积均匀消失。这是最常见的腐蚀形式。不过,从技术角度来看,这不是个大问题,这是因为它可以通过相对简单的浸泡试验来准确评估(戴维斯,2000)。均匀腐蚀损伤可以通过重量损失和金属厚度逐渐减少来测量。

(2)电偶腐蚀:当两种不同金属或合金在腐蚀性电解质中电突触耦合(电耦合)时,就会发生这种形式的腐蚀。抗腐蚀能力较差的金属会被腐蚀,而另一种金属则优先受到保护,不受腐蚀。电耦合中金属间的电位差将影响腐蚀速率。

(3)缝隙腐蚀:两种金属之间或一种金属与一种非金属材料之间的狭窄缝隙会形成积液区,并腐蚀材料。这种腐蚀形式被定义为缝隙腐蚀。例如,螺栓孔、垫圈、铆缝、螺纹接头、搭接接头、垫圈和 O 形环上的缝隙腐蚀损伤(戴维斯,2000)。

(4)点状腐蚀:点状腐蚀是一种局部分布的腐蚀损伤形式,导致表面上出现直径或大或小、或深或浅、咬边、彼此靠近或孤立的孔。深的腐蚀点可能穿透部件壁并引起泄漏。戴维斯(2000)表示,点状腐蚀是最难检测的腐蚀损伤形式之一,这是因为它只会造成少量的质量损失,如果部件尺寸小,那么很容易被忽视。

(5)应力腐蚀开裂:这是在静态拉应力和腐蚀环境下的一种开裂破坏形式。这种破坏形式的一个例子是含有腐蚀性介质的压力容器。这种形式的裂纹包括裂纹形核和扩展。裂纹扩展分三个阶段:

1)裂纹扩展速率快速增加。

2)裂纹扩展速率缓慢(裂纹扩展速率与应力强度因子无关)。

3)严重失效前的快速增长率(戴维斯,2000)。

(6)腐蚀疲劳:这种形式的腐蚀发生在金属承受循环机械载荷或变形,且其表面与腐蚀性流体接触时。它是金属表层塑性变形和阳极溶解电流密度产生的协同效应。与无疲劳损伤的腐蚀相比,腐蚀环境的存在减少了失效的周期数,例如,锅炉管、在海洋环境中运行的机身结构和医疗植入物。

(7)侵蚀腐蚀:这种形式的损伤是腐蚀流体高流速或机械磨损所加速或加重腐蚀损伤的组合。高速流体主要侵蚀防护腐蚀产物膜,导致腐蚀损伤加速。因此,侵蚀和腐蚀损伤的结合比其中任一单独损伤的危害更为严重,一般通过金属表面出现沟槽、起伏不平和圆孔来识别。可能出现侵蚀腐蚀损伤的示例包括管道系统、泵、叶轮和涡轮叶片。

一般而言,预测腐蚀退化的可用模型可分为两组:

1)评估腐蚀速率的方法(以腐蚀电流密度 $i_{腐蚀}$ 表示)。

2)评估腐蚀致损(例如,点蚀裂纹、刚度损失等)的方法。

奥蒂诺等人(2011)回顾了钢筋混凝土(RC)结构的现有预测模型。然而,本节将会介绍影响腐蚀严重程度和速率的可用模型和因素,从而涵盖这两组方法。下面详细介绍了一些腐蚀速率预测模型($i_{腐蚀}$)。

(1)斯特恩-盖理模型:该模型适用于线性极化区域,在这些区域内,如果离子溶液内金属的腐蚀电流密度稍有变化,金属电位将发生相应变化。斯特恩和盖理(1957)的试验表明,对于简单的腐蚀体系,腐蚀速率与极化电阻 R_p 成反比:

$$i_{腐蚀} = \frac{B}{R_p} \tag{2-111}$$

式中:

$$i_{腐蚀} = 腐蚀电流密度(A/cm^2)$$

$$B = 斯特恩-盖理常数(V) = 极化电阻(\Omega \cdot cm^2)$$

B 的值是由特定的电化学电池决定,通常在 $13 \sim 52$ mV 之间,具体取决于系统:26 mV 的值通常用于混凝土嵌入钢材的活性腐蚀(安德雷德和冈萨雷斯,1978)。斯特恩-盖理模型因过于简单而受到诟病。但是,从实际的角度出发,它仍广泛应用于腐蚀科学领域。

(2)亚尔钦和埃尔贡模型:该模型为研究氯离子和醋酸根离子对加速腐蚀试验中 $i_{腐蚀}$ 的影响而开发(亚尔钦和埃尔贡,1987)。

$$i_{腐蚀} = i_0 e^{-Ct} \tag{2-112}$$

式中:

$$i_{腐蚀} = t \text{ 时刻的腐蚀速率}$$

$$i_0 = 初始腐蚀速率$$

$$C = 腐蚀常数,取决于混凝土孔隙饱和度$$

亚尔钦和埃尔贡模型存在一些缺点,包括以加速腐蚀试验为基础,并未在自然腐蚀试验中得到证明;针对未开裂的混凝土开发,可能不适用于开裂的混凝土;温度、埋深和混凝土电阻率等影响 $i_{腐蚀}$ 的因素未被纳入模型。

(3)刘和威尔斯模型:如上所述,腐蚀速率受温度变化、氯化物含量、混凝土抵抗力和腐蚀时间等因素影响。刘和威尔斯对持续 5 年的加速腐蚀试验结果进行了统计分析,实验结果来自 44 个未开裂的桥面板,其中包括 7 个氯化物污染试样的 2 927 个腐蚀速率测量值。腐蚀速率与混凝土欧姆电阻、温度、氯化物含量和暴露时间的关系采用非线性回归模型:

$$i_{腐蚀} = 0.92\exp[8.37 + 0.618\ln(1.69CL) - \frac{3\ 034}{T} -$$
$$0.000\ 105R_c + 2.32t^{-0.215}](\mu A/cm^2) \tag{2-113}$$

式中:CL 为游离氯化物含量(kg/m^3);T 为钢表面对应深度处的温度(K);R_c 为保护层混凝土的欧姆电阻(Ω);t 为腐蚀起始时间(年)。

[例 2.19] 考虑用钢筋加固的混凝土块。使用刘和威尔斯模型计算下列条件下的腐蚀速率:

（1）氯化物含量为 1.8 kg/m^3，欧姆电阻为 1 500 Ω 时，比较 5 ℃和 30 ℃环境下 1 年后的腐蚀速率。

（2）欧姆电阻为 1 500 Ω，温度为 13 ℃时，比较氯化物含量为 1 kg/m^3 和 4 kg/m^3 环境下 1 年后的腐蚀速率。

（3）氯化物含量为 1.8 kg/m^3，欧姆电阻为 1 500 Ω，温度为 13 ℃时，比较 1 年和 5 年的腐蚀速率。

求解：

使用上文所述的刘和威尔斯模型：

（1）CL＝1.8 kg/m^3，R_c＝1 500 Ω，t＝1 年，T_1＝278.15 K：

$$(i_{腐蚀})_1 = 1.257 \ \mu A/cm^2$$

$$T_2 = 303.15 \ K$$

$$(i_{腐蚀})_2 = 3.09 \ \mu A/cm^2$$

$$\frac{(i_{腐蚀})_2}{(i_{腐蚀})_1} = \frac{3.09}{1.257} = 2.46$$

（2）R_c＝1 500 Ω，T＝286.15 K，t＝1 年，$(CL)_1$＝1 kg/m^3：

$$(i_{腐蚀})_1 = 1.185 \ \mu A/cm^2$$

$$(CL)_1 = 4 \ kg/m^3$$

$$(i_{腐蚀})_2 = 2.793 \ \mu A/cm^2$$

$$\frac{(i_{腐蚀})_2}{(i_{腐蚀})_1} = \frac{2.793}{1.185} = 2.36$$

（3）CL＝1.8 kg/m^3，R_c＝1 500 Ω，T＝286.15 K：

t_1＝1 年，有

$$(i_{腐蚀})_1 = 1.705 \ \mu A/cm^2$$

t_2＝5 年，有

$$(i_{腐蚀})_2 = 0.865 \ \mu A/cm^2$$

$$\frac{(i_{腐蚀})_2}{(i_{腐蚀})_1} = \frac{0.865}{1.705} = 0.507$$

根据上文讨论的模型或其他可用模型确定腐蚀速率（$i_{腐蚀}$）后，可以估计因腐蚀造成的金属损失。按面积单位和时间单位表示的金属体积损失 $V_{腐蚀}$ 表示为 mm/年，而质量损失 $M_{腐蚀}$ 则表示为 kg/(m^2·年)。$V_{腐蚀}$ 可以通过腐蚀电流（$i_{腐蚀}$），结合法拉第定律和金属密度得出。对于钢的均匀腐蚀，1 $\mu A/cm^2$ 相当于 0.011 6 mm/年的金属损失率（安德雷德和阿朗索，2004）。钢的腐蚀体积损失和质量损失可表示为

$$V_{腐蚀} = 0.011 \ 6 i_{腐蚀}$$

式中：$V_{腐蚀}$ 的单位为 mm/年；$i_{腐蚀}$ 的单位为 $\mu A/cm^2$。质量损失为

$$M_{腐蚀} = 9.127 i_{腐蚀}$$

式中：$M_{腐蚀}$ 的单位为 kg/(m^2·年)；$i_{腐蚀}$ 的单位为 $\mu A/cm^2$。

预测钢筋混凝土结构的使用寿命是一项复杂的任务，因为混凝土中钢筋的腐蚀受到许多未知环境因素的影响。然而，研究人员进行了一些尝试，以建立钢筋混凝土使用寿命的预

测模型。森永的模型是本文讨论的众多模型之一。森永(1990)建立了一个经验模型,通过钢筋表面的锈蚀形成来预测从腐蚀开始到混凝土保护层因膨胀而产生裂缝形成腐蚀开裂的时间。估计 $t_{腐蚀}$ 的表达式为

$$t_{腐蚀} = \frac{0.602D\left(1+2\dfrac{C}{D}\right)^{0.85}}{I_{腐蚀}}$$

式中:

$$t_{腐蚀} = 腐蚀开始到腐蚀开裂的时间(天)$$
$$D = 钢筋直径(mm)$$
$$C = 完好混凝土保护层(mm)$$
$$I_{腐蚀} = 腐蚀速率[g/(cm^2 \cdot 天)]$$

值得一提的是,森永的模型并未考虑到混凝土的力学性能。

[**例 2.20**] 考虑直径为 16 mm,完好时保护层厚度为 20 mm 的钢筋加固混凝土块。计算腐蚀速率为 $i_{腐蚀} = 100\ \mu A/cm^2$ 时出现腐蚀开裂的时间。

求解:

由于 $i_{腐蚀}$ 的单位为 $\mu A/cm^2$,首先通过下式将其转换为 $I_{腐蚀}[g/(cm^2 \cdot 天)]$:

$$M_{腐蚀} = 912.7\ kg/(m^2 \cdot 年)$$

$$I_{腐蚀} = M_{腐蚀} \times \frac{1\,000}{10\,000 \times 365} = 0.25\ g/(cm^2 \cdot 天)$$

使用上文的森永模型,

$$D = 16\ mm\ ,C = 20\ mm\ ,I_{corr} = 0.25\ g/(cm^2 \cdot 天)$$

$$t_{腐蚀} = \frac{0.602D\left(1+2\dfrac{C}{D}\right)^{0.85}}{I_{腐蚀}} = 112\ 天$$

第 3 章　加速试验和建模概念的类型

3.1　引　　言

　　本章将讨论工程实践中所用定性和定量加速试验(AT)方法的类型,并详细说明用于分析这类加速试验结果的一般技术和模型。加速试验可围绕产品性能及其失效机制提供多种信息。根据可靠性分析的目标不同,加速试验的类型会有所不同。定性加速试验在小样本上开展,试验样本承受单一高水平应力、多重应力或时变应力,以观察和消除退化和失效,并提高产品的可靠性和性能,不考虑对结果的改进程度。定量加速试验与定性加速试验方法不同,由较低应力水平试验组成,目标是估计产品、部件或系统在正常使用条件下的寿命特性(分布)。因此,所选择的加速试验类型取决于所期望的结果类型。两种类型的加速试验中,工程师都可以收集信息,以提高产品的可靠性。不过,如果需要估计寿命特性(即平均寿命、可靠性增长、保修退货),那么定量加速试验将有助于获取更多信息。实际上,如果有资源,可以两种类型的试验都开展:从定性加速试验中获得的信息可用于帮助设计定量加速试验。

　　定量加速试验及其扩展版本(称为加速退化试验)的目标是开发与产品相关的寿命特性,并且需开发寿命-应力模型来估计可靠性寿命措施。在剩余章节中,本书将着重介绍定量加速试验和与这些试验相关的各种分析方法。此外,定性加速试验将在本章和第 4 章中详细讨论,让读者对用于可靠性工程的不同加速试验方法的范围有所了解。

3.2　加速试验的类型——定性和定量加速试验

　　定性和定量加速试验确定和评估导致退化和损伤的失效模式和失效机制。虽然定性加速试验可在几小时到几天内快速完成,但定量加速试验可能需要几周到几个月才能完成。定量加速试验的一个基本假设是,承受应力的单元在短时间内受到高应力时,其行为与在长时间使用条件下的行为相同。因此,在进行加速寿命试验时,需考虑几个重要的规划注意事项,以确保上述假设始终有效。

　　无论是何种类型的加速试验,有两种方法可以加速由失效机制引起的退化:使用率加速和过应力加速。前者的工作原理是加快使用频率,同时将应力保持在使用水平。例如,增加设备的开关频率将加快产品(烤面包机、照明系统、汽车发动机)失效的速度。另外,过应力加速涉及超过产品在正常使用条件下的应力水平及其对应的试验数据。随后,使用这些数据推断使用条件下的性能特征。这些应力包括更高的温度、湿度、电压、载荷、压力或振动等。它们可以单独施加,也可以有选择地组合施加。应力示例包括:

(1)温度循环——$T_{最大值}$、$T_{最小值}$、停留、变化时间。

(2)持续温度——温度和暴露时间。

(3)湿度——受控、冷凝。

(4)腐蚀——盐、腐蚀性气体($NaCl$、Cl_2 等)。

(5)功率循环——占空比、功耗。

(6)电气载荷——电压、电流、电流密度(静态和暂态)。

(7)电气噪声。

(8)机械应力——拉应力和压应力(静态和循环)。

(9)机械弯曲——应变(静态和循环)。

(10)随机振动——重力加速度均方根(G_{rms})。

(11)谐振——G_{rms} 和频率。

(12)机械冲击。

(13)上述应力的组合。

图 3.1 说明了具体的重要定性和定量加速试验,详见下文章节。

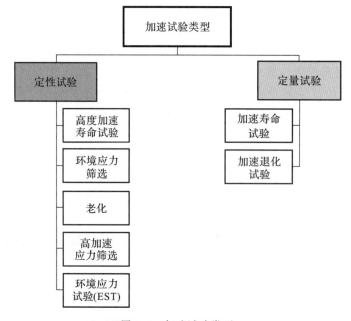

图 3.1 加速试验类型

3.3 定性加速试验

定性加速试验,可称为可靠性强化试验(RET),旨在发现与设计、制造和处理相关的失效,而非提供与产品相关的寿命特征。通过在极高的应力水平下加快这些产品的失效速度,可靠性强化试验可以确定产品在其正常工况(即使用条件)下的可靠性鲁棒性。如果在定性加速试验期间发生失效,那么需确定失效的根本原因,并评估该失效模式是否会在正常使用条件下出现。最常见的可靠性强化试验类型是高加速寿命试验。需特别注意的是,术语"高加速寿命试验"并非寿命试验,这是因为它的目的不是确定寿命特性。相反,这项试验的目的是确定在使用寿命期间,硬件单元(机械或电子)可能在常用工况下发生的主要失效模式和机制。定性可靠性强化试验还有一个示例,即高加速应力筛选。该试验在制造阶段应用,用于防止发售临近损坏和有缺陷的单元(莱文和卡拉尔,2003)。

下面将更详细地概述图 3.1 所示的最常见定性和定量加速试验。

3.3.1　环境应力试验

环境应力试验用于加快产品失效的速度,快速开发新型、高可靠性产品的压力推动该试验发展。寿命-应力试验(STRIFE)便是一种环境应力试验。寿命-应力试验的试验人员积极对产品原型施加应力,迫使该原型失效,试验通常只涉及一两个单元。典型的寿命-应力试验从刚好低于设计操作规范的应力剖面(例如,温度循环)开始。循环的振幅不断增加,直到试验结束。在可能的情况下,还可以提高使用率。

产品在寿命-应力试验中出现失效时,有必要研究失效的根本原因,并评估失效是否真的会在产品正常使用期间发生。重要的是,要避免为消除在实际使用中可能永远不会出现的高应力失效模式而付出高昂成本。寿命-应力试验结果的用途是改变产品设计和制造过程,因此使用试验数据预测正常使用条件下的情况既不容易又不恰当。例如,如果让新设计的汽车发动机连续高转速运行,以模拟运行 50 000 ft(1 ft≈1.609 km)的情况,那么在对这种试验的结果进行解释时,主要风险在于假设的加速系数[①]可能极不准确。因此,需要注意的是,不同失效模式的加速系数可能不同。例如,加速试验可以准确预测磨损机制,但却根本无法识别腐蚀机制。同样,湿度可能加速腐蚀机制,但也可能降低磨损率。

3.3.2　老化试验

对于电子设备的制造商和消费者而言,最常见的可靠性问题是早期老化失效(早期失效)。大多数产品的风险率都呈现出所谓的浴缸曲线,这表明产品的平均早期瞬时失效率往往高于这些产品在其使用寿命期间的失效率。这就是有时最好购买几近全新产品的原因,这是因为这些产品因制造和处理导致的早期失效问题可能已消除。理论上讲,人们可在发售前将产品运行相当长一段时间(例如,几个月),从而彻底避免早期失效。由于许多明显的原因,包括累积损伤、成本和上市时间,这个方案显然不切实际,故如果能通过老化试验加速产品早期寿命的进程,就有可能清除存在制造或材料缺陷的产品,从而规避早期失效的危险。因此,设计老化过程的目的是加速产品使用寿命的进程,以防止产品在发售前发生早期失效。老化过程应用于部件和最终产品,充当最终验收试验。对于集成电路等部件,在高湿度、高温下发生老化是十分常见的事。对于更复杂的产品和系统,要想避免使用高水平的加速变量,进而避免损坏敏感单元,就必须进行老化试验。老化试验的长度取决于期望的可靠性水平和筛选过程中发现的失效。

3.3.3　环境应力筛选

环境应力筛选是一种常见的老化试验形式。它提供了一种更经济、有效的方法,用于清

---

① 加速系数是寿命在高应力条件下降低的系数。

除存在缺陷的单元,同时在系统或子系统层面进行单元试验。系统和子系统不能长期承受高水平的应力,因此环境应力筛选采用中等水平但更复杂的应力。例如,为了实现该目标,使用水平更低的温度循环、物理振动甚至产生压力的运行机制(例如,按超越平常时钟速度的更高速度运行计算机),取代部件层面的高温和高湿度。这些试验通常是在产品使用和监控期间开展。老化试验与环境应力筛选之间的主要区别在于,后者会对产品产生多重应力,例如,温度和振动循环的组合。

对环境应力筛选活动的指南包括:

(1)应力条件必须仔细选择,确保以最佳状态识别制造缺陷,同时最大限度降低损坏良好单元的可能性。

(2)设计筛选应用于提供反馈,通过降低制造缺陷的频率(或消除制造缺陷)来改进产品设计或制造过程。

(3)应当对支持现场可靠性预测的资料进行评估。应力剖面和模式一般比较复杂,因此难以直接使用环境应力筛选数据预测现场性能。

值得注意的是,与老化一样,环境应力筛选是一种检查/监控/筛选方法。然而,现在大多数制造商通过现代质保手段交付可靠的零件。此外,诸如老化和环境应力筛选试验等检查方案往往成本昂贵,但研究表明,它们在消除早期失效方面不一定非常有效(莱文和卡拉尔,2003)。例如,研究表明,由于过应力的作用,部件层面的老化非但不能识别出失效部件,往往还会导致更多质量良好的部件受损。通常,通过不断改进产品设计和制造过程来提高可靠性后,可减少或消除对筛选试验的依赖。某些情况下,环境应力筛选仅在审核的基础上应用,以持续监控生产质量。环境应力筛选对现场失效经验不足的电子制造商十分有用。环境应力筛选应根据特定的产品要求定制,方法是施加应力,以产生最大的失效数量但不又影响部件使用寿命。当然,环境应力筛选应通过消除代价高昂的潜在失效来收回成本。

3.3.4 高加速寿命试验

高加速寿命试验是一种定性加速试验,用于在第一件产品发货之前识别现场失效(莱文和卡拉尔,2003)。高加速寿命试验对仍处于设计阶段的产品施加非常高的应力(即加速度系数高达 2 500),从而揭示缺陷、设计错误和设计不符合项。确定这些设计问题后,即可通过重新设计来予以纠正。为了证明重新设计发挥了作用,并且此次变更并未带来进一步的设计问题,可再次开展高加速寿命试验。最后,得到不存在已知设计缺陷的最终产品,通过提高可靠性来提供价值。高加速寿命试验可用于:

(1)抽样检验。

(2)老化筛选试验。

(3)初步试验,以获得在计划更广泛的加速寿命试验(定量加速试验)时需要的信息。

(4)获取有关失效模式的相关信息。

高加速寿命试验可提供的一些好处包括:

(1)快速发现失效。

(2)可靠性提升。

(3)降低失效和召回的可能性。

(4)设计过程中快速识别可能的薄弱区。

(5)确定多种失效模式和根本原因。

(6)确定功能性操作极限和破坏极限。

(7)增加应力,而不必与使用条件下施加的应力相关联。

高加速寿命试验的最终目的是驱使单元失效,以便开展正式调查,以确定其根本原因。确定失效后,即可通过重新设计来予以纠正。高加速寿命试验一个基础而重要的目标是,在尽可能短的时间内找到设计中最薄弱的位置并进行修复,直到达到技术的基本限制要求。最后,开展高加速寿命试验,使用相同的加速试验条件将新设计与经过验证的上一代设计进行比较,从而提供有效的基准试验。

在高加速寿命试验室中,最常用的两种应力类型是振动和温度。在该试验中施加的其他一些典型应力(连同振动和温度)包括:

(1)电压裕度确定(即确定电压相关安全裕度)。

(2)时钟频率。

(3)交流电源裕度。

(4)湿度。

(5)载荷。

(6)压力。

(7)功率循环。

(8)电压排序。

高加速寿命试验程序严重依赖于经验。分析人员根据自己的判断决定施加哪些应力。但是,到目前为止,执行高加速寿命试验过程的标准尚不存在。通常,施加哪些应力的选择取决于与部件使用概况和环境有关的许多因素。

高加速寿命试验并不试图模拟现场环境,只是寻找设计和工艺缺陷。其目的是确定失效模式和机制,而非证明部件满足任何指定的要求。要让管理和工程人员都接受将高加速寿命试验的结果作为未来现场失效的真实指标可能并不容易。该试验的目的并非确定可靠性,而是在不量化改进数量或程度的情况下改善可靠性。

与高加速寿命试验过程相关的关键步骤包括:

(1)首先在单个环境下执行一系列高加速寿命试验,然后在组合环境下再次试验,以进行比较。

(2)对产品施加远超其设计规格的应力,通常比传统定量加速寿命试验所涉及的应力要大得多,达到高达 2 500 的加速系数。

(3)开展失效根本原因分析,为恰当的设计变更提供参考。

(4)出于验证目的,开展进一步的高加速寿命试验。如果未发现新的失效模式,那么认为设计变更成功。

高加速寿命试验过程的一个缺点是试验环境可能不真实,因此可能产生值得商榷的结果。对于复杂的结构,高加速寿命试验也很难进行,这是因为与时间相关的失效模式并未暴露。最后,疲劳和腐蚀失效机制等长期损伤机制难以通过高加速寿命试验识别。因此,高加速寿命试验可用于：

（1）为后续的重新设计活动提供参考，以提高可靠性。

（2）确定设计恰当高加速应力筛选试验所需的制造过程问题（将在 3.3.5 节讨论）。

（3）确定载荷/应力极限条件。

（4）确定所识别的问题是否可在现实生活的失效模式和机制中重现。

3.3.5 高加速应力筛选

一旦高加速寿命试验所确定的设计问题通过重新设计得到纠正，设计产品即可进行生产和制造。由于制造过程本身会引入失效机制，因此有必要确保这些过程具有鲁棒性，足以避免现场失效。高加速应力筛选用于实现该目标。虽然人们将高加速应力筛选比作高加速寿命试验，但它只与制造过程有关，用于管理原始设计的任何变更。高加速应力筛选识别与制造过程相关的缺陷和弱点。

高加速寿命试验和高加速应力筛选都使用相似类型的加速应力变量来识别失效。然而，高加速应力筛选涉及将产品置于比高加速寿命试验更低的应力水平。其目的是在识别制造过程变化的同时，尽量降低引入缺陷和失效机制的可能性。高加速应力筛选不应明显缩短产品在试验后投入运行的预期寿命。它是生产过程的一部分，也是产品筛选和验收的一种手段（莱文和卡拉尔，2003）。

高加速应力筛选主要由两部分组成：沉淀筛选和检测筛选。高加速应力筛选以前者开始，此时施加的应力水平低于试验产品的破坏极限，但高于其运行极限。温度应力水平在破坏极限的 80%～50% 之间时比较合适。对于振动，温度应力水平在破坏极限的 50% 左右时比较合适。筛选验证（PoS）活动用于确定所选择的应力水平是否过大或无效，使用生产单元并重复执行高加速应力筛选剖面，直到产品失效。例如，如果高加速应力筛选剖面运行 20 次才使产品失效，估计每次高加速应力筛选剔除 5% 的产品是合理的。例如，如果只需运行 4 次便可使产品失效，可假设每次运行都让产品寿命缩短了 25%。筛选验证结果构成了确定最终高加速应力筛选沉淀应力水平的基础。沉淀筛选结束后，进行检测筛选。检测筛选施加合适的应力水平，检测在沉淀试验中已充分损坏的"劣质"产品。高加速应力筛选的一些优点是：

（1）减少制造缺陷。

（2）提高制造过程的成品率和质量。

（3）提高产品质量。

（4）生成和制造速度更快。

（5）提升可靠性。

高加速应力筛选比高加速寿命试验更复杂，由于必须先开展高加速寿命试验，而运行和过应力限制都存在主观因素，因此难以优化筛选过程的有效性。

图 3.2 显示了在设计和制造过程中应用高加速寿命试验和高加速应力筛选的浴缸曲线区域。如图 3.2 所示，高加速寿命试验可延长寿命，并推迟磨损时间的到来。高加速应力筛选和高加速寿命试验可在产品寿命早期或产品寿命和磨损期间消除或减少失效机制的影响，从而降低失效率。因此，高加速寿命试验和高加速应力筛选会影响浴缸曲线的寿命轴和

失效率轴。

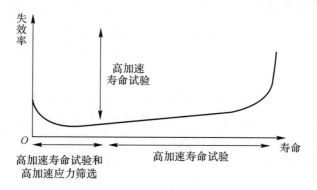

图 3.2　高加速寿命试验和高加速应力筛选有用的寿命区域

3.4　定量加速试验

加速寿命试验是定量加速试验的主要类型,用于估计机械寿命-应力模型的参数和使用水平的定量寿命特性,通过使单元承受更高的应力水平来加速失效。与定性加速试验不同,加速寿命试验的主要目的不是揭示用于后续重新设计的缺陷,不过这通常是次要的好处。加速寿命试验假设,在较高的应力下,试验产品会在较短时间内表现出与在"使用"条件下相同的退化行为。图 3.3 表示了所谓的寿命-应力关系,这说明了这一概念。该假设仅在单一失效机制或多种失效机制在充分理解和受控的前提下发挥协同作用时才有效,还要假定不存在相互矛盾的失效机制。通过这些失效机制,我们可以(依据实际情况或经验)确定相应的寿命-应力模型,将产品在各种应力水平下的寿命或寿命分布联系起来,包括使用应力水平下的寿命分布。

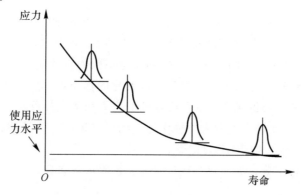

图 3.3　应力与寿命关系

3.4.1　模拟与各种失效机制相关的退化

基于对相关产品应用的失效机制,有三种类型的失效物理建模形式——应力强度模型、损伤耐久性模型和性能要求模型,如下所述。

3.4.1.1 应力强度模型

当一个产品承受超过其强度的应力时,此类型的失效就会发生。对于可靠性建模,应力强度模型背后的假设是,只要施加在一个单元上的应力低于其强度,该单元就不会发生损坏,还会保持较新的状态。两个分布之间存在重叠时,代表产品应力分布的高尾随机应力值与强度分布的弱尾随机强度值相重合的情况。此时,就有可能出现强度低于所施加应力,因而发生失效的情况。图1.2说明了这一点。这种类型的失效通常是由于临时随机应用高应力,或因设计、制造或维护不良而导致的强度不足。

不发生失效的概率等于所施加应力小于产品强度的概率,即

$$R = \Pr(s > l) \tag{3-1}$$

式中:R 为产品的可靠性;l 为施加的应力(载荷);s 为产品强度。

与应力相关的失效包括对压力容器施加额外载荷,例如,压缩天然气容器。工程师需确保在可能的应力条件下,产品的强度远远超过所施加的应力。一直以来,在确定性设计过程中,安全系数被用于确定这两个分布之间的分离程度(平均值之间),将可能施加应力的频谱纳入考虑。这通常是个可行的工程原理,但由于尾部重叠,尽管存在这些安全系数,还是会发生失效。另外,过于严格的安全系数会导致过度设计、高成本甚至性能不佳。

如果 s(即强度)和 l(即载荷或应力)的分布可用概率密度函数 $f(s)$ 和 $g(l)$ 表示,那么

$$R = \int_0^\infty g(l) \mathrm{d}f(s) \tag{3-2}$$

$$F = \int_0^\infty f(s) \left[\int_0^\infty g(l) \mathrm{d}l \right] \mathrm{d}s \tag{3-3}$$

根据该模型,安全裕度定义为

$$\mathrm{SM} = \frac{E(s) - E(l)}{\sqrt{\mathrm{var}(s) + \mathrm{var}(l)}} \tag{3-4}$$

式中:$E(s)$ 和 $E(l)$ 是随机变量 s 和 l 的期望值;变量(s) 和变量(l) 是这些随机变量的方差;SM 表示应力均值与强度均值之间的相对差值。SM 越大,产品越可靠。使用式(3-2)是衡量产品安全裕度的一种更客观的方法。与使用安全系数的传统确定性方法相比,它还支持计算可靠性和失效概率。但是,关于应力和强度变化的优质数据往往不易获得。这种情况下,可以通过工程判断来获得包含工程不确定性的应力和强度分布。

应力分布受到产品使用方式和内外操作环境的巨大影响。设计决定强度分布,而制造过程中的质量控制程度主要影响强度变化。

显而易见,对于正态分布的 s 和 l,统计量 SM 也服从正态分布。因此,产品的可靠性可由下式确定:

$$R = \Phi(\mathrm{SM}) \tag{3-5}$$

式中:$\Phi(\mathrm{SM})$ 为可靠性的累积标准正态分布,$z = \mathrm{SM}$。

3.4.1.2 损伤耐久性模型

虽然施加在产品上的一些应力可能低于产品承受永久损伤的水平,例如,施加单调拉伸

力,达到超过金属屈服强度的程度,但在某些情况下,施加应力会带来少量但累积的不可逆转损伤。这些应力的反复施加会导致损伤累积,直到超出产品的承受能力。图 1.3 通过多个损伤轨迹描绘了该模型,从不确定的初始损伤量(由概率密度函数表示)开始,接着不断增长,直到超过耐久极限。每个损伤累积轨迹产生一个失效时间实例。所有这些实例构成产品的失效时间分布,如图 1.3 所示。在任何时刻,只要累积损伤分布不超过耐久极限,就不会发生失效。反之,当累积损伤超过耐久水平时,就会出现失效。损伤耐久性模型的应用实例包括建模疲劳、腐蚀、磨损和蠕变失效机制,相关讨论见第 2 章。由于大多数失效机制表现为累积损伤行为,因此损伤耐久性模型是加速寿命试验中最合适的建模方法。

对于该模型,失效概率由失效时间分布 $f(t)$ 计算,根据下式,$f(t)$ 还与累积损伤分布 $g(\delta)$ 有关:

$$g(\delta)\mathrm{d}\delta = f(t)\mathrm{d}t \tag{3-6}$$

损伤包括结构在循环载荷作用下的疲劳裂纹扩展。裂纹尺寸达到临界尺寸时,该产品失效。临界尺寸是产品的耐久极限。两个例子是裂纹扩展和断裂(相关讨论见第 2 章),以及压力容器因中子辐照损坏导致脆化的核反应堆。压力容器的物理耐久性随着时间的推移而降低,直到不能再承受预期或非预期热应力和机械应力,这将导致压力容器破裂。需要注意的是,时间会影响损伤水平(例如,增加损伤)和耐久极限(例如,降低耐久极限)。图 3.4 描述了累积损伤分布相对于耐久分布的超过数,这两个分布在图中随时间的流逝彼此接近。

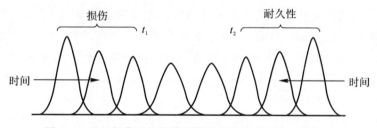

图 3.4　通过损伤耐久性模型描述老化随时间产生的影响

从图 3.4 可以看出,问题是建立某一时刻的损伤和耐久性分布。显然,我们无法减少测量损伤和耐久性所涉及的所有不确定性,因此损伤和耐久性通常由图 3.4 所示的分布表示。确定产品在给定时间失效的数学概念类似于强度-强度建模方法,式(3-1)~式(3-3)适用于给定年龄(时间)或运行周期下的损伤耐久性模型。显然,此时"应力"由"损伤"表示,"强度"由"耐久性"表示。因此,将使用式(3-2)和式(3-6)计算产品随着损伤累积,在各个时间 t 失效的概率。

3.4.1.3　性能要求模型

这种类型的失效建模方法用于主动部件和系统,其特征是性能(效率、产量、压头)逐渐下降。当性能低于要求的性能水平时,视为系统已失效。在对安全和完整性而言重要的产品中,初始性能要求之间的差距被定义为安全裕度。图 1.4 描述了产品性能随着时间的推移,逐渐下降到最低要求极限的轨迹,超过该极限则认为产品已失效(即使其输出可能并未停止)。初始性能或明确已知,或与图 3.4 的损伤耐久性示例类似,为一种可以使用分布函数表示但不确定的初始性能水平。各种轨迹是性能退化模型中各种不确定性的结果(如图 1.4 的直线所示)。

加速寿命试验最适合用于评估损伤耐久性失效,以及某些情况下的性能要求失效,但通常不适合用于评估应力强度模型。其原因在于加速寿命试验是以累积损伤或累积性能下降的假设为基础。

与损伤耐久性模型类似,可采用式(3-2)和式(3-6)计算失效概率。在性能要求模型中,式(3-6)中给定时间的"损伤"分布被"性能"分布所取代,最低要求水平(或分布)超过数的可能性决定了失效的概率。

[例3.1] 考虑用以下正态分布公式表示结构中梁的应力和强度:

$$\mu_s = 420 \ kg/cm^2, \quad \sigma_s = 32 \ kg/cm^2$$
$$\mu_1 = 310 \ kg/cm^2, \quad \sigma_1 = 72 \ kg/cm^2$$

该结构的可靠性如何?

求解:

$$SM = \frac{420 - 310}{\sqrt{32^2 + 72^2}} = 1.4$$

$SM = z = 1.4$,并使用标准正常值,得

$$R = \Phi(1.4) = 0.919\ 8$$

[例3.2] 代表核电厂安全壳厂房强度的随机变量服从对数正态分布,其平均强度为 0.905 MPa,标准差为 0.144 MPa。三种可能的事故场景可能导致安全壳厂房内的高压条件超过其强度。压力无法精确计算,但可以表示为另一个服从对数正态分布的随机变量。

(1)对于安全壳厂房内平均压力载荷为 0.575 MPa,标准差为 0.117 MPa 的给定事故场景,计算安全壳失效的概率。

(2)如果四种场景发生的概率相等,且每种场景都导致安全壳内部出现平均值和标准差如表 3.1 所示的高压情况,那么计算安全壳失效的概率。

表 3.1 例 3.2 表 1

μ/MPa	0.575	0.639	0.706	0.646
σ/MPa	0.117	0.063	0.122	0.061

(3)如果安全壳强度分布按下列失效模式促成因素进行划分(见表 3.2),并指出了平均失效压力和标准差,那么重复(1)的行动。

表 3.2 例 3.2 表 2

失效位置	平均压力 μ_s/MPa	标准差 σ_s/MPa
线性撕裂位置	0.910	1.586×10^{-3}
基垫	0.986	1.586×10^{-3}
缸箍	1.089	9.653×10^{-4}
壁-基垫	1.131	1.586×10^{-3}

续表

失效位置	平均压力 μ_s/MPa	标准差 σ_s/MPa
缸径向部件	1.241	1.034×10^{-3}
穹顶	1.806	9.653×10^{-4}
人员气锁门	1.241	1.655×10^{-3}

求解：

如果 s 为表示强度的对数正态分布随机变量，l 为表示压力应力（载荷）的正态分布随机变量，那么随机变量 $Y = \ln s - \ln l$ 也是正态分布的。对于均值和标准差为 μ_y、σ_y 的对数正态分布，可分别得到正态分布的均值和对数标准差 μ_t、σ_t（参见莫达雷斯等人，2017）。

$$R = \Phi(\text{SM}) = \Phi\left(\frac{\mu_{s_t} - \mu_{l_t}}{\sqrt{\sigma_{s_t}^2 + \sigma_{l_t}^2}}\right) = \Phi\left[\frac{-0.112 - (-0.574)}{\sqrt{0.158^2 + 0.201^2}}\right] = 0.964\ 9$$

式中：Φ 为累积正态分布函数，有

$$\Phi(x) = \frac{1}{\sqrt{2\pi}} \int_{-\infty}^{x} e^{-\frac{t^2}{2}} dt$$

（1）安全壳失效的概率为

$$F = 1 - R = 0.035\ 1$$

（2）因为这四种场景的概率相等，所以该系统相当于一个串联系统，如此一来，有

$$R = R_1 \times R_2 \times R_3 \times R_4$$
$$R_1 = \Phi(\text{SM}_1) = \Phi(1.81) = 0.964\ 9$$
$$R_2 = \Phi(\text{SM}_2) = \Phi(1.83) = 0.966\ 4$$
$$R_3 = \Phi(\text{SM}_3) = \Phi(1.07) = 0.857\ 7$$
$$R_4 = \Phi(\text{SM}_4) = \Phi(1.79) = 0.963\ 3$$

安全壳失效的概率为

$$F = 1 - R = 1 - R_1 R_2 R_3 R_4 = 0.229\ 6$$

（3）由于每种失效模式都可能导致系统失效，因此这种情况可视为一个串联系统。由于我们知道的是对数正态分布的中位数，而非均值，所以需要几个代数步骤来求解各自的均值和标准差：

$$R_a = \Phi(\text{SM}_a) = \Phi(2.38) = 0.991\ 3$$
$$R_b = \Phi(\text{SM}_b) = \Phi(2.78) = 0.997\ 3$$
$$R_c = \Phi(\text{SM}_c) = \Phi(3.27) = 0.999\ 5$$
$$R_d = \Phi(\text{SM}_d) = \Phi(3.46) = 0.999\ 7$$
$$R_e = \Phi(\text{SM}_e) = \Phi(3.92) \approx 1$$
$$R_f = \Phi(\text{SM}_f) = \Phi(5.78) \approx 1$$
$$R_g = \Phi(\text{SM}_g) = \Phi(3.92) \approx 1$$

安全壳失效的概率为

$$F = 1 - R = 1 - R_a R_b R_c R_d R_e R_f R_g = 0.012\ 2$$

为了估计随时间（或周期数）而变化的损伤和耐久性或性能和需求，我们需了解导致损伤和耐久极限降低的失效机制和潜在退化过程。许多失效机制可以直接与产品部件的退化联系起来，并且通过失效物理模型，人们可根据随着时间推移而进行的退化或性能测量来推断假设的年龄或失效时间。为了进一步缩短试验或检测时间，可以在高应力下进行试验或检测，还可以测量这些高应力下的退化，从而产生一种称为加速退化的分析类型。

某些情况下，可以直接测量随时间发生的退化，例如，轴承磨损或结构裂纹在随机载荷下扩展（导致疲劳裂纹扩展）。其他情况下，除非采用直接影响产品后续性能的侵入性或破坏性测量技术，否则便可能无法直接测量退化程度。这种情况下，可以通过测量某些性能特征来估计退化，例如，使用电阻来推断介电材料的退化。这两种情况下，都有必要定义将发生失效的退化水平，即耐久性极限。确定这种耐久性极限后，可使用基本的数学模型推断失效概率，从而推断出以后可能发生失效处的性能测量。该行动在不同的损伤水平（由施加应力引起）下完成，根据时间或失效周期来分配应力水平。确定相应应力水平下的失效时间后，就只需分析外推的失效时间，例如，常规加速失效时间数据。

定义失效水平（或构成失效的退化水平）后，就应测量随时间变化的退化。结果的不确定性与下列因素直接相关：每个应力水平下的产品数量和观测得出的数据量，以及相对于正常工况的过应力量。

3.4.2　退化和性能模型的形式

一段时间内，对接受加速试验的产品进行退化和性能测量，可以连续测量，也可以按预定时间间隔测量。测量得出的性能对外推法提供参考，该方法使用各种条件预测使用特定模型的失效时间。常见的退化模型有以下几种形式：

线性模型：
$$\theta = at + b \qquad\qquad (3-7a)$$

指数模型：
$$\theta = b\,e^{at} \qquad\qquad (3-7b)$$

幂模型：
$$\theta = bt^{a} \qquad\qquad (3-7c)$$

对数模型：
$$\theta = a\ln t + b \qquad\qquad (3-7d)$$

式中：θ 表示产品的性能或累积退化；t 表示时间或周期数；a 和 b 是模型参数。从加速寿命试验数据中估计出模型参数 a 和 b 后，即可根据耐久性水平或最大可持续累积损伤估计失效时间和周期数。外推本身就存在不准确性，可通过使用机械模型（在可能情况下）或扩展数据范围来限制外推长度，从而减轻这种不准确性。

结合退化模型对某些应用也很有用。例如，幂指数模型可表示为
$$\theta = bt^{a_1}e^{a_2 t}$$

[**例 3.3**]　假设描述累积损伤中值的模型遵循幂模型 $\theta = 3.2 \times 10^{-10}t^{3.5}$，$0 \leqslant \theta \leqslant 1$，其中 θ 为累积损伤中值，t 为时间或周期数。如果累积损伤中值 θ 可表示为以 0 和 10 为界、标准差为 0.1 的截尾正态分布，而耐久性极限 D 可表示为均值为 1、标准差为 0.1 的高斯分

布,那么可确定失效时间的分布。

求解:

可使用简单的仿真(例如,MATLAB)获得失效时间分布。该程序的目标是随机选择耐久极限和累积损伤曲线,并确定二者交点,即失效时间。采用高斯分布或正态分布 NOR(1, 0.1)描述的耐久极限如图 3.5 的 y 轴所示。

在获取中值累积曲线时,将使用先前定义幂模型的截尾正态值的逆值作为平均值。当所有失效时间都来自约 10 000 件样本时,得到如图 3.6 所示的分布。

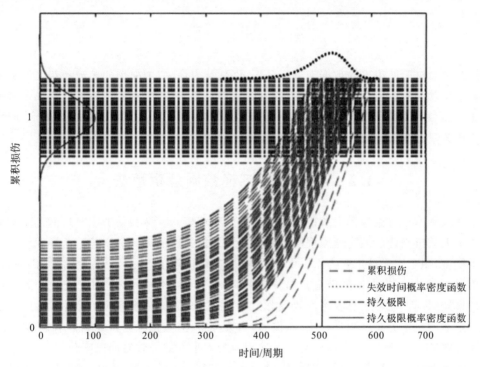

图 3.5　累积损伤作为截尾正态概率密度函数,与描述为高斯概率密度函数的耐久极限相重叠

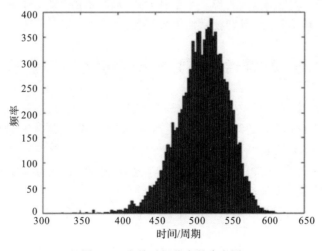

图 3.6　失效时间分布的直方图

第4章 加速寿命试验数据分析及基于物理学的可靠性模型开发

4.1 引　言

加速寿命试验所得出的数据需进行分析，以估计寿命-应力模型的参数和相关的不确定性。通过这种分析，可预测正常工况下的寿命特性。出于各种原因，与在普通工况下获得数据相比，工程师可能希望以更快的速度获得产品可靠性结果。本章将讨论选择寿命-应力模型的正式定量方法，以及这些模型的适当应用。

4.2　加速寿命试验数据分析方法

第2章和本章讨论基于失效机制研究的失效物理概念。该行动的主要目的是了解如何将观察中失效机制背后的物理原理用于模拟和计划加速产品失效的试验。这样我们就能构建一个模型，用于定义给定应力水平下产品寿命与其他应力水平下产品预期寿命之间的关系。值得注意的是，在典型的寿命数据分析中，目标是建立寿命分布，用于描述产品在使用水平的失效时间。通常通过收集失效或非失效（删失）时间的数据实现该目标，然后将这些数据与合适的概率分布函数进行拟合，例如，指数分布、对数正态分布或威布尔分布。但是，在加速寿命数据分析中，并未明确给出在使用应力水平下的失效时间概率分布。相反，人们必须从加速寿命试验数据中得出对使用应力水平寿命分布的估计，通常是通过寿命-应力模型外推（如第3章图3.3所示）来实现。本章其余部分将概述对加速寿命试验数据进行分析时，所用加速寿命试验方法、工具和技术的主要思想。

4.3　加速寿命试验数据分析的基本要素

在加速寿命试验数据分析中，主要的挑战是利用在更高应力水平下进行的寿命试验数据，推断出在使用应力水平下的寿命信息。更具体地说，在定量加速试验中，不仅要确定失效发生的位置和方式，以改进产品，还要：

(1)了解应力因子如何使得失效加速，并将加速模型（寿命-应力模型和相关的失效时间分布模型）拟合到观察发现的加速试验数据中。

(2)在多个高应力水平下收集足够的数据，以准确外推寿命-应力模型，并评估在使用应力水平下的寿命分布。

要想理解该过程，可以考虑一个简化场景，其中一个产品或部件承受两个高水平的应力,并记录产品或部件在这些应力下失效的时间。在每个应力水平上,可以根据先验知识或通过拟合优度检验确定失效时间的分布。为了获得在使用应力水平下的失效时间分布,必须能够使用称为加速寿命模型的适当寿命-应力模型(例如,线性、指数模型),根据加速寿命试验数据进行外推。图 4.1 为该线性(或对数线性)模型的简单示例,使用中值寿命与应力线外推较高应力下的加速寿命试验数据。这种情况下,在每个高应力水平下,失效时间分布的选定百分位数(例如,中值或第 10 百分位数)被外推到使用应力水平,从而提供与所选百分位数相关的使用应力条件下的失效时间估计。由此可得,若假设失效是由常见的失效机制引发的,并且试验进展顺利,产品承受的高应力试验水平越多,外推就越准确。

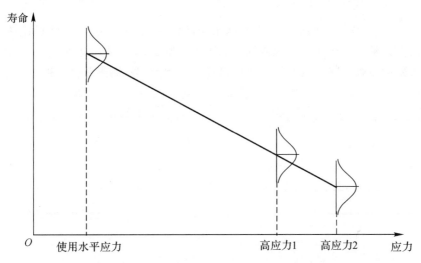

图 4.1　从加速寿命试验数据中得出使用水平信息的简单线性外推法

由于加速寿命试验数据分析依赖于应用外推的准确性和效果,因此在开展这些试验时,需要考虑许多加速寿命试验规划的考虑因素。此外,加速寿命试验数据分析存在一些常见的复杂情况,工程师必须意识到这一点,详见第 6 章结合加速寿命试验规划注意事项进行的讨论。

4.4　收集的加速寿命试验数据类型

加速寿命试验所产生估计值的质量和准确性直接关系到所收集数据的质量,通常有两类观测数据:完全和删失失效数据。若失效发生时间(或间隔)已知,失效数据通常被称为完全数据。以下几种情况下为删失数据:没有失效,未观测到失效或失效时间未知,并非由相关的同一失效模式引起失效,出于其他原因从试验中移除操作产品。例如,观测到一个产品在某个时间失效(完全数据),或者产品成功运行到某个时间后停止了观测(右删失数据)。

完全数据的可视化表示如图 4.2 所示。这种情况下,五个试验单元在不同的已知时间失效。另外,一些试验单元也有可能在试验停止时没有失效,或者并不是因为相关的同一失效模式而失效。这种情况下得到的是有右删失(搁置)数据。右删失数据如图 4.3 所示,在不同的时间,五个试验单元中有三个失效(完全失效)、两个删失(搁置)。大多数加速寿命试验中,通常有一些删失方式。这类常见删失也被称为多重删失数据,这是因为右删失数据有不同的运行时间和失效时间。若在不同时间进行单元试验,导致记录数据时的试验开始时间和运行时间不同,则会出现多重删失数据。如果各单元在试验条件下一起启动,并且在所有单元失效之前分析数据,那么将如图 4.4 所示对数据进行单删失。值得注意的是,所有这些示例中,右删失都适用。若失效单元的确切时间或间隔未知,而只知道在某个时间之前发生失效,则会出现左删失数据。

另一种值得注意的分类方式是,如果在预定时间之后观测到数据(1 型删失),删失数据可为时间删失数据;如果在发生预定次数的失效之后观测到数据(2 型删失),那么为失效删失数据。

此外,还存在试验产品的确切失效时间未知,但记录了发生失效的时间间隔的情况。这种情况下的数据被称为区间或分组数据。如图 4.5 所示,实线表示单元失效的间隔,虚线表示单元未失效的检查间隔。这些数据还可以包含右删失和左删失观测数据。

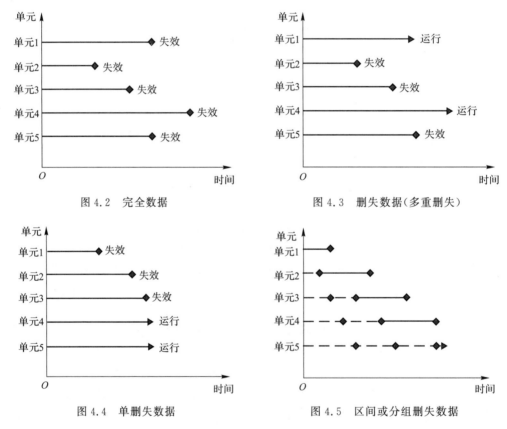

图 4.2　完全数据　　　　　　　　　　图 4.3　删失数据(多重删失)

图 4.4　单删失数据　　　　　　　　　图 4.5　区间或分组删失数据

4.5　寿命-应力模型

本书在第 2 章中简要说明了确定失效物理的过程,从而了解寿命与应力之间物理经验关系。这是加速寿命试验的一个关键要素,阐述了寿命特征与施加应力之间的关系。结合寿命分布,得到一个单一模型(称为加速应力-寿命分布模型),可基于此模型分析加速寿命试验数据。如第 2 章所述,失效物理法结合了有关潜在机械退化和失效的信息与加速寿命试验数据,用以确定部件在给定应力下的寿命概率分布,因而就确定适当的加速寿命模型而言,这种方法本质上是一种概率方法。

本节主要强调的是,在加速寿命试验数据分析中,最关键的步骤之一是开发加速应力与寿命(或寿命与应力)模型。可用的模型形式由式(3-5)~式(3-8)表示,每种情况下都根据加速寿命试验数据估算参数 a 和 b。

1. 线性

$$L = aS + b \tag{4-1}$$

式中:L 为寿命;S 为应力;a 和 b 为模型参数。虽然其他模型的许多变量仅在最简单的经验情况下相关,但可对其进行变换,使之符合线性关系。

2. 指数

$$L = b\,\mathrm{e}^{aS} \tag{4-2a}$$

或

$$\ln L = \ln b + aS \tag{4-2b}$$

寿命-应力指数关系能够很好地表示许多自然失效现象产生的寿命-应力关系,因而常用于加速寿命试验数据建模。阿伦尼斯模型是寿命-应力指数模型的一个特例,其中应力因子表示为绝对温度 T 的倒数,由下式给出:

$$L = b\,\mathrm{e}^{\frac{E_a}{KT}} = b\,\mathrm{e}^{\frac{a}{\tau}} \tag{4-3}$$

式中:参数 E_a 和 K 分别为活化能和玻尔兹曼常数。可以使用艾林模型替代温度加速的阿伦尼斯模型:

$$L = \frac{b}{T}\mathrm{e}^{\frac{a}{T}} \tag{4-4}$$

3. 幂

$$L = bS^a \tag{4-5a}$$

或

$$\ln L = \ln b + a \ln S \tag{4-5b}$$

在这个常用的寿命-应力模型中,寿命存在幂关系。第 2 章中描述金属低周疲劳的所谓 S-N 关系就是幂关系的一个例子。逆幂律仅仅是幂律的简单变换,由下式给出:

$$L = \frac{b}{S^a} \tag{4-6}$$

4. 对数

某些情况下,可以使用加速变量的对数变换实现线性外推,如下式所示:

$$L = a \ln S + b \tag{4-7}$$

5. 多应力模型

多变量加速试验中,即存在一个以上加速变量的试验中,多应力指数模型为适当的统计模型,可用作寿命-应力模型的基础。多指数模型由下式给出:

$$L = \mathrm{e}^{a_0 + a_1 S_1 + \cdots + a_n S_n} \tag{4-8a}$$

或

$$\ln L = a_0 + a_1 S_1 + \cdots + a_n S_n \tag{4-8b}$$

双指数模型是包含两个加速变量的简单例子,如温度-湿度模型,关系式如下:

温度-湿度:

$$L = A e^{\frac{a}{T} + \frac{b}{S}} \tag{4-9}$$

其他多应力模型可以是上述模型的组合形式。例如,涉及温度和非热应力时使用的幂-指数模型由下式给出:

温度-非热应力:

$$L = \frac{c}{S^b e^{\frac{a}{T}}} \tag{4-10}$$

应用于加速应力试验时,寿命-应力模型中的寿命变量用概率密度函数表示。该概率密度函数基于高应力下所观测到的分散失效时间,这是因为高应力失效发生得较早。然后使用寿命-应力模型将高应力下的概率密度函数的某些分位数外推到低使用应力水平。应力因子($\tau_{最大}$——最大剪切应力)引起磨损时的概念如图4.6所示。基于高应力($\tau_{最大1}$ 和 $\tau_{最大2}$)下的两次加速寿命试验,得出寿命分布的概率密度函数,又根据适用的寿命-应力,将这些概率密度函数的选定百分位数外推至使用应力水平 $\tau_{最大}$。例如,按照旋转机械轴承随时间变化而出现的磨损,创建损伤耐久性模型中的损伤分布,根据失效物理分析的结果,磨损值越大,轴承寿命越短。值得注意的是,此处一个主要的假设是失效机理保持不变。因此,随着损伤发展,寿命分布形状因子始终保持不变。

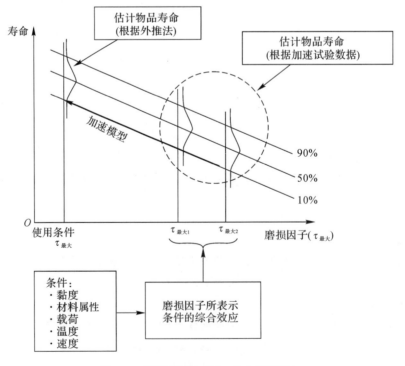

图 4.6　磨损(损伤)寿命-应力建模概念

图 4.6 说明了该概念,使用了失效机理磨损(由应力 $\tau_{最大}$ 加速)的失效物理损伤耐久性模型。图中,采用重对数坐标以式(4-5)的形式绘制了损伤耐久性模型。在高应力水平($\tau_{最大1}$ 和 $\tau_{最大2}$)下观测可缩短试验时间,更好地估计产品寿命的概率分布。通常,对数正态分布或威布尔分布最能代表这些分布的形式。然后沿寿命加速模型将高应力水平下的寿命分布模型外推至使用水平,再使用加速试验数据来估计寿命-应力模型和分布模型的参数。磨损因子与轴承随时间推移的损坏分布直接相关。

表面附近的最大剪切应力是磨粒磨损过程中造成材料去除的综合失效因子。磨损率(以及损伤)可表示为类似于式(4-5)的幂关系。有了磨损率,就可以按耐久极限估计产品的寿命,超出此耐久极限即可认为轴承失效。可以根据表面粗糙度(即轴颈和轴承粗糙度的均方根值)或轴承上去除的一定材料量(如去除了轴承保护涂层厚度的情况)确定这个最终状态。根据这一描述,轴承的损伤可与磨损因子相关联,如下式所示:

$$
\left.
\begin{aligned}
\dot{W} &\propto \left(\frac{\tau_{最大}}{\tau_{yp}}\right)^n \\
\left(\frac{1}{D}\right) &\propto L = \frac{C_0}{\dot{W}}
\end{aligned}
\right\}
\tag{4-11}
$$

由此可得

$$
L = C\left(\frac{\tau_{yp}}{\tau_{最大}}\right)^n = \frac{K}{(\tau_{最大})^n}
\tag{4-12}
$$

式中:

$$\dot{W} = 磨损率$$
$$C_0 = 最终状态磨损$$
$$C = 常数$$
$$L、D = 轴承的寿命和损伤(根据去除的厚度)(因变量)$$
$$K、n = 根据加速试验结果估计的常数$$
$$\tau_{屈服点} = 材料剪切屈服点$$
$$\tau_{最大} = 表面附近的最大剪应力(自变量)$$

需注意,有了 $\tau_{屈服点}$(轴承材料的剪切屈服点),模型就能够考虑产品材料的温度退化,这对于涂层型轴承至关重要。假设寿命呈对数正态分布,则可得到寿命-应力的如下联合分布:

$$
f(t \mid \mu, \sigma) = \frac{1}{t\sigma\sqrt{2\pi}} \exp\left[-\frac{1}{2}\frac{(\ln t - \mu)^2}{\sigma^2}\right]
\tag{4-13}
$$

根据式(4-11),可以得出 $\mu = -\ln K - n\ln\tau_{最大}$,其中式(4-13)中的 μ 为失效时间自然对数的平均值(和中值)。

因此,有

$$
f(t \mid \mu, \sigma) = \frac{1}{t\sigma\sqrt{2\pi}} \exp\left[-\frac{1}{2}\frac{(\ln t + \ln K + n\ln\tau_{最大})^2}{\sigma^2}\right]
\tag{4-14}
$$

式(4-14)表示给定特定应力水平 $\tau_{最大}$ 时寿命的完全条件分布(失效时间的概率密度函数)。本章后文的目标是开发和估计这个完全模型的参数,包括模型参数的相关不确定性。

加速寿命试验的一个重要指标是前面讨论的加速系数（AF），是使用应力水平下的寿命 $L_{使用}$ 与高应力水平下的寿命 $L_{加速}$ 之比。因此，有

$$AF = \frac{L_{使用}}{L_{加速}} \qquad\qquad (4-15)$$

最后，进行加速寿命试验时，使用水平下的可靠性可能是最重要的指标，这是因为它可以确定产品的保修级别，并提供关于产品如何达到规定可靠性目标的信息。

在加速寿命试验模型的加速寿命试验数据分析中，有三种主要的模型参数估计方法，如式（4-14）所示。

（1）作图法。

（2）最大似然估计法。

（3）贝叶斯估计法。

后面将讨论这些方法。

4.6　加速寿命试验模型估计的概率作图法

通过加速寿命试验数据获得参数估计值的作图/图解法是上述三种方法中最简单的一种。虽然不如其他方法准确，但这种方法能够简单、快捷地解释收集的数据。此外，还可以估计任何应力水平下的产品寿命分布，最重要的是，还能评估数据的有效性和模型与数据的拟合。

加速寿命试验数据分析的作图法涉及两类图的绘制。第一步是确定所收集高应力下加速寿命试验数据的最合适的失效时间-寿命分布。收集的失效时间可以用任何寿命分布来表示。加速寿命试验分析最重要的一个方面是，在任何给定应力水平下，寿命本身都将由产品的特定概率分布决定。也就是说，应确定具有相同形状参数的相同分布形式，用于代表所有应力水平（包括使用应力水平）的失效时间模型。如果分析表明与不同分布或者相同分布但有不同形状参数的拟合良好，那么基本物理机理可能发生了改变（移位等）。这些情况下，应重复加速寿命试验，确保失效机理不变。

加速寿命试验的最常见寿命分布包括指数分布、威布尔分布和对数正态分布。为了根据所收集失效数据确定最佳拟合分布，一种方法是针对每一种可能的概率分布进行各个数据集的拟合优度（GOF）检验，如卡方拟合优度、柯尔莫哥洛夫-斯米尔诺夫拟合优度或每种情况下相关系数的简单计算。一旦选择了最合适的寿命分布，就可以采用 Kaplan-Meier 等常用作图方法或秩递增法生成每个应力水平下数据的概率图。

生成各加速应力水平下的寿命分布图后，作图法的第二步是绘制失效时间分布中一个或多个名义寿命特征的线性寿命-应力模型。基于绘制的加速寿命试验数据获得使用水平条件的有关信息，这有助于寿命-应力模型的绘制。为此，必须选取并绘制"名义"寿命特征。名义寿命没有具体定义，通常由分析人员根据加速寿命试验的目标确定。名义寿命通常是寿命分布的一个特定特征——通常为中值、第 10 百分位数或其他相关分布百分位数（W. 尼尔森，2004）。然后，作图法通过求解所绘制寿命-应力线的斜率和截距来确定估计值，这可以通过下一节讨论的简单回归法实现。请注意，图解法不能很好地适应分析中引入多重

应力所增加的复杂性,因而最适合用于单应力加速寿命试验的简单情况。

4.6.1　回归寿命-应力模型

加速寿命试验数据分析的作图法中使用的回归方法相当简单。例如,4.5 节中的反幂律由 $\ln t = \ln b - a \ln S$ 给出,说明了寿命和载荷之间的线性关系,然后以此关系为基础进行简单线性回归。

考虑表 4.1 中提供的数据集,用于表示温度为失效应力因子的部件的加速寿命试验数据。进一步假设,已知表 4.1 列出的失效时间数据的分散性可以采用对数正态分布进行最佳建模,并且阿伦尼斯模型(指数)是该特定加速寿命试验的最合适寿命-应力模型。

表 4.1　加速寿命试验中观测到的失效时间

温度/℃	试验单元数	记录失效时间/h								
150	3	2 350	2 560	2 980						
200	9	220	250	330	370	380	460	460	510	610

假设使用水平温度为 80 ℃,想要采用概率作图法估计该使用水平下的寿命。表 4.1 中的失效数据代表完全失效。

首先,构建各加速温度下数据的多概率图。这种情况下的作图点使用秩平差法,$F(t) = \dfrac{i - 0.375}{n + 0.25}$(见表 4.2)。多对数正态概率图如图 4.7 所示。

表 4.2　秩平差法作图点

温　度	150 ℃＝423 ˚K		200 ℃＝473 ˚K	
i	t_i/h	累积分布函数[$F(t) \times 100\%$]	t_i/h	累积分布函数[$F(t) \times 100\%$]
1	2 350	19.23	220	6.76
2	2 560	50.00	250	17.57
3	2 980	80.77	330	28.38
4			370	39.19
5			380	50.00
6			460	60.81
7			460	71.62
8			510	82.43
9			610	93.24

多对数正态概率图如图 4.7 所示,结果如下:

(1)$T = 423$ ˚K 时,$\mu_t = 7.87$ 且 $\sigma_t = 0.145$。

(2)$T = 473$ ˚K 时,$\mu_t = 5.94$ 且 $\sigma_t = 0.357$。

请注意,对数正态分布时的中值寿命 $t_{0.5} = e^{\mu_t}$,因此上文(及下文对数正态分布时)用 μ

表示的参数等于 $t_{0.5}$（中值失效时间）。由此可得

$$\mu_{423\ ^{\circ}\mathrm{K}} = \mathrm{e}^{7.87} \approx 2\ 617\ \mathrm{h}$$

$$\mu_{473\ ^{\circ}\mathrm{K}} = \mathrm{e}^{5.94} \approx 381\ \mathrm{h}$$

从图 4.7 可以看出，两个高应力水平下的形状参数 σ_t 彼此相当接近。由此可知，作图法可以合理地得出结论——各加速温度下发生的失效由同一失效机理控制。由于作图法涉及线性回归外推，因此无须使用共同的形状参数重新绘制寿命分布。通过确定试验由共同的失效机理控制（即没有竞争失效机理），则可通过回归过程考虑形状参数的变化（影响每个图中的估计寿命值）。若采用其他方法，需要使用尺度参数的加权平均值重新绘图（即平行图），使得最终名义寿命值落在一条直线上，并且不需要通过回归获得寿命-应力图的斜率和截距。

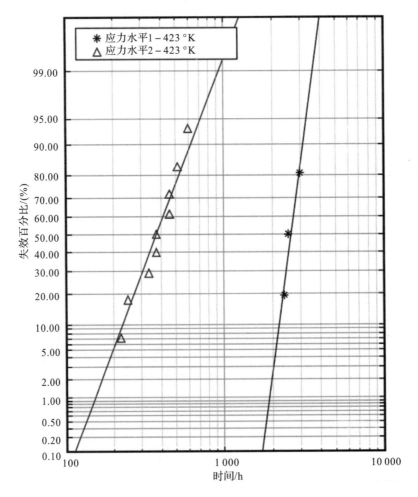

图 4.7　各应力水平下的对数正态数据图

接下来，根据阿伦尼斯寿命-应力模型可得

$$L = A\,\mathrm{e}^{\frac{E_{\mathrm{a}}}{KT}} \tag{4-16}$$

式中:A 为待定常数;T 为温度(K);K 为玻尔兹曼常数(8.617×10^{-5} eV・K^{-1},注意 $1/K =$ 11 605);E_a 为活化能(eV)。阿伦尼斯模型两侧取对数可得

$$\ln L = \ln A + \frac{E_a}{K}\frac{1}{T} = \ln A + 11\ 605 E_a\ \frac{1}{T} \tag{4-17}$$

这里,我们建立了寿命和应力(用温度的倒数 $1/T$ 表示)之间的线性关系。对于对数正态分布,式(4-17)中的 $\ln L$ 值为之前计算得出的中值(适当名义寿命值)。因此,可以通过最小二乘回归法得到阿伦尼斯模型参数的估计值,可得

$$\begin{cases} \hat{\beta}_0 = \ln A = -10.359 & (\hat{A} = 3.17 \times 10^{-5}) \\ \hat{\beta}_1 = \dfrac{E_a}{K} = 7\ 711 & (\hat{E}_a = 0.665 \text{ eV}) \end{cases}$$

因此,寿命-应力关系由下式给出:

$$L = 3.17 \times 10^{-5} e^{\frac{7\ 711}{T}}$$

应用上述回归模型,我们可以得到 80 ℃(353 ℃K)使用条件下的如下中值寿命外推估计值:

$$L(T=353\ \text{K}) = 3.17 \times 10^{-5} e^{\frac{7\ 711}{353}} \approx 9.73 \times 10^4\ \text{h}$$

可以对任何相关百分位数值采用相同程序,注意绘图方法如何仅提供相关参数的粗略点估计值。此外,也不会说明各参数不确定性的相关置信区间。

[例4.1]　考虑表4.3中提供的完全失效数据集,用于表示温度为失效应力因子的部件的加速寿命试验数据。进一步假设,已知表4.3中列出的失效时间数据的分散性可以采用威布尔分布进行最佳建模,并且阿伦尼斯模型(指数)是该特定加速寿命试验的最合适寿命-应力模型。假设使用水平温度为333 ℃K,我们想要采用作图法估计该使用水平下的寿命。

表 4.3　加速寿命试验中观测到的失效时间

温度/℃K	试验单元数	记录失效时间/h							
406	8	248	456	528	731	813	965	972	1 528
436	6	164	176	289	319	386	459		
466	6	92	105	155	184	219	235		

求解:

首先,构建各加速温度下数据的多概率图。这种情况下的作图点使用秩平差法,$F(t) = \dfrac{i-0.375}{n+0.25}$(见表4.4)。本例中使用 Excel 进行威布尔分析。威布尔分布时的累积分布函数为 $F(x) = 1 - e^{-\left(\frac{x}{\alpha}\right)^{\beta}}$。经过推导,可将威布尔累积分布函数转化为常见的直线形式:$\ln\left[\ln\left(\dfrac{1}{1-F(x)}\right)\right] = \beta \ln x - \beta \ln \alpha$。请注意,威布尔分布中的特征寿命 α 对应于 63.2% 寿命。

表 4.4　秩平差法累积分布函数

温　度	406 ℉		436 ℉		466 ℉	
i	t_i/h	累积分布函数 $[F(t) \times 100\%]$	t_i/h	累积分布函数 $[F(t) \times 100\%]$	t_i/h	累积分布函数 $[F(t) \times 100\%]$
1	248	7.58	164	10.00	92	10.00
2	456	19.70	176	26.00	105	26.00
3	528	31.82	289	42.00	155	42.00
4	731	43.94	319	58.00	184	58.00
5	813	56.06	386	74.00	219	74.00
6	965	68.18	459	90.00	235	90.00
7	972	80.30				
8	1 528	92.42				

多威布尔概率图如图 4.8 所示。威布尔分析结果如下：

$T = 406$ ℉时，$\hat{\beta}_1 = 2.01$ 且 $\hat{\alpha}_1 = 895$。

$T = 436$ ℉时，$\hat{\beta}_2 = 2.56$ 且 $\hat{\alpha}_2 = 341$。

$T = 466$ ℉时，$\hat{\beta}_3 = 2.79$ 且 $\hat{\alpha}_3 = 187$。

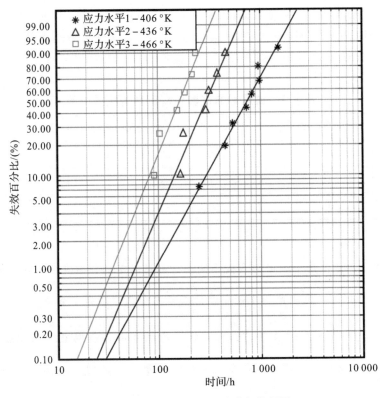

图 4.8　各应力水平下的威布尔数据图

可以看出,两个高应力水平下的形状参数彼此相当接近。由此可知,作图法可以合理地得出结论——各加速温度下发生的失效由同一失效机理控制。由于作图法涉及线性回归外推,因此无须使用共同的形状参数重新绘制寿命分布。通过确定试验由共同的失效机理控制(即没有竞争失效机理),则可通过回归过程考虑形状参数的变化(影响每个图中的估计寿命值)。若采用其他方法,需要使用尺度参数的加权平均值重新绘图(即平行图),使得最终名义寿命值落在一条直线上,并且不需要通过回归获得寿命-应力图的斜率和截距。

接下来,可以通过最小二乘回归法得到阿伦尼斯模型参数的估计值,如图 4.9 所示。

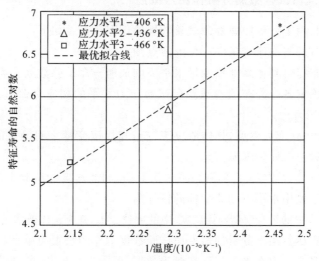

图 4.9　阿伦尼斯模型的最小二乘回归

阿伦尼斯模型由下式给出:

$$L = A \mathrm{e}^{\frac{E_\mathrm{a}}{KT}} \tag{4-18}$$

式中:A 为待定常数;T 为温度(K);K 为玻尔兹曼常数(注意 $1/K = 11\,605$);E_a 为活化能(eV)。取阿伦尼斯模型两侧的对数可得

$$\ln(L) = \ln(A) + \frac{E_\mathrm{a}}{K} \times \frac{1}{T} \tag{4-19}$$

这里,我们建立了寿命和应力(用温度的倒数 $1/T$ 表示)之间的线性关系 $Y = mX + b$,其中:$Y = T; m = \dfrac{E_\mathrm{a}}{K}; X = \dfrac{1}{T}$。然后在此使用此关系,建立了寿命和应力(用温度的倒数 $1/T$ 表示)之间的线性关系 $Y = mX + b$,其中:$Y = T; m = \dfrac{E_\mathrm{a}}{K}; X = \dfrac{1}{T}$。然后以此关系为基础进行简单线性回归。

由此可得

$$\begin{cases} \hat{m} = \dfrac{\hat{E}_\mathrm{a}}{K} = 4\,935.9\ \dfrac{\mathrm{eV}}{{}^{\circ}\mathrm{K}} & (\hat{E}_\mathrm{a} = 0.425\,3\ \mathrm{eV}) \\[2mm] \hat{b} = \ln(\hat{A}) = -5.409\,1 & (\hat{A} = 4.48 \times 10^{-3}\ \mathrm{h}) \end{cases}$$

因此,寿命-应力关系由下式给出:

$$L=4.48\times10^{-3}\mathrm{e}^{\frac{4\,935.9}{T}}$$

应用上述回归模型,我们可以得到 333 ℃使用条件下的如下中值寿命外推估计值:

$$L_{(T=333\,℃)}=4.48\times10^{-3}\mathrm{e}^{\frac{4\,935.9}{T}}\approx1.23\times10^{4}\ \mathrm{h}$$

我们可以对任何相关百分位数值采用相同程序,但要注意绘图方法如何仅提供相关参数的粗略点估计值。此外,也不会提供各参数不确定性的相关置信区间。

4.6.2　加速寿命试验数据分析作图法概述

根据上述示例,用于分析加速寿命试验数据的作图法汇总如下:

(1)研究失效时间与加速变量(应力)的散点图。

(2)将各个分布拟合到各高加速变量水平下的加速寿命试验数据。绘制拟合概率线,以形成多概率图,并确定各个分布的参数及各试验应力水平的相应寿命百分位数(如 10%寿命、中值寿命和 90%寿命)。

(3)拟合整体寿命-应力模型,具体取决于寿命和加速变量之间确定的经验关系或已经建立的物理关系(通过失效物理研究)。

(4)根据给定百分位数(如 10%寿命或中值寿命)的加速寿命试验寿命与应力进行回归分析,以获得适用于使用水平下相关指标的估计值。

(5)对比第(3)步中的组合模型与第(2)步中的单独分析,检查整体模型是否存在失拟迹象。

值得注意的是,尽管用于分析加速寿命试验数据的作图法很简单,但它存在以下缺点:

(1)在一个或多个应力水平下仅存在删失数据(即未发生失效)的情况下,不能采用图解法。忽略数据会导致严重的不准确,因为结果不能代表试验单元的真实失效行为。

(2)不可能总是将寿命-应力函数线性化,从而获得模型参数的估计值。

(3)无法通过作图法估计所有结果的置信区间。在通过作图法得到置信区间的一种简单(但非常不可靠)的方法中,需要另加回归线,以此提供最大和最小外推结果(见图 4.10 中的示例)。由于这种方法并没有形式数学基础,并不推荐用于得到置信区间,但在某些情况下可能有助于传达粗略估计值。

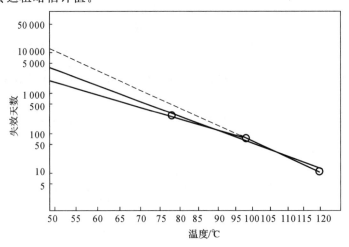

图 4.10　使用数据分析图解法估计置信区间的基本方法示例

4.7　加速寿命试验数据分析的最大似然估计法

最大似然估计法(MLE)是一种形式分析方法,通过计算置信区间来得到相关参数的估计值以及这些参数的相关不确定性。最大似然估计法具有强大的统计基础,用于计算估计值。这种方法的主要缺点是不能以任何可视化形式呈现数据拟合。在某些情况下,这种限制可能会对分析产生重大影响。例如,若加速应力水平所对应各个数据集的形状参数存在明显差异,则只计算参数的最大似然估计值可能会掩盖这个事实,即除了假设失效机理外,加速寿命试验数据中可能还存在其他失效机理。然而,在现实中,建议将最大似然估计法与数据的初始图相结合,以便在获得最大似然估计法所提供的精确估计值之前,先排除次要的失效模式或机理。

最大似然估计法的本质是由描述观测数据发生概率的似然函数确定相关参数的具体值,并将似然函数最大化。整个过程的第一步自然是根据观测数据确定似然函数本身。在试图确定似然函数时的关键问题是,"给定失效时间和周期(及删失时间)的发生概率是多少?"因此,加速寿命试验的似然函数通常是描述试验产品寿命的概率分布(如指数、对数正态、威布尔失效时间分布)的乘积,这是因为它捕获了我们试图确定的相关参数。例如,对于阿伦尼斯寿命-应力模型,我们可能想要得到使似然函数最大化的常数 A 的估计值。其为所观测数据的概率分布的函数,因而取决于数据的适用删失类型。下面给出了适用于加速寿命试验右删失数据分析的似然函数 l 的一般形式,其中 $f(\cdot)$ 为失效时间的累积分布函数,$F(\cdot)$ 为失效时间或失效间隔时间的累积分布函数,$\boldsymbol{\theta}_{\mathrm{M}}$ 为未知参数的向量。

对于完全失效和右删失数据,有

$$l = \prod_{i=1}^{N_c}\left[f(t_i;\boldsymbol{\theta}_{\mathrm{M}})\right]^{n_i} \cdot \prod_{j=1}^{N_r}\left[1-F(t_j;\boldsymbol{\theta}_{\mathrm{M}})\right]^{n_j} \qquad (4-20)$$

式中:n_i 为第 i 个失效时间数据点的失效次数;n_j 为第 j 个删失数据点的右删失(搁置)次数;N_c 为完全失效次数;N_r 为右删失数据点数。

对于完全失效和左删失数据,有

$$l = \prod_{i=1}^{N_c}\left[f(t_i;\boldsymbol{\theta}_{\mathrm{M}})\right]^{n_i} \cdot \prod_{j=1}^{N_l}\left[F(t_j;\boldsymbol{\theta}_{\mathrm{M}})\right]^{n_j} \qquad (4-21)$$

式中:n_i 为第 i 个失效时间数据点的失效次数;n_j 为第 j 个删失数据点的左删失(搁置)次数;N_c 为完全失效次数;N_r 为左删失数据点数。

对于 N_1 区间内的区间失效和区间删失数据,有

$$l = \prod_{i=1}^{N_1}\left[F(t_i^{\mathrm{UI}};\boldsymbol{\theta}_{\mathrm{M}})-F(t_i^{\mathrm{LI}};\boldsymbol{\theta}_{\mathrm{M}})\right]^{n_i} \cdot \prod_{j=1}^{N_1}\left[1-F(t_j^{\mathrm{UI}};\boldsymbol{\theta}_{\mathrm{M}})+F(t_j^{\mathrm{LI}};\boldsymbol{\theta}_{\mathrm{M}})\right]^{n_j} \qquad (4-22)$$

式中:n_i 为第 i 个时间间隔内的失效次数;n_j 为第 j 个时间间隔内的删失(搁置)次数;N_1 为失效和删失区间数;t_i^{UI} 为第 i 个失效时间间隔的上限;t_i^{LI} 为第 i 个失效时间间隔的下限;t_j^{UI} 为第 j 个搁置时间间隔的上限;t_j^{LI} 为第 j 个搁置时间间隔的下限。

注意,式(4-20)和式(4-21)仅假设非区间数据,而式(4-22)仅假设区间数据。如果同时存在区间数据和非区间数据,那么式(4-20)和式(4-21)可以乘以式(4-22),得到完全数据、右删失数据和区间数据的组合,或者完全数据、左删失数据和区间数据的组合。

由于最大似然估计法的主要目标是将似然函数最大化,故需要对该函数进行微分并使其等于零,以确定将似然函数最大化的相关参数的值。因此,为了便于计算导数,取对数似然函数通常比较方便。加速寿命试验数据包含完全数据和右删失数据时的对数似然函数由下式给出:

$$\ln l = \sum_{i=1}^{N_c} n_i \cdot \ln f(t_i; \boldsymbol{\theta}_M) + \sum_{j=1}^{N_r} n_j \cdot \ln[1 - F(t_j; \boldsymbol{\theta}_M)] \tag{4-23}$$

通过最大似然估计则可得到 $\boldsymbol{\theta}_M$,使得观测数据的概率最大。可以通过取 $\ln l$ 对 $\boldsymbol{\theta}_M$ 的导数,使其等于 0 并对 $\boldsymbol{\theta}_M$ 求解来完成,得到 $\hat{\boldsymbol{\theta}}_M$。如前所述,如果使用对数似然函数,通常更容易推导,即

$$\frac{\partial \ln l}{\partial \hat{\theta}_M} = 0 \tag{4-24}$$

式(4-21)和式(4-23)中的其他表达式同样也可以转换为式(4-23)对数似然形式,其相对于对数似然函数中参数的导数将形成一个方程组来估计参数。

[**例4.2**] 考虑对受腐蚀的不锈钢压力容器进行加速试验,结果表明在高温(220 ℃)下发生的加速腐蚀导致 4 个容器样品的失效天数如下:98 天、157 天、194 天、283 天。寿命-应力关系用 $L = b\mathrm{e}^{a/T}$ 表示,其中 T 为开尔文温度(应力因子),已知 a 为 4 228 ℉,寿命 L 用失效天数表示,为服从指数分布的随机变量。简要说明得到参数 b 最大似然估计的过程。

求解:

失效时间的指数分布为 $f(t) = \lambda \mathrm{e}^{-\lambda t}$。使用平均失效时间(MTTF)(为 $1/\lambda$),在指数分布中对应 63.2% 寿命,将其代入给定的寿命-应力关系,可以得到如下寿命-应力关系描述:

$$\mathrm{MTTF} = \frac{1}{\lambda} = L = b\mathrm{e}^{\frac{a}{T}}$$

或

$$\lambda = \frac{1}{b\mathrm{e}^{\frac{a}{T}}}$$

因此,给定温度(应力)T 的寿命概率密度函数为 $f(t) = \dfrac{1}{b\mathrm{e}^{\frac{a}{T}}} \mathrm{e}^{-\frac{1}{b\mathrm{e}^{\frac{a}{T}}} \cdot t}$。使用最大似然估计法,可以取上述条件概率密度函数(即温度 T 条件下的失效时间概率密度函数),并得到完全失效数据的似然函数 $l = \prod_{i=1}^{N_c} f(t_i)$。这种情况下,对数似然函数由下式给出:

$$\ln l = \sum_{i=1}^{N_c} \ln\left(\frac{1}{b\mathrm{e}^{\frac{a}{T}}} \mathrm{e}^{-\frac{1}{b\mathrm{e}^{\frac{a}{T}}} \cdot t_i}\right) = \sum_{i=1}^{N_c}\left(\ln\frac{1}{b\mathrm{e}^{\frac{a}{T}}} - \frac{t_i}{b\mathrm{e}^{\frac{a}{T}}}\right)$$

根据式(4-24)可得

$$\frac{\partial \ln l}{\partial b} = \sum_{i=1}^{N_c}\frac{-1}{b} - \left(\frac{-t_i}{b^2 \mathrm{e}^{\frac{a}{T}}}\right) = \frac{1}{b}\sum_{i=1}^{N_c}\left(\frac{t_i}{b\mathrm{e}^{\frac{a}{T}}} - 1\right)$$

代入给定的 t_i(天)并求解 $\dfrac{\partial \ln t}{\partial K} = 0$ 时的 b,可得

$$b = 0.034\ 5\ \text{天}$$

得到未知参数 b 的这个最大似然估计值后，我们可以获得任何应力水平下的寿命估计值。例如，如果使用温度水平为 80 ℃（353 °K），那么在此使用温度水平下的 MTTF（平均寿命）估计值由下式给出：

$$\text{MTTF}_{\text{使用}} = b\,\mathrm{e}^{\frac{a}{T_{\text{使用}}}} = 5\ 489.2\ \text{天}$$

4.8　最大似然估计的置信区间

进行加速寿命试验数据分析时，应估计寿命-应力模型的参数，从而预测试验或使用应力水平条件下的其他相关可靠性指标。这些指标可能包括给定时间的预测可靠性、平均寿命或保修期结束时的预期失效次数。由于寿命-应力模型所依据的数据具有分散性和局限性，因此这些估计值始终存在一定的不确定性。与加速寿命试验数据分析的作图法相比，最大似然估计法的一大主要优点是，能够计算与最大似然估计参数估计值相关的置信区间。这样一来，分析人员可以量化加速寿命试验参数计算估计值的不确定性。分析加速寿命试验数据时，我们往往必须处理删失数据，计算模型参数和相关指标的置信区间的一种常见方法是使用费雪信息矩阵。

费雪信息矩阵用于确定估计参数的方差和协方差。在双参数概率分布的简单情况下，基于似然和对数似然函数 $\Lambda = \ln l$，双参数寿命-应力分布模型的费雪信息矩阵 $\boldsymbol{F}$ 由下式给出：

$$\boldsymbol{F} = \begin{bmatrix} -\dfrac{\partial^2 \Lambda}{\partial \theta_1^2} & -\dfrac{\partial^2 \Lambda}{\partial \theta_1 \partial \theta_2} \\[2ex] -\dfrac{\partial^2 \Lambda}{\partial \theta_2 \partial \theta_1} & -\dfrac{\partial^2 \Lambda}{\partial \theta_2^2} \end{bmatrix} \tag{4-25}$$

式中：θ_1 和 θ_2 是采用最大似然估计法估计的具体参数。通过使用这些参数的最大似然估计值（即 $\hat{\theta}_1$ 和 $\hat{\theta}_2$），然后对矩阵求逆，可以得到协方差矩阵的估计值如下：

$$\boldsymbol{F}^{-1} = \begin{bmatrix} -\dfrac{\partial^2 \Lambda}{\partial \theta_1^2} & -\dfrac{\partial^2 \Lambda}{\partial \theta_1 \partial \theta_2} \\[2ex] -\dfrac{\partial^2 \Lambda}{\partial \theta_2 \partial \theta_1} & -\dfrac{\partial^2 \Lambda}{\partial \theta_2^2} \end{bmatrix}_{\hat{\theta}_1,\hat{\theta}_2}^{-1} = \begin{bmatrix} \mathrm{var}(\hat{\theta}_1) & \mathrm{cov}(\hat{\theta}_1,\hat{\theta}_2) \\[1ex] \mathrm{cov}(\hat{\theta}_2,\hat{\theta}_1) & \mathrm{var}(\hat{\theta}_2) \end{bmatrix} \tag{4-26}$$

一般情况下，样本量大时，分布参数的最大似然估计值趋向于正态分布。因此，如果基于 n 个单元的大样本量，$\hat{\theta}$ 为 θ 的最大似然点估计值，且 $z = \dfrac{\hat{\theta}-\theta}{\sqrt{\mathrm{var}(\hat{\theta})}}$，那么 $\Pr(x \leqslant z) \to \Phi(z)$，

其中 $\Phi(z)$ 为 z 值时标准正态分布的累积分布函数，由 $\Phi(z) = \dfrac{1}{\sqrt{2\pi}} \displaystyle\int_{-\infty}^{x} \mathrm{e}^{\frac{t^2}{2}}\,\mathrm{d}t$ 给出。给定显著性水平 α（即置信水平 $1-\alpha$）时，参数 θ 的近似置信区间定义如下：

双侧：

$$\Pr\left[-Z_{1-\frac{\alpha}{2}} < \frac{\hat{\theta}-\theta}{\sqrt{\mathrm{var}(\hat{\theta})}} < Z_{1-\frac{\alpha}{2}}\right] \approx 1-\alpha \tag{4-27a}$$

单侧：

$$\Pr\left(-Z_\alpha < \frac{\hat{\theta}-\theta}{\sqrt{\mathrm{var}(\hat{\theta})}}\right) = \Pr\left(Z_\alpha > \frac{\hat{\theta}-\theta}{\sqrt{\mathrm{var}(\hat{\theta})}}\right) \approx 1-\alpha \qquad (4-27\mathrm{b})$$

式中：Z_α 和 $Z_{1-\frac{\alpha}{2}}$ 为置信水平为 $1-\alpha$（单侧置信区间）和 $1-\frac{\alpha}{2}$（双侧置信区间）的标准正态逆值，即

$$Z_\alpha = \Phi^{-1}(1-\alpha) \quad （单侧置信区间） \qquad (4-28\mathrm{a})$$

$$Z_{\alpha-\frac{\alpha}{2}} = \Phi^{-1}(1-\frac{\alpha}{2}) \quad （双侧置信区间） \qquad (4-28\mathrm{b})$$

进一步简化式（4-28），可以得到显著性水平为 α 时参数 θ 的近似双侧置信界限 $\left[\hat{\theta}-Z_{\frac{\alpha}{2}} \cdot \sqrt{\mathrm{var}(\hat{\theta})} < \theta < \hat{\theta}+Z_{\frac{\alpha}{2}} \cdot \sqrt{\mathrm{var}(\hat{\theta})}\right]$。单侧置信区间的置信上限为 $\theta < \hat{\theta}+Z_\alpha \cdot \sqrt{\mathrm{var}(\hat{\theta})}$，置信下限为 $\theta > \hat{\theta}-Z_\alpha \cdot \sqrt{\mathrm{var}(\hat{\theta})}$。

一些模型参数有约束条件，即只能为正（例如威布尔分布的形状参数 β）。这种情况下，将 $\ln\theta$ 视为大样本量时的正态分布，显著性水平 α 下 θ 的双侧近似置信界限即变为

$$\Pr\left[\hat{\theta}\mathrm{e}^{-\frac{Z_{1-\frac{\alpha}{2}} \cdot \sqrt{\mathrm{var}(\hat{\theta})}}{\hat{\theta}}} < \theta < \hat{\theta}\mathrm{e}^{\frac{Z_{1-\frac{\alpha}{2}} \cdot \sqrt{\mathrm{var}(\hat{\theta})}}{\hat{\theta}}}\right] \approx 1-\alpha \qquad (4-29)$$

正参数单侧置信区间的上限为 $\theta < \hat{\theta}\mathrm{e}^{\frac{Z_{1-\alpha} \cdot \sqrt{\mathrm{var}(\hat{\theta})}}{\hat{\theta}}}$，下限为 $\theta > \hat{\theta}\mathrm{e}^{-\frac{Z_{1-\alpha} \cdot \sqrt{\mathrm{var}(\hat{\theta})}}{\hat{\theta}}}$.

[例 4.3] 威布尔分布时，确定协方差矩阵和 $(1-\gamma)\%$ 双侧区间。

$$\mathrm{cov}(\alpha,\beta) = [I(\hat{\alpha},\hat{\beta})]^{-1} = \begin{bmatrix} \mathrm{var}(\hat{\alpha}) & \mathrm{cov}(\hat{\alpha},\hat{\beta}) \\ \mathrm{cov}(\hat{\beta},\hat{\alpha}) & \mathrm{var}(\hat{\beta}) \end{bmatrix} = \frac{1}{n_F} \begin{bmatrix} 1.108\,7\,\dfrac{\hat{\alpha}}{\hat{\beta}} & 0.257\,0\hat{\alpha} \\ 0.257\,0\hat{\alpha} & 0.607\,9\hat{\beta}^2 \end{bmatrix}$$

求解：

尺度参数的双侧置信界限为

$$\hat{\alpha}\exp\left[-\frac{z_{\frac{1-\gamma}{2}}\sqrt{\mathrm{var}(\hat{\alpha})}}{\hat{\alpha}}\right] \leqslant \alpha \leqslant \hat{\alpha}\exp\left[\frac{z_{\frac{1-\gamma}{2}}\sqrt{\mathrm{var}(\hat{\alpha})}}{\hat{\alpha}}\right]$$

形状参数的双侧置信区间为

$$\hat{\beta}\exp\left[-\frac{z_{\frac{1-\gamma}{2}}\sqrt{\mathrm{var}(\hat{\beta})}}{\hat{\beta}}\right] \leqslant \beta \leqslant \hat{\beta}\exp\left[\frac{z_{\frac{1-\gamma}{2}}\sqrt{\mathrm{var}(\hat{\beta})}}{\hat{\beta}}\right]$$

4.9 估计常见分布中参数的最大似然估计法

本节将描述数据由完全数据和右删失数据组成时，如下三种常见寿命分布的最大似然参数估计：

（1）指数分布。

（2）威布尔分布。

(3)对数正态分布。

这些分布用于描述给定应力水平下试验单元的寿命。这些分布只是"单一"分布,因而与应力无关,而与试验中收集的失效(或搁置)时间有关,但要假设这些观测时间的应力水平相同。

4.9.1　指数分布

指数分布是一种广泛使用的概率分布,这主要是因为它的简单性。指数分布会假设一个意味着没有磨损的恒定风险率,这在许多情况下自然不适用。因此,指数分布的广泛使用往往会伴随着一定的问题。尽管如此,加速寿命试验中通常还是使用指数分布来描述每个应力水平下的寿命分布。估计单指数分布失效率参数 λ 的最大似然估计法概述如下。

假设没有删失数据点,每组 N_c 数据(即 n_i 均为 1)的单一失效样本的似然函数由下式给出:

$$l = \prod_{i=1}^{n} \lambda \mathrm{e}^{-\lambda t_i} = \lambda^n \mathrm{e}^{-\lambda \sum_{i=1}^{n} t_i} \tag{4-30}$$

式中:t_i 为第 i 次失效的时间;n 为失效次数;λ 为失效率。

取两侧对数可得

$$\ln l = \Lambda = n\ln\lambda - \lambda \sum_{i=1}^{n} t_i \tag{4-31}$$

取 Λ 相对于 Λ 的导数并使其等于零,可进行 Λ 的最大似然点估计:

$$\hat{\lambda} = \frac{n}{\sum_{i=1}^{n} t_i}$$

4.9.2　威布尔寿命分布

威布尔分布是一种常见的灵活概率分布,可以模拟可靠性工程中的多种失效类型。两参数威布尔概率密度函数为 $f(t) = \frac{\beta t^{\beta-1}}{\alpha^\beta} \mathrm{e}^{-\left(\frac{t}{\alpha}\right)^\beta}$;$f(t) \geqslant 0, t \geqslant 0, \beta > 0, \alpha > 0$,式中,$\alpha$ 为尺度参数,β 为形状参数(威布尔曲线的斜率)。

给定上述概率密度函数,根据式(4-23),完全失效和右删失尾数据的两参数威布尔分布的对数似然函数为

$$\Lambda = \sum_{i=1}^{N_c} n_i \cdot \ln\left[\frac{\beta}{\alpha}\left(\frac{t_i}{\alpha}\right)^{\beta-1} \mathrm{e}^{-\left(\frac{t_i}{\alpha}\right)^\beta}\right] - \sum_{j=1}^{N_r} n_j \cdot \left(\frac{t_j}{\alpha}\right)^\beta \tag{4-32}$$

然后,通过求解参数对(α 和 β),使得 $\frac{\partial \Lambda}{\partial \alpha} = 0$ 且 $\frac{\partial \Lambda}{\partial \beta} = 0$,得到最大似然估计解。

式中:

$$\left.\begin{array}{l} \dfrac{\partial \Lambda}{\partial \alpha} = -\dfrac{\beta}{\alpha}\sum_{i=1}^{N_c} n_i + \dfrac{\beta}{\alpha}\sum_{i=1}^{N_c} n_i \cdot \left(\dfrac{t_i}{\alpha}\right)^\beta + \dfrac{\beta}{\alpha}\sum_{j=1}^{N_r} n_j \cdot \left(\dfrac{t_j}{\alpha}\right)^\beta \\ \dfrac{\partial \Lambda}{\partial \beta} = \dfrac{1}{\beta}\sum_{i=1}^{N_c} n_i + \sum_{i=1}^{N_c} n_i \cdot \ln\dfrac{t_i}{\alpha} - \sum_{i=1}^{N_c} n_i \cdot \left(\dfrac{t_i}{\alpha}\right)^\beta \ln\dfrac{t_i}{\alpha} - \sum_{j=1}^{N_r} n_j \cdot \left(\dfrac{t_j}{\alpha}\right)^\beta \ln\dfrac{t_j}{\alpha} \end{array}\right\} \tag{4-33}$$

[例 4.4]　考虑以下失效时间(h)：16、34、53、75、93、120。假设使用两参数威布尔分布，求参数的最大似然估计值。采用最大似然估计法估计概率密度函数的参数。

求解：

由于存在非分组数据，没有删失单元，因此所有 i 的 $N_c = 6$ 和 $n_i = 1$。因此，有

$$\frac{\partial \Lambda}{\partial \alpha} = -\frac{6\beta}{\alpha} + \frac{\beta}{\alpha} \sum_{i=1}^{6} \left(\frac{t_i}{\alpha}\right)^{\beta} = 0$$

$$\frac{\partial \Lambda}{\partial \beta} = \frac{6}{\beta} + \sum_{i=1}^{6} \ln \frac{t_i}{\alpha} - \sum_{i=1}^{6} \left(\frac{t_i}{\alpha}\right)^{\beta} \ln \left(\frac{t_i}{\alpha}\right) = 0$$

同时求解上述方程得

$$\hat{\alpha} = 73.53$$
$$\hat{\beta} = 1.93$$

4.9.3　对数正态寿命分布

对数正态分布是可靠性工程中另一种广泛使用的概率分布，通常表示退化机理中的失效周期，适用于对数服从正态分布的随机变量。其定义如下：

$$f(t) = \frac{1}{\sigma_t t \sqrt{2\pi}} e^{-\frac{1}{2}\left(\frac{\ln t - \mu_t}{\sigma_t}\right)^2} \quad [f(t) \geqslant 0, t > 0, -\infty < \mu_t < \infty; \sigma_t > 0] \quad (4-34)$$

式中：$\mu_t =$ 失效时间对数的平均值；$\sigma_t =$ 失效时间自然对数的标准差。给定上述概率密度函数，根据式(4-23)，当仅存在完全数据和右删失数据时，对数正态分布的对数似然函数为

$$\Lambda = \sum_{i=1}^{N_c} n_i \cdot \ln\left[\frac{1}{\sigma_t t_i}\phi\left(\frac{\ln t_i - \mu_t}{\sigma_t}\right)\right] + \sum_{j=1}^{N_r} n_j \cdot \ln\left[1 - \Phi\left(\frac{\ln t_j - \mu_t}{\sigma_t}\right)\right] \quad (4-35)$$

式中：ϕ 为标准正态分布值 $\varphi(x) = \frac{1}{\sqrt{2\pi}} \cdot e^{-\frac{1}{2}x^2}$；$\Phi$ 为累积正态分布值 $\Phi(x) = \frac{1}{\sqrt{2\pi}}\int_{-\infty}^{x} e^{-\frac{t^2}{2}} dt$。

注意，是对数似然方程的删失部分加上方程的失效部分，而不是从中减去删失部分。这是因为对数正态分布的累积分布函数 $F(t)$ 没有封闭解。因此，需要将整个表达式的对数 $1 - \Phi\left(\frac{\ln t_j - \mu_t}{\sigma_t}\right)$ 作为对数似然方程的一部分进行评估。然后，通过求解参数对(μ_t 和 σ_t)，使得 $\frac{\partial \Lambda}{\partial \alpha} = 0$. 且 $\frac{\partial \Lambda}{\partial \beta} = 0$，得到最大似然估计解，其中：

$$\left.\begin{aligned}
\frac{\partial \Lambda}{\partial \mu_t} &= \frac{1}{\sigma_t^2}\sum_{i=1}^{N_c} n_i \cdot (\ln t_i - \mu_t) + \frac{1}{\sigma_t}\sum_{j=1}^{N_r} n_j \cdot \frac{\phi\left(\frac{\ln t_j - \mu_t}{\sigma_t}\right)}{1 - \Phi\left(\frac{\ln t_j - \mu_t}{\sigma_t}\right)} \\
\frac{\partial \Lambda}{\partial \sigma_t} &= \sum_{i=1}^{N_c} n_i \cdot \left[\frac{(\ln t_i - \mu_t)^2}{\sigma_t^3} - \frac{1}{\sigma_t}\right] + \frac{1}{\sigma_t}\sum_{j=1}^{N_r} n_j \cdot \frac{\left(\frac{\ln t_j - \mu_t}{\sigma_t}\right)\phi\left(\frac{\ln t_j - \mu_t}{\sigma_t}\right)}{1 - \Phi\left(\frac{\ln t_j - \mu_t}{\sigma_t}\right)}
\end{aligned}\right\} \quad (4-36)$$

一旦确定了 $\hat{\mu}_t$ 和 $\hat{\sigma}_t$ 的估计值,就可以根据以下关系式得到对数正态分布的实际平均值 $\hat{\mu}$ 和标准差 $\hat{\sigma}$:

$$\left.\begin{aligned} \hat{\mu} &= \mathrm{e}^{\hat{\mu}_t + \frac{1}{2}\hat{\sigma}_t^2} \\ \hat{\sigma} &= \sqrt{(\mathrm{e}^{2\hat{\mu}_t + \frac{1}{2}\hat{\sigma}_t^2})(\mathrm{e}^{\hat{\sigma}_t^2} - 1)} \end{aligned}\right\} \tag{4-37}$$

[例 4.5]　考虑以下失效时间数据(h):144、385、747、1 144、1 576、2 612。假设使用对数正态分布,求参数的最大似然估计值。

求解:

由于存在非分组数据,没有删失数据,因此所有 i 的 $F=6$ 和 $N_i=1$。因此,

$$\begin{cases} \dfrac{\partial \Lambda}{\partial \mu_t} = \dfrac{1}{\sigma_t^2} \sum_{i=1}^{6} (\ln t_i - \mu_t) = 0 \\ \dfrac{\partial \Lambda}{\partial \sigma_t} = \sum_{i=1}^{6} \left[\dfrac{(\ln t_i - \mu_t)^2}{\sigma_t^3} - \dfrac{1}{\sigma_t} \right] = 0 \end{cases}$$

代入 T_i 的给定值并同时求解上述方程,可得

$$\begin{cases} \hat{\mu}_t = 6.64 \\ \hat{\sigma}_t = 1.04 \end{cases}$$

可采用下式估计失效时间的平均值 $\hat{\mu}$ 和标准差 $\hat{\sigma}$:

$$\begin{cases} \hat{\mu} = \mathrm{e}^{\hat{\mu}_t + \frac{1}{2}\hat{\sigma}_t^2} \approx 1\ 313\ \mathrm{h} \\ \hat{\sigma} = \sqrt{(\mathrm{e}^{2\hat{\mu}_t + \frac{1}{2}\hat{\sigma}_t^2})(\mathrm{e}^{\hat{\sigma}_t^2} - 1)} \approx 1\ 406\ \mathrm{h} \end{cases}$$

4.10　不同寿命-应力模型基于最大似然估计的参数估计

4.9 节简要说明了三种寿命分布及其各自参数的相应最大似然估计值。但是,加速寿命模型不仅涉及确定各试验应力水平下的寿命分布,更重要的是,还与以应力水平为条件的寿命分布及对应寿命-应力关系式参数的估计有关。基于寿命-应力模型的分布,可以外推和预测使用应力水平下的寿命分布和其他相关指标。因此,本书使用以应力水平为条件的寿命分布,并根据采用最大似然估计法得到的加速寿命试验结果估计相关参数。本节将概述确定一些常见加速寿命试验模型中参数的最大似然估计法。

4.10.1　指数寿命-应力模型

指数寿命-应力模型(如阿伦尼斯模型)是受温度应力影响产品的加速寿命试验中最常用的模型之一。根据众所周知的阿伦尼斯反应速率表达式推导出的阿伦尼斯模型为

$$R(T) = A \mathrm{e}^{-\frac{E_a}{KT}} \tag{4-38}$$

式中:R 为反应速率;A 为热常数;E_a 为活化能,即分子参与反应必须具备的能量(衡量温度

对反应的影响);K 为玻尔兹曼常数(8.618×10^{-5} eV · K^{-1});T 为绝对温度(K)。

表达一般指数模型时,假设寿命与式(4-38)中反应速率 R 的逆成比例,用下式表示:

$$L(T) = b\mathrm{e}^{\frac{a}{T}} \tag{4-39}$$

式中:$L(T)$ 为温度 T(K)下的寿命;a 和 b 为模型参数。

式(4-39)的线性形式通常用于加速寿命试验,其形式为

$$\underbrace{\ln L(T)}_{\substack{\text{因变量}\\(\text{寿命})}} = \underbrace{\ln b}_{\text{截距}} + \underbrace{a}_{\text{斜率}} \cdot \underbrace{\left(\frac{1}{T}\right)}_{\substack{\text{自变量(应力)}}} \tag{4-40}$$

对于用式(4-38)表示的阿伦尼斯,相应的加速系数由下式给出:

$$\mathrm{AF} = \frac{L_{\text{使用}}}{L_{\text{加速}}} = \frac{b\mathrm{e}^{\frac{a}{T_{\text{使用}}}}}{b\mathrm{e}^{\frac{a}{T_{\text{加速}}}}} = \mathrm{e}^{\left(\frac{a}{T_{\text{使用}}} - \frac{a}{T_{\text{加速}}}\right)} \tag{4-41}$$

4.10.2 威布尔寿命分布的指数寿命-应力模型

若威布尔分布描述各加速应力水平下寿命的随机变化,指数模型描述寿命-应力关系,则可采用最大似然估计法估计组合模型的参数。为此,必须先确定这个条件组合模型。通过将威布尔尺度参数 a(对应于 63.2% 消耗寿命)替换为式(4-39)中的寿命因变量,可以得到联合条件指数寿命-应力威布尔分布(以温度 T 为条件):

$$f(t,T) = \frac{\beta t^{\beta-1}}{(b\mathrm{e}^{\frac{a}{T}})^{\beta}} \mathrm{e}^{-\left(\frac{t}{b\mathrm{e}^{\frac{a}{T}}}\right)^{\beta}} = \frac{\beta}{b\mathrm{e}^{\frac{a}{T}}} \left(\frac{t}{b\mathrm{e}^{\frac{a}{T}}}\right)^{\beta-1} \mathrm{e}^{-\left(\frac{t}{\mathrm{e}^{\frac{a}{T}}}\right)^{\beta}} \tag{4-42}$$

式(4-42)中模型的平均值和可靠性指标的表达式分别为 $\mu = b\mathrm{e}^{\frac{a}{T}} \cdot \Gamma\left(\frac{1}{\beta}+1\right)$ 和 $R(t,T) =$ $\mathrm{e}^{-\left(\frac{t}{b\mathrm{e}^{\frac{a}{T}}}\right)^{\beta}}$。注意,如果参数 a 为正,那么可靠性随着应力的减小而增加,相应的风险率函数为 $\lambda(t,T) = \frac{f(t,T)}{R(t,T)} = \frac{\beta}{b\mathrm{e}^{\frac{a}{T}}}\left(\frac{t}{b\mathrm{e}^{\frac{a}{T}}}\right)^{\beta-1}$。

完全和右删失加速寿命试验数据的威布尔寿命模型的指数寿命-应力采用一般对数似然函数:

$$\Lambda = \sum_{i=1}^{N_c} n_i \cdot \ln f(t_i, T_i; a, b, \beta) + \sum_{j=1}^{N_r} n_j \cdot \left\{1 - \ln[F(t_j, T_j; a, b, \beta)]\right\} \tag{4-43}$$

由此可得式(4-42)的相应对数似然函数:

$$\Lambda = \sum_{i=1}^{N_c} n_i \cdot \ln\left[\frac{\beta}{b\mathrm{e}^{\frac{a}{T_i}}}\left(\frac{t_i}{b\mathrm{e}^{\frac{a}{T_i}}}\right)^{\beta-1} \mathrm{e}^{-\left(\frac{t_i}{b\mathrm{e}^{\frac{a}{T_i}}}\right)^{\beta}}\right] - \sum_{j=1}^{N_r} n_j \cdot \left(\frac{t_i}{b\mathrm{e}^{\frac{a}{T_j}}}\right)^{\beta} \tag{4-44}$$

通过求解 β、a 和 b 的式(4-43)，使得 $\dfrac{\partial \Lambda}{\partial \beta}=0$、$\dfrac{\partial \Lambda}{\partial \alpha}=0$、$\dfrac{\partial \Lambda}{\partial b}=0$，得到最大似然估计解(参数估计值 $\hat{\beta}$、$\hat{a}$、$\hat{b}$)，其中：

$$
\begin{aligned}
\frac{\partial \Lambda}{\partial \beta} &= \frac{1}{\beta}\sum_{i=1}^{N_c} n_i + \sum_{i=1}^{N_c} n_i \cdot \ln\left(\frac{t_i}{b\,\mathrm{e}^{\frac{a}{T_i}}}\right) - \sum_{i=1}^{N_c} n_i \cdot \left(\frac{t_i}{b\,\mathrm{e}^{\frac{a}{T_i}}}\right)^{\beta} \ln\left(\frac{t_i}{b\,\mathrm{e}^{\frac{a}{T_i}}}\right) - \\
&\quad \sum_{j=1}^{N_r} n_j \cdot \left(\frac{t_j}{b\,\mathrm{e}^{\frac{a}{T_j}}}\right)^{\beta} \cdot \ln\left(\frac{t_j}{b\,\mathrm{e}^{\frac{a}{T_j}}}\right) = 0 \\[2mm]
\frac{\partial \Lambda}{\partial a} &= -\beta \sum_{i=1}^{N_c} n_i \cdot \frac{1}{T_i} + \beta \sum_{i=1}^{N_c} n_i \cdot \frac{1}{T_i}\left(\frac{t_i}{b\,\mathrm{e}^{\frac{a}{T_i}}}\right)^{\beta} + \beta \sum_{j=1}^{N_r} n_j \cdot \frac{1}{T_j}\left(\frac{t_j}{b\,\mathrm{e}^{\frac{a}{T_j}}}\right)^{\beta} = 0 \\[2mm]
\frac{\partial \Lambda}{\partial b} &= -\frac{\beta}{b}\sum_{i=1}^{N_c} n_i + \frac{\beta}{b}\sum_{i=1}^{N_c} n_i \cdot \left(\frac{t_i}{b\,\mathrm{e}^{\frac{a}{T_i}}}\right)^{\beta} + \frac{\beta}{b}\sum_{j=1}^{N_r} N_j \left(\frac{t_j}{b\,\mathrm{e}^{\frac{a}{T_j}}}\right)^{\beta} = 0
\end{aligned}
\right\} \tag{4-45}
$$

综上所述，有三个方程来求解三个未知数。求解这些方程组通常需要使用 MATLAB、MS Excel 求解器等计算机数值工具。4.7 节讨论了模型参数的置信区间。对于阿伦尼斯-威布尔模型，使用模型参数的最大似然估计值(此处为 $\hat{\beta}$、$\hat{a}$、$\hat{b}$)得出局部费雪信息矩阵，由下式给出：

$$
\boldsymbol{F}=\begin{bmatrix} \mathrm{var}(\hat{\beta}) & \mathrm{cov}(\hat{\beta},\hat{a}) & \mathrm{cov}(\hat{\beta},\hat{b}) \\ \mathrm{cov}(\hat{a},\hat{\beta}) & \mathrm{var}(\hat{a}) & \mathrm{cov}(\hat{a},\hat{b}) \\ \mathrm{cov}(\hat{b},\hat{\beta}) & \mathrm{cov}(\hat{b},\hat{a}) & \mathrm{var}(\hat{b}) \end{bmatrix}=\begin{bmatrix} -\dfrac{\partial^2 \Lambda}{\partial \beta^2} & -\dfrac{\partial^2 \Lambda}{\partial \beta \partial \alpha} & -\dfrac{\partial^2 \Lambda}{\partial \beta \partial b} \\[2mm] -\dfrac{\partial^2 \Lambda}{\partial a \partial \beta} & -\dfrac{\partial^2 \Lambda}{\partial a^2} & -\dfrac{\partial^2 \Lambda}{\partial a \partial b} \\[2mm] -\dfrac{\partial^2 \Lambda}{\partial b \partial \beta} & -\dfrac{\partial^2 \Lambda}{\partial b \partial a} & -\dfrac{\partial^2 \Lambda}{\partial b^2} \end{bmatrix} \tag{4-46}
$$

如 4.8 节所述，参数为正时，将参数的对数视为趋向于大样本量的正态分布。因此，若参数 β 和 b 为正，显著性水平为 α 时的双侧置信区间为

$$
\left.
\begin{aligned}
\hat{\beta}\,\mathrm{e}^{-\frac{z_{1-\frac{\alpha}{2}}\sqrt{\mathrm{var}(\hat{\beta})}}{\hat{\beta}}} &< \beta < \hat{\beta}\,\mathrm{e}^{\frac{z_{1-\frac{\alpha}{2}}\sqrt{\mathrm{var}(\hat{\beta})}}{\hat{\beta}}} \\[2mm]
\hat{b}\,\mathrm{e}^{-\frac{z_{1-\frac{\alpha}{2}}\sqrt{\mathrm{var}(\hat{b})}}{\hat{b}}} &< b < \hat{b}\,\mathrm{e}^{\frac{z_{1-\frac{\alpha}{2}}\sqrt{\mathrm{var}(\hat{b})}}{\hat{b}}}
\end{aligned}
\right\} \tag{4-47}
$$

由于参数 a 可以为正，也可以为负，故可以将其视为趋向于大样本量的正态分布。因此，显著性水平为 α 时参数 a 的双侧置信区间为

$$
\hat{a}-Z_{1-\frac{\alpha}{2}} \cdot \sqrt{\mathrm{var}\hat{a}} < a < \hat{a}+Z_{1-\frac{\alpha}{2}} \cdot \sqrt{\mathrm{var}\hat{a}}
$$

[**例 4.6**]　考虑表 4.5 所示的单独加速寿命试验删失数据，假设置信界限为 90%，求阿伦尼斯-威布尔寿命-应力模型的估计值和相应的置信区间。

求解：

对式(4-44)进行最大似然估计，得到阿伦尼斯-威布尔寿命模型的点估计和置信区间估计值。

表 4.5 单独加速寿命试验删失数据

失效数据			删失数据		
i	t_i/h	$T_i/\text{℃}$	j	t_j/h	$T_j/\text{℃}$
1	14	200	1	80＋	100
2	20	200	2	84＋	100
3	21	200			
4	23	200			
5	35	200			
6	36	200			
7	39	200			
8	55	150			
9	56	150			
10	60	150			
11	67	150			
12	77	150			
13	70	100			
14	71	100			
15	75	100			
16	78	100			
17	89	100			

$$\begin{cases} \hat{\beta}=6.42 \\ \hat{b}=2.13 \\ \hat{a}=1\,406.08 \\ 5.18<\hat{\beta}<7.95 \\ 2.02<\hat{b}<2.24 \\ 1\,405.97<\hat{a}<1\,406.18 \end{cases}$$

涵盖各应力水平的相应威布尔多重图如图 4.11 所示:

$$\begin{cases} \hat{\beta}=3.55 \\ \hat{b}=14.27 \\ \hat{a}=199.81 \end{cases}$$

对应 $\hat{\beta}$、$\hat{b}$ 和 $\hat{a}$ 的平均值。

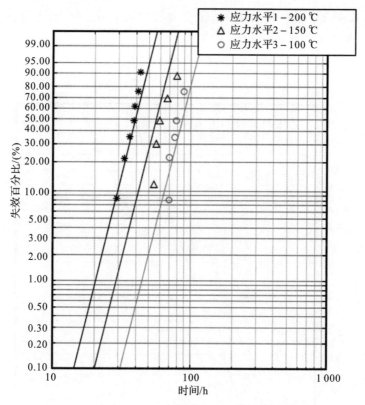

图 4.11　阿伦尼斯-威布尔寿命-应力模型的威布尔多重图

[例 4.7]　考虑温度为加速变量的加速试验,对 20 个单元试验,直至失效,假设为完全失效(无删失)。406 ℉下对八个单元进行了试验,436 ℉和 466 ℉下对六个单元进行试验,失效时间如表 4.6 所示。假设采用阿伦尼斯-威布尔寿命-应力模型,使用作图法和最大似然估计法求模型的参数,并比较结果。求 353 ℉使用水平温度下的预期寿命,并比较结果。

表 4.6　失效时间

温度/ ℉	失效时间/h							
406	248	456	528	731	813	965	972	1 528
436	164	176	289	319	386	459		
466	92	105	155	184	219	235		

求解:

使用中位秩,涵盖各应力水平的相应威布尔多重图如图 4.12 所示。

从图中可以看出,每个单独图的威布尔形状参数彼此相当接近(平均 $\beta=2.46$),支撑了加速寿命试验失效时间数据的威布尔寿命分布假设。图 4.12 中还给出了各应力水平下威布尔参数 α 和 β 的估计值。

由于采用阿伦尼斯模型 $L(T)=be^{\frac{a}{T}}$ 及其对数 $\ln L(T)=\ln b+a \cdot \frac{1}{T}$ 来描述寿命-应力关系,可以使用图中的估计寿命-应力值估计上述方程的参数。因此,可以通过最小二乘回归法得到阿伦尼斯模型参数的估计值,可得

$$\begin{cases} \ln b = -5.49 \text{ 或 } \hat{b}=4.12\times10^{-3} \\ \hat{a}=4\,971 \end{cases}$$

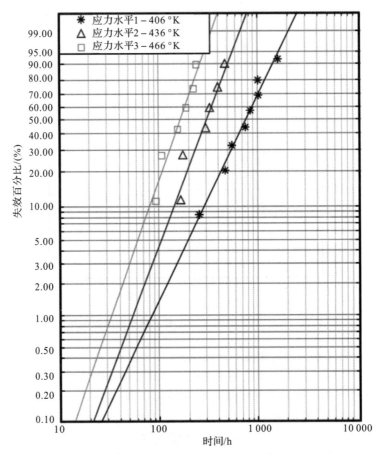

图 4.12　指数寿命-应力与威布尔寿命的多重图

由此,可以外推到 353 ℃K 的使用温度,得到 5 378 h 的预期特征寿命值,外推图如图 4.13 所示。

模型参数的最大似然估计值为

$$\begin{cases} \hat{\beta}=2.69 \\ \hat{b}=2.4\times10^{-3} \\ \hat{a}=5\,201 \end{cases}$$

为了说明最大似然估计方程的结构,下面给出了 $\frac{\partial \Lambda}{\partial a}$ 的表达式。如上所述,通常采用数值方法求解这些方程。

$$\frac{\partial \Lambda}{\partial a} = -\beta \sum_{i=1}^{N_c} n_i \cdot \frac{1}{T_i} + \beta \sum_{i=1}^{N_c} n_i \cdot \frac{1}{T_i} \left(\frac{t_i}{b\,\mathrm{e}^{\frac{a}{T_i}}} \right)^{\beta} + \beta \sum_{j=1}^{N_r} n_j \cdot \frac{1}{T_j} \left(\frac{t_j}{b\,\mathrm{e}^{\frac{a}{T_j}}} \right)^{\beta}$$

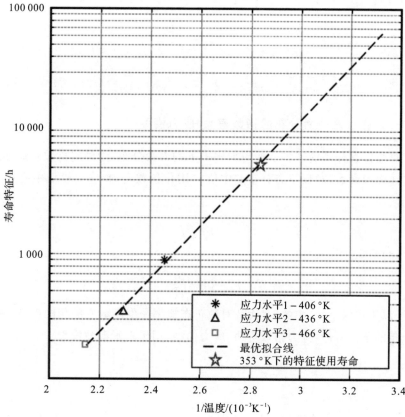

图 4.13　威布尔失效时间指数寿命-应力的外推

由于本示例中没有删失点,故只有前两个求和项适用。因此:

$$\frac{\partial \Lambda}{\partial a} = -\beta \left\{ \frac{1}{406} + \frac{1}{406} + \frac{1}{406} + \frac{1}{406} + \frac{1}{406} + \frac{1}{406} + \frac{1}{406} + \frac{1}{406} + \frac{1}{436} + \frac{1}{436} + \frac{1}{436} + \frac{1}{436} + \right.$$

$$\left. \frac{1}{436} + \frac{1}{436} + \frac{1}{466} + \frac{1}{466} + \frac{1}{466} + \frac{1}{466} + \frac{1}{466} + \frac{1}{466} \right\} + \beta \left[\frac{1}{406} \left(\frac{248}{C\mathrm{e}^{\frac{B}{406}}} \right)^{\beta} + \frac{1}{406} \left(\frac{456}{C\mathrm{e}^{\frac{B}{406}}} \right)^{\beta} + \right.$$

$$\frac{1}{406} \left(\frac{528}{C\mathrm{e}^{\frac{B}{406}}} \right)^{\beta} + \frac{1}{406} \left(\frac{731}{C\mathrm{e}^{\frac{B}{406}}} \right)^{\beta} + \frac{1}{406} \left(\frac{813}{C\mathrm{e}^{\frac{B}{406}}} \right)^{\beta} + \frac{1}{406} \left(\frac{965}{C\mathrm{e}^{\frac{B}{406}}} \right)^{\beta} + \frac{1}{406} \left(\frac{972}{C\mathrm{e}^{\frac{B}{406}}} \right)^{\beta} + \frac{1}{406} \left(\frac{1\,528}{C\mathrm{e}^{\frac{B}{406}}} \right)^{\beta} +$$

$$\frac{1}{436} \left(\frac{176}{C\mathrm{e}^{\frac{B}{436}}} \right)^{\beta} + \frac{1}{436} \left(\frac{164}{C\mathrm{e}^{\frac{B}{436}}} \right)^{\beta} + \frac{1}{436} \left(\frac{289}{C\mathrm{e}^{\frac{B}{436}}} \right)^{\beta} + \frac{1}{436} \left(\frac{319}{C\mathrm{e}^{\frac{B}{436}}} \right)^{\beta} + \frac{1}{436} \left(\frac{386}{C\mathrm{e}^{\frac{B}{436}}} \right)^{\beta} + \frac{1}{436} \left(\frac{459}{C\mathrm{e}^{\frac{B}{436}}} \right)^{\beta} +$$

$$\left. \frac{1}{466} \left(\frac{92}{C\mathrm{e}^{\frac{B}{466}}} \right)^{\beta} + \frac{1}{466} \left(\frac{155}{C\mathrm{e}^{\frac{B}{466}}} \right)^{\beta} + \frac{1}{466} \left(\frac{184}{C\mathrm{e}^{\frac{B}{466}}} \right)^{\beta} + \frac{1}{466} \left(\frac{219}{C\mathrm{e}^{\frac{B}{466}}} \right)^{\beta} + \frac{1}{466} \left(\frac{235}{C\mathrm{e}^{\frac{B}{466}}} \right)^{\beta} \right] = 0$$

采用最大似然估计法时,还可以求模型的相关置信区间。置信水平为 90%(显著性水

平 $\alpha = 0.1$）时，可得

$$\left[\hat{\beta} \cdot e^{-\frac{z_{1+\frac{\alpha}{2}}\sqrt{\mathrm{var}(\hat{\beta})}}{\hat{\beta}}} < \beta < \hat{\beta} \cdot e^{\frac{z_{1-\frac{\alpha}{2}}\sqrt{\mathrm{var}(\hat{\beta})}}{\hat{\beta}}} \right] \Rightarrow 2.02 < \beta < 3.59$$

$$\left[\hat{b} \cdot e^{-\frac{z_{1-\frac{\alpha}{2}}\sqrt{\mathrm{var}(\hat{b})}}{\hat{b}}} < b < \hat{b} \cdot e^{\frac{z_{1-\frac{\alpha}{2}}\sqrt{\mathrm{var}(\hat{b})}}{\hat{b}}} \right] \Rightarrow 2.00 \times 10^{-4} < b < 2.36 \times 10^{-2}$$

$$\left[\hat{a} - Z_{1-\frac{\alpha}{2}} \cdot \sqrt{\mathrm{var}(\hat{a})} < a < \hat{a} + Z_{1-\frac{\alpha}{2}} \cdot \sqrt{\mathrm{var}(\hat{a})} \right] \Rightarrow 4\,218 < a < 6\,186$$

4.10.3 对数正态寿命分布的指数寿命-应力模型

若使用对数正态分布描述各加速应力水平下的寿命分布，为确定指数寿命-应力模型的最大似然估计模型参数，对数正态分布的中值 μ 用作指数寿命-应力模型中寿命变量（因变量）的名义值，即

$$\mu = e^{\mu_t} = L(T) = b e^{\frac{a}{T}} \tag{4-48}$$

式（4-48）的线性形式为

$$\mu_t = \ln b + \frac{a}{T} \tag{4-49}$$

然后，可以用式（4-49）中的 μ_t 代替对数正态概率密度函数中的相同项，得到如下服从对数正态分布的条件寿命-应力指数寿命-应力模型，用于表示寿命模型：

$$f(t,T) = \frac{1}{\sigma_t t \sqrt{2\pi}} e^{-\frac{1}{2}\left[\frac{\ln(t)-\ln(b)-\frac{a}{T}}{\sigma_t}\right]^2} \tag{4-50}$$

由此可以估计平均寿命和可靠性，分别为 $\mu = e^{\mu_t + \frac{1}{2}\sigma_t^2} = e^{\ln C + \frac{B}{T} + \frac{1}{2}\sigma_t^2}$ 和 $R(t,T) = \int_t^\infty f(t,$

$T) \mathrm{d}t = \int_t^\infty \frac{1}{\sigma_t t \sqrt{2\pi}} e^{-\frac{1}{2}\left(\frac{\ln t - \ln C - \frac{B}{T}}{\sigma_t}\right)^2} \mathrm{d}t$。对数正态可靠性函数没有封闭解，因而必须进行数值

求解。同样，还可以根据 $\lambda(t,V) = \dfrac{f(t,V)}{R(t,V)} = \dfrac{\dfrac{1}{\sigma_t t \sqrt{2\pi}} e^{-\frac{1}{2}\left(\frac{\ln t - \ln C - \frac{B}{V}}{\sigma_t}\right)^2}}{\displaystyle\int_t^\infty \dfrac{1}{\sigma_t t \sqrt{2\pi}} e^{-\frac{1}{2}\left(\frac{\ln t - \ln C - \frac{B}{V}}{\sigma_t}\right)^2} \mathrm{d}t}$ 得到风险率。

对数正态概率密度函数的指数寿命-应力具有对数似然函数，可以采用式（4-23）书写如下：

$$\Lambda = \sum_{i=1}^{N_c} n_i \cdot \ln\left[\frac{1}{\sigma_t t_i} \varphi\left(\frac{\ln t_i - \ln b - \frac{a}{T_i}}{\sigma_t}\right)\right] + \sum_{j=1}^{N_r} n_j \cdot \ln\left[1 - \Phi\left(\frac{\ln t_j - \ln b - \frac{a}{T_j}}{\sigma_t}\right)\right] \tag{4-51}$$

通过求解三个方程中的变量 σ_t、a 和 b，使得 $\dfrac{\partial \Lambda}{\partial \sigma_t} = 0$、$\dfrac{\partial \Lambda}{\partial a} = 0$、$\dfrac{\partial \Lambda}{\partial b} = 0$，得到最大似然估计

解（参数估计值 $\hat{\sigma}_t$、$\hat{a}$ 和 $\hat{b}$），三个方程为

$$\left.\begin{aligned}
\frac{\partial \Lambda}{\partial \sigma_t} &= \sum_{i=1}^{N_c} n_i \left[\frac{\left(\ln t_i - \ln b - \dfrac{a}{T_i} \right)^2}{\sigma_t^3} - \frac{1}{\sigma_t} \right] + \\
&\quad \frac{1}{\sigma_t} \sum_{j=1}^{N_r} n_j \cdot \frac{\left(\dfrac{\ln t_j - \ln b - \dfrac{a}{T_j}}{\sigma_t} \right) \cdot \varphi\left(\dfrac{\ln t_j - \ln b - \dfrac{a}{T_j}}{\sigma_t} \right)}{1 - \Phi\left(\dfrac{\ln t_j - \ln b - \dfrac{a}{T_j}}{\sigma_t} \right)} = 0 \\[2em]
\frac{\partial \Lambda}{\partial a} &= \frac{1}{\sigma_t^2} \sum_{i=1}^{N_c} n_i \cdot \frac{1}{T_i} \left(\ln t_i - \ln b - \frac{a}{T_i} \right) + \frac{1}{\sigma_t} \sum_{j=1}^{N_r} n_j \cdot \frac{1}{T_j} \left\{ \frac{\varphi\left(\dfrac{\ln t_j - \ln b - \dfrac{a}{T_j}}{\sigma_t} \right)}{1 - \Phi\left(\dfrac{\ln t_j - \ln b - \dfrac{a}{T_j}}{\sigma_t} \right)} \right\} = 0 \\[2em]
\frac{\partial \Lambda}{\partial b} &= \frac{1}{b \cdot \sigma_t^2} \sum_{i=1}^{N_c} n_i \cdot \left(\ln t_i - \ln b - \frac{a}{T_i} \right) + \frac{1}{b \cdot \sigma_t} \sum_{j=1}^{N_r} n_j \cdot \left\{ \frac{\varphi\left(\dfrac{\ln t_j - \ln b - \dfrac{a}{T_j}}{\sigma_t} \right)}{1 - \Phi\left(\dfrac{\ln t_j - \ln b - \dfrac{a}{T_j}}{\sigma_t} \right)} \right\} = 0
\end{aligned}\right\} \quad (4-52)$$

根据式（4-52），有三个方程来求解三个未知数。求解这些方程组通常需要使用数值工具。使用局部费雪信息矩阵的模型参数的置信区间为

$$\boldsymbol{F} = \begin{bmatrix} \mathrm{var}(\hat{\sigma}_t) & \mathrm{cov}(\hat{\sigma}_t, \hat{a}) & \mathrm{cov}(\hat{\sigma}_t, \hat{b}) \\ \mathrm{cov}(\hat{a}, \hat{\sigma}_t) & \mathrm{var}(\hat{a}) & \mathrm{cov}(\hat{a}, \hat{b}) \\ \mathrm{cov}(\hat{b}, \hat{\sigma}_t) & \mathrm{cov}(\hat{b}, \hat{a}) & \mathrm{var}(\hat{b}) \end{bmatrix} = \begin{bmatrix} -\dfrac{\partial^2 \Lambda}{\partial \sigma_t^2} & -\dfrac{\partial^2 \Lambda}{\partial \sigma_t \partial a} & -\dfrac{\partial^2 \Lambda}{\partial \sigma_t \partial b} \\ -\dfrac{\partial^2 \Lambda}{\partial a \partial \sigma_t} & -\dfrac{\partial^2 \Lambda}{\partial a^2} & -\dfrac{\partial^2 \Lambda}{\partial a \partial b} \\ -\dfrac{\partial^2 \Lambda}{\partial b \partial \sigma_t} & -\dfrac{\partial^2 \Lambda}{\partial b \partial a} & -\dfrac{\partial^2 \Lambda}{\partial b^2} \end{bmatrix}^{-1} \quad (4-53)$$

参数为正时，将参数的对数视为趋向于大样本量的正态分布。因此，若参数 σ_t 和 b 为正，

显著性水平为 α 时的双侧置信区间为 $\left[\hat{\sigma}_t \cdot \mathrm{e}^{-\frac{z_{1-\frac{\alpha}{2}} \sqrt{\mathrm{var}(\hat{\sigma}_t)}}{\sigma_t}} < \sigma_t < \hat{\sigma}_t \cdot \mathrm{e}^{\frac{z_{1-\frac{\alpha}{2}} \sqrt{\mathrm{var}(\hat{\sigma}_t)}}{\sigma_t}} \right]$ 和 $\left[\hat{b} \cdot \right.$

$\mathrm{e}^{-\frac{z_{1-\frac{\alpha}{2}} \sqrt{\mathrm{var}(\hat{b})}}{b}} < b < \hat{b} \cdot \mathrm{e}^{\frac{z_{1-\frac{\alpha}{2}} \sqrt{\mathrm{var}(\hat{b})}}{b}} \left. \right]$。

由于参数 a 可以为正，也可以为负，因此可以将其视为趋向于大样本量的正态分布。因此，

显著性水平为 α 时参数 a 的双侧置信区间为 $\left[\hat{a} - Z_{1-\frac{\alpha}{2}} \cdot \sqrt{\mathrm{var}(\hat{a})} < a < \hat{a} + Z_{1-\frac{\alpha}{2}} \cdot \sqrt{\mathrm{var}(\hat{a})} \right]$。

4.10.4 艾林寿命-应力模型

艾林寿命-应力模型是指数寿命-应力模型的一种特殊形式,通常在加速度变量本质上为热(如温度或相对湿度)时使用。艾林模型由下式给出:

$$L(T)=\frac{1}{T}e^{-\left(c-\frac{a}{T}\right)} \tag{4-54}$$

式中:a 和 c 为模型参数。值得注意的是,艾林模型在阿伦尼斯模型的基础上略有变化(通过项的重新排列),艾林模型的不同之处仅在于式(4-54)中新的项 $\frac{1}{T}$。重新排列式(4-54)并使其呈对数线性,则

$$\ln L(T)=\underbrace{-c}_{\text{截距}}+\underbrace{a}_{\text{斜率}}\cdot\underbrace{\left(\frac{1}{T}\right)}_{\text{自变量}}-\ln T \tag{4-55}$$

艾林模型的加速系数由下式给出:

$$\mathrm{AF}=\frac{L_{\text{使用}}}{L_{\text{加速}}}=\frac{\dfrac{1}{T_{\text{使用}}}e^{-\left(c-\frac{a}{T_{\text{使用}}}\right)}}{\dfrac{1}{T_{\text{加速}}}e^{-\left(c-\frac{a}{T_{\text{加速}}}\right)}}=\frac{T_{\text{加速}}}{T_{\text{使用}}}e^{a\left(\frac{1}{T_{\text{使用}}}-\frac{1}{T_{\text{加速}}}\right)} \tag{4-56}$$

4.10.5 艾林-威布尔模型

在威布尔分布描述各加速应力水平下的寿命分布情况下,确定艾林寿命-应力模型参数的方法概述如下。

首先,威布尔尺度参数 α(对应于 63.2% 消耗寿命)作为威布尔寿命模型的名义值,应使用艾林模型中的寿命因变量替换。由此,$\alpha=L(T)=\frac{1}{T}e^{-\left(c-\frac{a}{T}\right)}$。因此,条件寿命-应力模型为

$$f(t,T)=\beta\cdot T\cdot e^{\left(c-\frac{a}{T}\right)}\left[t\cdot T\cdot e^{\left(c-\frac{a}{T}\right)}\right]^{\beta-1}e^{-\left[t\cdot T\cdot e^{\left(c-\frac{a}{T}\right)}\right]^{\beta}} \tag{4-57}$$

平均寿命、可靠性和风险率关系的表达式分别为 $\mu=\frac{1}{T}e^{-\left(c-\frac{a}{T}\right)}\cdot\Gamma\left(\frac{1}{\beta}+1\right)$,$R(t,T)=e^{-\left[t\cdot T\cdot e^{\left(c-\frac{a}{T}\right)}\right]^{\beta}}$ 和 $\lambda(t,T)=\frac{f(t,T)}{R(t,T)}=\beta\cdot T\cdot e^{\left(c-\frac{a}{T}\right)}\left[t\cdot T\cdot e^{\left(c-\frac{a}{T}\right)}\right]^{\beta-1}$。

完全和右删失数据的艾林-威布尔对数似然函数为

$$\Lambda=\sum_{i=1}^{N_c}n_i\cdot\ln\left\{\beta T_i e^{\left(c-\frac{a}{T_i}\right)}\left[t_i T_i e^{\left(c-\frac{a}{T_i}\right)}\right]^{\beta-1}e^{-\left[t_i T_i\cdot e^{\left(c-\frac{a}{T_i}\right)}\right]^{\beta}}\right\}-\sum_{j=1}^{N_r}n_j\cdot\left[t_j T_j e^{\left(c-\frac{a}{T_j}\right)}\right]^{\beta} \tag{4-58}$$

注意,式(4-57)可以用于未分组的数据集,或者每组只有一个数据点的情况(即所有 i 和 j 的 n_i 和 n_j 都是统一的)。通过求解 β、a 和 c,使得 $\frac{\partial\Lambda}{\partial\beta}=0$、$\frac{\partial\Lambda}{\partial a}=0$、$\frac{\partial\Lambda}{\partial c}=0$,得到最大似然

估计解，即

$$\frac{\partial \Lambda}{\partial \beta} = \frac{1}{\beta}\sum_{i=1}^{N_c} n_i + \sum_{i=1}^{N_c} n_i \cdot \ln\left[t_i T_i \mathrm{e}^{\left(c-\frac{a}{T_i}\right)}\right] - \sum_{i=1}^{N_c} n_i \cdot \left[t_i T_i \mathrm{e}^{\left(c-\frac{a}{T_i}\right)}\right]^{\beta} \ln\left[t_i T_i \mathrm{e}^{\left(c-\frac{a}{T_i}\right)}\right] = 0$$

$$\frac{\partial \Lambda}{\partial a} = \beta \sum_{i=1}^{N_c} n_i - \beta \sum_{i=1}^{N_c} n_i \cdot \left[t_i T_i \mathrm{e}^{\left(c-\frac{a}{T_i}\right)}\right]^{\beta} - \beta \sum_{j=1}^{N_c} n_j \left[t_i T_i \mathrm{e}^{\left(c-\frac{a}{T_i}\right)}\right]^{\beta} = 0$$

$$\frac{\partial \Lambda}{\partial c} = \frac{1}{\beta}\sum_{i=1}^{N_c} n_i + \sum_{i=1}^{N_c} n_i \cdot \ln\left[t_i T_i \mathrm{e}^{\left(c-\frac{a}{T_i}\right)}\right] - \sum_{i=1}^{N_c} n_i \cdot \left[t_i T_i \mathrm{e}^{\left(c-\frac{a}{T_i}\right)}\right]^{\beta} \ln\left[t_i T_i \mathrm{e}^{\left(c-\frac{a}{T_i}\right)}\right] -$$

$$\sum_{i=1}^{j} n_j \left[t_i T_i \mathrm{e}^{\left(c-\frac{a}{T_i}\right)}\right]^{\beta} \ln\left[t_i T_i \mathrm{e}^{\left(c-\frac{a}{T_i}\right)}\right] = 0$$

$$(4-59)$$

根据式(4-59)，有三个方程来求解三个未知数，求解时通常需要使用数值工具。使用局部费雪信息矩阵的艾林-威布尔模型的置信区间为

$$\boldsymbol{F} = \begin{bmatrix} \mathrm{var}(\hat{\beta}) & \mathrm{cov}(\hat{\beta},\hat{a}) & \mathrm{cov}(\hat{\beta},\hat{c}) \\ \mathrm{cov}(\hat{a},\hat{\beta}) & \mathrm{var}(\hat{a}) & \mathrm{cov}(\hat{a},\hat{c}) \\ \mathrm{cov}(\hat{c},\hat{\beta}) & \mathrm{cov}(\hat{c},\hat{a}) & \mathrm{var}(\hat{c}) \end{bmatrix} = \begin{bmatrix} -\dfrac{\partial^2 \Lambda}{\partial \beta^2} & -\dfrac{\partial^2 \Lambda}{\partial \beta \partial a} & -\dfrac{\partial^2 \Lambda}{\partial \beta \partial c} \\ -\dfrac{\partial^2 \Lambda}{\partial a \partial \beta} & -\dfrac{\partial^2 \Lambda}{\partial a^2} & -\dfrac{\partial^2 \Lambda}{\partial a \partial c} \\ -\dfrac{\partial^2 \Lambda}{\partial c \partial \beta} & -\dfrac{\partial^2 \Lambda}{\partial c \partial a} & -\dfrac{\partial^2 \Lambda}{\partial c^2} \end{bmatrix}^{-1} \quad (4-60)$$

因此，若艾林-威布尔参数 β 为正，显著性水平为 α 时的双侧置信区间为 $\left[\hat{\beta} \cdot \mathrm{e}^{\frac{z_{1-\frac{\alpha}{2}}\sqrt{\mathrm{var}(\hat{\beta})}}{\hat{\beta}}} <\right.$

$\left. \beta < \hat{\beta} \cdot \mathrm{e}^{\frac{z_{1-\frac{\alpha}{2}}\sqrt{\mathrm{var}(\hat{\beta})}}{\hat{\beta}}}\right]$。

由于参数 a 和 c 可以为正，也可以为负，因而可以将其视为趋向于大样本量的正态分布。因此，显著性水平为 α 时参数 a 和 c 的双侧置信区间为 $\left[\hat{a} - Z_{1-\frac{\alpha}{2}}\sqrt{\mathrm{var}(\hat{a})} < a < \hat{a} + Z_{1+\frac{\alpha}{2}}\sqrt{\mathrm{var}(\hat{a})}\right]$ 和 $\left[\hat{c} - Z_{1-\frac{\alpha}{2}}\sqrt{\mathrm{var}(\hat{c})} < c < \hat{c} + Z_{1-\frac{\alpha}{2}}\sqrt{\mathrm{var}(\hat{c})}\right]$。

4.10.6　艾林对数正态模型

若对数正态分布描述各加速应力水平下的失效时间寿命分布，为了确定模型参数的最大似然估计，将对数正态分布的中值 μ_t 指定为基于艾林模型的寿命-应力名义值：

$$\mu = \mathrm{e}^{\mu_t} = \frac{1}{T}\mathrm{e}^{-\left(c-\frac{a}{T}\right)} \quad (4-61)$$

或为对数线性形式：

$$\mu_t = -\ln T - c + \frac{a}{T} \quad (4-62)$$

然后，可以将式(4-61)作为对数正态概率密度函数的中值参数代入，用对数正态模型获得条件艾林寿命-应力，寿命分布为

$$f(t,T) = \frac{1}{\sigma_t t \sqrt{2\pi}} e^{-\frac{1}{2}\left(\frac{\ln t + \ln T + c - \frac{a}{T}}{\sigma_t}\right)^2} \tag{4-63}$$

根据式(4-63)中的联合寿命-应力概率密度函数模型推导出的平均值和可靠性函数表达

式分别为 $\mu = e^{\mu_t + \frac{1}{2}\sigma_t^2} = e^{-\ln T - c + \frac{a}{T} + \frac{1}{2}\sigma_t^2}$ 和 $R(t,T) = \int_t^\infty f(t,T)\mathrm{d}t = \int_t^\infty \frac{1}{\sigma_t t \sqrt{2\pi}} e^{-\frac{1}{2}\left(\frac{\ln t + \ln T + c - \frac{a}{T}}{\sigma_t}\right)^2} \mathrm{d}t$。

对数正态可靠性函数没有封闭解,因此必须使用数值方法求解。此外,式(4-63)中概率密度函数的相关风险率为

$$\lambda(t,T) = \frac{f(t,T)}{R(t,T)} = \frac{\frac{1}{\sigma_t t \sqrt{2\pi}} e^{-\frac{1}{2}\left(\frac{\ln t + \ln T + c - \frac{a}{T}}{\sigma_t}\right)^2}}{\int_t^\infty \frac{1}{\sigma_t t \sqrt{2\pi}} e^{-\frac{1}{2}\left(\frac{\ln t + \ln T + c - \frac{a}{T}}{\sigma_t}\right)^2} \mathrm{d}t} \tag{4-64}$$

艾林-对数正态对数似然函数由式(4-23)的一般对数似然函数推导得出,如下式所示:

$$\ln L = \Lambda = \sum_{i=1}^{N_c} n_i \cdot \ln\left[\frac{1}{\sigma_t t_i} \varphi\left(\frac{\ln t_i + \ln T_i + c - \frac{a}{T_i}}{\sigma_t}\right)\right] +$$
$$\sum_{j=1}^{N_r} n_j \cdot \ln\left[1 - \Phi\left(\frac{\ln t_j + \ln T_j + c - \frac{a}{T_j}}{\sigma_t}\right)\right] \tag{4-65}$$

通过求解 σ_t、a 和 c,使得 $\frac{\partial \Lambda}{\partial \sigma_t} = 0$、$\frac{\partial \Lambda}{\partial a} = 0$、$\frac{\partial \Lambda}{\partial c} = 0$,得到最大似然估计解(估计参数 $\hat{\sigma}_t$、$\hat{a}$、$\hat{c}$)。关系式如下:

$$
\left.
\begin{aligned}
\frac{\partial \Lambda}{\partial \sigma_t} &= \sum_{i=1}^{N_c} n_i \left[\frac{\left(\ln t_i + \ln T_i + c - \frac{a}{T_i}\right)^2}{\sigma_t^3} - \frac{1}{\sigma_t}\right] + \\
&\frac{1}{\sigma_t}\sum_{j=1}^{r} n_j \cdot \frac{\left(\frac{\ln t_j + \ln T_j + c - \frac{a}{T_j}}{\sigma_t}\right) \cdot \varphi\left(\frac{\ln t_j + \ln T_j + c - \frac{a}{T_j}}{\sigma_t}\right)}{1 - \Phi\left(\frac{\ln t_j + \ln T_j + c - \frac{a}{T_j}}{\sigma_t}\right)} = 0 \\
\frac{\partial \Lambda}{\partial c} &= -\frac{1}{\sigma_t^2}\sum_{i=1}^{N_c} n_i \cdot \frac{1}{T_i}\left(\ln t_i + \ln T_i + c - \frac{a}{T_i}\right) - \\
&\frac{1}{\sigma_t}\sum_{j=1}^{N_r} n_j \cdot \frac{1}{T_j}\left[\frac{\phi\left(\frac{\ln t_j + \ln T_j + c - \frac{a}{T_j}}{\sigma_t}\right)}{1 - \Phi\left(\frac{\ln t_j + \ln T_j + c - \frac{a}{T_j}}{\sigma_t}\right)}\right] = 0
\end{aligned}
\right\} \tag{4-66}
$$

$$\frac{\partial \Lambda}{\partial a} = \frac{1}{\sigma_t^2} \sum_{i=1}^{N_c} n_i \left[\ln t_i + \ln T_i + c - \frac{a}{T_i} \right) + \right.$$

$$\left. \frac{1}{\sigma_t} \sum_{j=1}^{N_r} n_j \cdot \frac{1}{T_j} \left[\frac{\phi\left(\dfrac{\ln t_j + \ln T_j + c - \dfrac{a}{T_j}}{\sigma_t} \right)}{1 - \Phi\left(\dfrac{\ln t_j + \ln T_j + c - \dfrac{a}{T_j}}{\sigma_t} \right)} \right] \right\} = 0 \qquad (4-67)$$

根据式(4-67),有三个方程来求解三个未知数。求解这些方程组通常需要使用数值工具。对于阿伦尼斯正态分布模型,使用模型参数的最大似然估计值(此处为 $\hat{\sigma}_t$、$\hat{a}$、$\hat{c}$)评估局部费雪信息矩阵,由下式给出:

$$\boldsymbol{F} = \begin{bmatrix} \mathrm{var}(\hat{\sigma}_t) & \mathrm{cov}(\hat{\sigma}_t, \hat{a}) & \mathrm{cov}(\hat{\sigma}_t, \hat{c}) \\ \mathrm{cov}(\hat{a}, \hat{\sigma}_t) & \mathrm{var}(\hat{a}) & \mathrm{cov}(\hat{a}, \hat{c}) \\ \mathrm{cov}(\hat{c}, \hat{\sigma}_t) & \mathrm{cov}(\hat{c}, \hat{a}) & \mathrm{var}(\hat{c}) \end{bmatrix}$$

$$= \begin{bmatrix} -\dfrac{\partial^2 \Lambda}{\partial \sigma_t^2} & -\dfrac{\partial^2 \Lambda}{\partial \sigma_t \partial a} & -\dfrac{\partial^2 \Lambda}{\partial \sigma_t \partial c} \\ -\dfrac{\partial^2 \Lambda}{\partial a \partial \sigma_t} & -\dfrac{\partial^2 \Lambda}{\partial a^2} & -\dfrac{\partial^2 \Lambda}{\partial a \partial c} \\ -\dfrac{\partial^2 \Lambda}{\partial c \partial \sigma_t} & -\dfrac{\partial^2 \Lambda}{\partial c \partial a} & -\dfrac{\partial^2 \Lambda}{\partial c^2} \end{bmatrix}^{-1} \qquad (4-68)$$

若艾林-对数正态参数 σ_t 为正,显著性水平为 α 时的双侧置信区间为 $\left[\hat{\sigma}_t \cdot \mathrm{e}^{-\frac{Z_{1-\frac{\alpha}{2}}\sqrt{\mathrm{var}(\hat{\sigma}_t)}}{\hat{\sigma}_t}} < \right.$

$\sigma_t < \hat{\sigma}_t \cdot \mathrm{e}^{\frac{Z_{1-\frac{\alpha}{2}}\sqrt{\mathrm{var}(\hat{\sigma}_t)}}{\hat{\sigma}_t}} \bigg]$。由于参数 a 和 c 可以为正,也可以为负,故可以将其视为趋向于大样本量的正态分布。因此,显著性水平为 α 时参数 a 和 c 的双侧置信区间为 $\left[\hat{a} - Z_{1-\frac{\alpha}{2}} \cdot \right.$

$\sqrt{\mathrm{var}(\hat{a})} < a < \hat{a} + Z_{1-\frac{\alpha}{2}} \cdot \sqrt{\mathrm{var}(\hat{a})} \bigg]$ 和 $\left[\hat{c} - Z_{1-\frac{\alpha}{2}} \cdot \sqrt{\mathrm{var}(\hat{c})} < c < \hat{c} + Z_{1-\frac{\alpha}{2}} \cdot \sqrt{\mathrm{var}(\hat{c})} \right]$。

4.10.7　幂寿命-应力模型

幂寿命-应力模型是另一种常见的加速寿命模型,通常用于所施加应力本质上为非热(如疲劳)的应用。逆幂寿命-应力模型是最有效的形式,由下式给出:

$$L(S) = \frac{1}{aS^n} \qquad (4-69)$$

式中:$L(S)$ 为应力 S 下的寿命;a 和 n 为待加速寿命试验分析确定的模型参数。式(4-69)的对数线性形式为

$$\ln L(S) = \underbrace{-\ln a}_{\text{截距}} - \underbrace{n}_{\text{斜率}} \cdot \underbrace{\ln S}_{\text{自变量}} \qquad (4-70)$$

逆幂律模型的加速系数由下式给出：

$$AF = \frac{L_{使用}}{L_{加速}} = \frac{\dfrac{1}{KS_{使用}^n}}{\dfrac{1}{KS_{加速}^n}} = \left(\frac{S_{加速}}{S_{使用}}\right)^n \tag{4-71}$$

4.10.8 威布尔寿命幂寿命-应力模型

若以威布尔分布描述各加速应力水平下的寿命，可以选择威布尔尺度参数 α（对应于 63.2％寿命）作为服从威布尔寿命分布的幂寿命-应力中的名义寿命值。

$$\alpha = L(S) = \frac{1}{aS^n} \tag{4-72}$$

因此，表示失效时间的威布尔分布条件幂寿命-应力由下式给出：

$$f(t,S) = \frac{\beta t^{\beta-1}}{\left(\dfrac{1}{aS^n}\right)^\beta} e^{-\left(\frac{t}{\frac{1}{aS^n}}\right)^\beta} = \beta aS^n (aS^n t)^{\beta-1} e^{-(aS^n t)^\beta} \tag{4-73}$$

式(4-73)中模型推导出的平均值和可靠性指标的表达式分别为 $\mu = \dfrac{1}{aS^n}\Gamma\left(\dfrac{1}{\beta}+1\right)$ 和 $R(t,S) = e^{-(aS^n t)^\beta}$。注意，由上可知，如果参数 β 为正，那么可靠性随着应力的减小而增加，相应的风险率函数为

$$\lambda(t,S) = \frac{f(t,S)}{R(t,S)} = \beta aS^n (aS^n t)^{\beta-1}$$

完全和右删失数据的幂-威布尔对数似然函数为

$$\Lambda = \sum_{i=1}^{N_c} n_i \cdot \ln f(t_i, S_i; \beta, a, n) + \sum_{j=1}^{N_r} n_j \cdot \ln F(t_j, S_j; \beta, a, n) \tag{4-74}$$

当将可靠性函数 $R(t,S)$ 与式(4-73)相结合时，式(4-74)中的似然函数可以表示如下：

$$\Lambda = \sum_{i=1}^{N_c} n_i \cdot \ln\left[\beta aS_i^n (aS_i^n t_i)^{\beta-1} e^{-(aS_i^n t_i)^\beta}\right] - \sum_{j=1}^{N_r} n_j \cdot (aS_i^n t_i)^\beta \tag{4-75}$$

通过求解 β、a 和 n，使得 $\dfrac{\partial\Lambda}{\partial\beta}=0$、$\dfrac{\partial\Lambda}{\partial a}=0$、$\dfrac{\partial\Lambda}{\partial n}=0$，得到最大似然估计解（参数估计值 $\hat{\beta}$、$\hat{a}$、$\hat{n}$），其中：

$$\left.\begin{aligned}
\frac{\partial\Lambda}{\partial\beta} &= \frac{1}{\beta}\sum_{i=1}^{N_c} n_i + \sum_{i=1}^{N_c} n_i \ln(aS_i^n t_i) - \sum_{i=1}^{N_c} n_i (aS_i^n t_i)^\beta \ln(aS_i^n t_i) - \\
&\quad \sum_{j=1}^{N_c} n_j (aS_i^n t_i)^\beta \ln(aS_i^n t_i) = 0 \\
\frac{\partial\Lambda}{\partial a} &= \frac{\beta}{a}\sum_{i=1}^{N_c} n_i - \frac{\beta}{a}\sum_{i=1}^{N_c} n_i (aS_i^n t_i)^\beta - \frac{\beta}{a}\sum_{j=1}^{N_r} n_j (aS_j^n t_j)^\beta = 0 \\
\frac{\partial\Lambda}{\partial n} &= \beta\sum_{i=1}^{N_c} n_i \ln(S_i) - \beta\sum_{i=1}^{N_c} n_i \cdot \ln(S_i)(aS_i^n t_i)^\beta - \beta\sum_{j=1}^{N_r} n_j \cdot \ln(S_j)(aS_j^n t_j)^\beta = 0
\end{aligned}\right\} \tag{4-76}$$

根据式(4-76),有三个方程来求解三个未知数。

对于幂-威布尔模型,使用模型参数的最大似然估计值(此处为 $\hat{\beta}$、$\hat{a}$、$\hat{n}$)评估局部费雪信息矩阵,由下式给出:

$$\boldsymbol{F} = \begin{bmatrix} \operatorname{var}(\hat{\beta}) & \operatorname{cov}(\hat{\beta},\hat{a}) & \operatorname{cov}(\hat{\beta},\hat{n}) \\ \operatorname{cov}(\hat{a},\hat{\beta}) & \operatorname{var}(\hat{a}) & \operatorname{cov}(\hat{a},\hat{n}) \\ \operatorname{cov}(\hat{n},\hat{\beta}) & \operatorname{cov}(\hat{n},\hat{a}) & \operatorname{var}(\hat{n}) \end{bmatrix} = \begin{bmatrix} -\dfrac{\partial^2 \Lambda}{\partial \beta^2} & -\dfrac{\partial^2 \Lambda}{\partial \beta \partial a} & -\dfrac{\partial^2 \Lambda}{\partial \beta \partial n} \\ -\dfrac{\partial^2 \Lambda}{\partial a \partial \beta} & -\dfrac{\partial^2 \Lambda}{\partial a^2} & -\dfrac{\partial^2 \Lambda}{\partial a \partial n} \\ -\dfrac{\partial^2 \Lambda}{\partial n \partial \beta} & -\dfrac{\partial^2 \Lambda}{\partial n \partial a} & -\dfrac{\partial^2 \Lambda}{\partial n^2} \end{bmatrix}^{-1} \tag{4-77}$$

若幂-威布尔参数 β 和 a 为正,显著性水平为 α 时的双侧置信区间分别为 $\left[\hat{\beta} \cdot e^{\frac{z_{\frac{\alpha}{2}} \cdot v}{\hat{\beta}}} < \beta < \hat{\beta} \cdot e^{-\frac{z_{\frac{\alpha}{2}} \cdot \sqrt{\operatorname{var}(\hat{\beta})}}{\hat{\beta}}} \right]$ 和 $\left[\hat{a} \cdot e^{-\frac{z_{1-\frac{\alpha}{2}} \cdot \sqrt{\operatorname{var}(\hat{a})}}{\hat{a}}} < a < \hat{a} \cdot e^{\frac{z_{1-\frac{\alpha}{2}} \cdot \sqrt{\operatorname{var}(\hat{a})}}{\hat{a}}} \right]$。由于参数 n 可以为正,也可以为负,因此显著性水平为 α 时的双侧置信区间为 $\left[\hat{n} - Z_{1-\frac{\alpha}{2}} \cdot \sqrt{\operatorname{var}(\hat{n})} < n < \hat{n} + Z_{1-\frac{\alpha}{2}} \cdot \sqrt{\operatorname{var}(\hat{n})} \right]$。

4.10.9　对数正态幂寿命-应力模型

将在使用对数正态分布描述各加速应力水平下的寿命分布情况下,对数正态分布的中值 μ 用作幂寿命-应力模型中寿命的名义值,计算如下:

$$\mu = e^{\mu_t} = L(S) = \frac{1}{a S^n} \tag{4-78}$$

式(4-77)的对数线性形式为

$$\mu_t = -\ln a - n \ln S \tag{4-79}$$

通过将式(4-79)作为对数正态概率密度函数的中值代入,按下式得到条件幂对数正态给定应力:

$$f(t,S) = \frac{1}{\sigma_t t \sqrt{2\pi}} e^{-\frac{1}{2}\left(\frac{\ln t + \ln a + n \ln S}{\sigma_t}\right)^2} \tag{4-80}$$

根据式(4-80)得到的平均寿命和可靠性函数的表达式分别为 $\mu = e^{\mu_t + \frac{1}{2}\sigma_t^2} = e^{-\ln a - n \ln S + \frac{1}{2}\sigma_t^2}$ 和 $R(t,S) = \int_t^\infty f(t,S)\mathrm{d}t = \int_t^\infty \frac{1}{\sigma_t t \sqrt{2\pi}} e^{-\frac{1}{2}\left(\frac{\ln t + \ln a + n \ln S}{\sigma_t}\right)^2} \mathrm{d}t$。幂对数正态可靠性函数没有封闭解,因此必须使用数值方法求解。式(4-80)中幂对数正态分布模型的风险率为

$$\lambda(t,S) = \frac{f(t,S)}{R(t,S)} = \frac{\dfrac{1}{\sigma_t t \sqrt{2\pi}} e^{-\frac{1}{2}\left(\frac{\ln t + \ln a + n \ln S}{\sigma_t}\right)^2}}{\displaystyle\int_t^\infty \dfrac{1}{\sigma_t t \sqrt{2\pi}} e^{-\frac{1}{2}\left(\frac{\ln t + \ln a + n \ln S}{\sigma_t}\right)^2} \mathrm{d}t} \tag{4-81}$$

基于式(4-80)的幂对数正态对数似然函数由式(4-23)中对数正态分布的一般对数似然函数推导得出,如下式所示:

$$\Lambda = \sum_{i=1}^{N_c} n_i \cdot \ln\left[\frac{1}{\sigma_t t_i}\varphi\left(\frac{\ln t_i + \ln a + n\ln S_i}{\sigma_t}\right)\right] + \sum_{j=1}^{N_r} n_j \cdot \ln\left[1 - \Phi\left(\frac{\ln t_i + \ln a + n\ln S_i}{\sigma_t}\right)\right] \quad (4-82)$$

通过求解 σ_t、a 和 n，使得 $\frac{\partial\Lambda}{\partial\sigma_t}=0$、$\frac{\partial\Lambda}{\partial a}=0$、$\frac{\partial\Lambda}{\partial n}=0$，得到最大似然估计解（参数估计值 $\hat{\sigma}_t$、$\hat{a}$、$\hat{n}$），其中：

$$\left.\begin{aligned}
\frac{\partial\Lambda}{\partial\sigma_t} &= \sum_{i=1}^{N_c} n_i\left[\frac{(\ln t_i + \ln a + n\ln S_i)^2}{\sigma_t^3} - \frac{1}{\sigma_t}\right] + \\
&\quad \frac{1}{\sigma_t}\sum_{j=1}^{N_r} N_j \cdot \frac{\left(\dfrac{\ln t_i + \ln a + n\ln S_i}{\sigma_t}\right)\cdot\varphi\left(\dfrac{\ln t_i + \ln a + n\ln S_i}{\sigma_t}\right)}{1 - \Phi\left(\dfrac{\ln t_i + \ln a + n\ln S_i}{\sigma_t}\right)} = 0 \\[2mm]
\frac{\partial\Lambda}{\partial n} &= -\frac{1}{\sigma_t^2}\sum_{i=1}^{N_c} n_i \cdot \ln S_i(\ln t_i + \ln a + n\ln S_i) - \\
&\quad \frac{1}{\sigma_t^2}\sum_{j=1}^{N_r} n_j \cdot \ln S_i\left[\frac{\varphi\left(\dfrac{\ln t_i + \ln a + n\ln s_i}{\sigma_t}\right)}{1 - \Phi\left(\dfrac{\ln t_i + \ln a + n\ln S_i}{\sigma_t}\right)}\right] = 0 \\[2mm]
\frac{\partial\Lambda}{\partial a} &= -\frac{1}{a\cdot\sigma_t^2}\sum_{i=1}^{N_c} n_i(\ln t_i + \ln a + n\ln S_i) - \\
&\quad \frac{1}{a\cdot\sigma_t}\sum_{j=1}^{N_r} n_j \cdot\left[\frac{\varphi\left(\dfrac{\ln t_i + \ln a + n\ln S_i}{\sigma_t}\right)}{1 - \Phi\left(\dfrac{\ln t_i + \ln a + n\ln S_i}{\sigma_t}\right)}\right] = 0
\end{aligned}\right\} \quad (4-83)$$

综上所述，有三个方程来求解三个未知数。使用模型参数的最大似然估计值（此处为 $\hat{\sigma}_t$、$\hat{a}$、$\hat{n}$）评估局部费雪信息矩阵，由下式给出：

$$\boldsymbol{F} = \begin{bmatrix} \text{var}(\hat{\sigma}_t) & \text{cov}(\hat{\sigma}_t,\hat{a}) & \text{cov}(\hat{\sigma}_t,\hat{n}) \\ \text{cov}(\hat{a},\hat{\sigma}_t) & \text{var}(\hat{a}) & \text{cov}(\hat{a},\hat{n}) \\ \text{cov}(\hat{n},\hat{\sigma}_t) & \text{cov}(\hat{n},\hat{a}) & \text{var}(\hat{n}) \end{bmatrix} = \begin{bmatrix} -\dfrac{\partial^2\Lambda}{\partial\sigma_t^2} & -\dfrac{\partial^2\Lambda}{\partial\sigma_t\partial a} & -\dfrac{\partial^2\Lambda}{\partial\sigma_t\partial n} \\[2mm] -\dfrac{\partial^2\Lambda}{\partial a\partial\sigma_t} & -\dfrac{\partial^2\Lambda}{\partial a^2} & -\dfrac{\partial^2\Lambda}{\partial a\partial n} \\[2mm] -\dfrac{\partial^2\Lambda}{\partial n\partial\sigma_t} & -\dfrac{\partial^2\Lambda}{\partial n\partial a} & -\dfrac{\partial^2\Lambda}{\partial n^2} \end{bmatrix}^{-1} \quad (4-84)$$

若逆幂律对数正态参数 σ_t 和 a 为正，显著性水平为 α 时的双侧置信区间为 $\left[\hat{\sigma}_t \cdot \mathrm{e}^{-\frac{z_{1-\frac{\alpha}{2}}\sqrt{\text{var}(\hat{\sigma}_t)}}{\hat{\sigma}_t}} < \sigma_t < \hat{\sigma}_t \cdot \mathrm{e}^{\frac{z_{1-\frac{\alpha}{2}}\sqrt{\text{var}(\hat{\sigma}_t)}}{\hat{\sigma}_t}}\right]$ 和 $\left[\hat{a}\mathrm{e}^{-\frac{z_{1-\frac{\alpha}{2}}\sqrt{\text{var}(\hat{a})}}{\hat{a}}} < a < \hat{a}\mathrm{e}^{\frac{z_{1-\frac{\alpha}{2}}\sqrt{\text{var}(\hat{a})}}{\hat{a}}}\right]$。由于参数 n 可以为正，也可以为负，因此显著性水平为 α 时这个参数的双侧置信区间为 $\left[\hat{n} - Z_{1-\frac{\alpha}{2}}\cdot\sqrt{\text{var}(\hat{n})} < n < \hat{n} + Z_{1+\frac{\alpha}{2}}\cdot\sqrt{\text{var}(\hat{n})}\right]$。

[例 4.8]　在两个不同的应力值(400 MPa 和 450 MPa)水平下对 2024 - T3 铝结构进行了低周疲劳试验,直至失效,得到了表 4.7 的数据。假设呈对数正态-逆幂律关系,估计 300 MPa 时的失效周期数。

表 4.7　试验数据

应力范围/MPa		
	400	450
失效周期	16	8
	18	9
	20	9
	21	10
	24	11
	27	13
	29	14

求解:

采用式(4 - 81),通过最大似然估计法计算参数,$\hat{a} = 2.288 \times 10^{-18}$,$\hat{n} = 6.266$,$\hat{\sigma}_t = 0.195$。由此,根据对数正态分布的期望表达式计算 300 MPa 时寿命-应力对数正态模型的平均寿命:

$$t = \exp\left(-\ln a - n\ln S + \frac{1}{2}\sigma_t^2\right) = 134.2 \text{ 个周期}$$

[例 4.9]　轴颈轴承的失效时间服从对数正态分布。加速寿命试验发现,第一次对轴承施加 750 N 的径向力进行试验,轴承的中值寿命为 2 000 h,第二次将径向力增加到 800 N 进行试验,中值寿命缩短到了 1 500 h。正常工况下,径向力为 400 N 时,轴承的预期中值寿命是多少?

求解:

这些试验中,轴承上的径向力为加速变量。径向力越大,对润滑膜的压力越大,对表面施加的法向应力也越大。摩擦力还与施加在轴承上的法向载荷呈线性关系。$\tau_{最大}$ 为配合面附近的最大剪切应力,根据 $\tau_{\max} = k_e \sqrt{\left(\dfrac{\sigma_n}{2}\right)^2 + \tau_f^2}$ 估算得出。式中:$\tau_{最大}$ = 最大剪切应力;k_e = 应力集中系数;σ_n = 表面上的法向应力;τ_f = 摩擦产生的剪切应力;f = 摩擦因数。由于法向应力 σ_n 是轴承径向力的线性函数,因此在使用幂寿命-应力模型时,$\tau_{最大}$ 为了施加径向力的线性函数,可得

$$\frac{t_1}{t_2} = \frac{\left(\dfrac{a}{\tau_{最大1}^n}\right)}{\left(\dfrac{a}{\tau_{最大2}^n}\right)} = \left(\frac{800}{750}\right)^n \rightarrow n = 4.46$$

$$\frac{t_{使用}}{t_2} = \frac{T_{使用}}{1\,500} = \frac{\left(\dfrac{a}{\tau_{使用}^n}\right)}{\left(\dfrac{a}{\tau_{最大2}^n}\right)} = \left(\frac{800}{400}\right)^{4.46} \rightarrow T_{使用} = 33\,013 \text{ h}$$

[例 4.10] 由含铬和钼的钢合金制成的圆柱形储罐会因腐蚀疲劳机理而退化。根据表 4.8 的数据，估计 30 ksi·in$^{1/2}$ 应力强度下的平均裂纹扩展速率，其中假设符合对数正态–逆幂律关系。

表 4.8 试验数据

$\Delta K/(\text{ksi}\cdot\text{in}^{1/2})$	40	50	60	70
$da/dN/(\text{in}\cdot\text{周期}^{-1})$	4.0×10^{-3}	8.1×10^{-3}	9.0×10^{-3}	9.8×10^{-3}

求解：

裂纹扩展性能通常采用 Paris 方程 $\dfrac{da}{dN}=C(\Delta K)^{m}$ 建模，式中，$a=$裂纹长度，$N=$周期数，$\Delta K=$应力强度系数范围，C、$m=$材料相关参数。材料的抗裂纹扩展性可以用裂纹扩展速率的逆 $\dfrac{1}{da/dN}=\dfrac{1}{C(\Delta K)^{m}}$ 表示。然后设 $\dfrac{1}{da/dN}=R(S)$，式中，S 表示应力强度系数，$R(S)$ 表示抗裂性。由于抗裂性与寿命成比例关系[即 $R(S)\propto L(S)$，其中 $L(S)$ 为储罐在应力 S 下的寿命]，因此有 $L(S)=\dfrac{1}{C(\Delta K)^{m}}$。假设腐蚀疲劳机理下产品的寿命分布服从对数正态寿命分布，逆幂律描述寿命–应力模型，则式（4-79）为适用模型。此外，由式（4-81）可得到相关参数的最大似然估计解。由式（4-81）可得，$C=1.496\times10^{-5}$，$m=1.554$，$\sigma_{t}=0.819$。

然后，根据对数正态分布的期望表达式计算 30 ksi·in$^{1/2}$ 应力强度下逆幂律对数正态模型的平均寿命：

$$\bar{a}'=\exp\left(-\ln C-m\ln\Delta K+\frac{1}{2}\sigma_{a'}^{2}\right)=473.4\ \text{个周期/in，或}\ 2.11\times10^{-3}\ \text{in/周期}$$

4.9.10 双应力指数寿命–应力模型

双应力指数寿命–应力模型用于涉及两个独立应力条件的寿命–应力情况，每个条件都会加速退化并缩短寿命。当将温度和湿度视为应力因子时，可将此模型视为电子学中所用艾林模型的一种变化形式。当温度或湿度单独作为加速变量时，可以使用艾林模型。但是，若这两个变量分别影响寿命，则可使用下式给出的双应力指数寿命–应力模型：

$$L(T,H)=c\,\mathrm{e}^{\frac{a}{T}+\frac{b}{H}} \tag{4-85}$$

式中：a、b、c 为待定模型参数；H 为一个应力因子，如相对湿度（以%表示）；T 为第二个应力，如温度（以绝对单位°K表示）。式（4-85）的对数线性形式为

$$\ln L(T,H)=\ln c+\frac{a}{T}+\frac{b}{H} \tag{4-86}$$

注意，由于此模型涉及两类不同的加速变量，因此，若保持一个应力不变而改变另一个应力，只能生成线性寿命–应力图。根据保持不变的应力，参数 a 或 b 可以作为线性图的斜率。还要注意，使用加速寿命试验的双应力指数模型时，需要慎重选择试验过程中使用应力水平。双应力寿命–应力模型的加速系数由下式给出：

$$\text{AF} = \frac{L_{\text{使用}}}{L_{\text{加速}}} = \frac{c\,e^{\frac{a}{T_{\text{使用}}} + \frac{b}{H_{\text{使用}}}}}{c\,e^{\frac{a}{T_{\text{加速}}} + \frac{b}{H_{\text{加速}}}}} = e^{a\left(\frac{1}{T_{\text{使用}}} - \frac{1}{T_{\text{加速}}}\right) + b\left(\frac{1}{H_{\text{使用}}} - \frac{1}{H_{\text{加速}}}\right)} \tag{4-87}$$

4.10.11　威布尔寿命分布的双应力指数寿命-应力模型

若威布尔概率密度函数模型描述各加速应力水平下的寿命分布,威布尔尺度参数 α 可用作双应力指数寿命-应力对数线性模型中的名义寿命值,如下式所示:

$$f(t,T,H) = \frac{\beta}{c} \cdot e^{-\left(\frac{a}{T} + \frac{b}{H}\right)} \left[\frac{t}{c} \cdot e^{-\left(\frac{a}{T} + \frac{b}{H}\right)}\right]^{\beta-1} e^{-\left[\frac{t}{c} \cdot e^{-\left(\frac{a}{T} + \frac{b}{H}\right)}\right]^{\beta}} \tag{4-88}$$

式(4-87)所对应平均寿命和可靠性的表达式为 $\mu = c\,e^{\left(\frac{a}{T} + \frac{b}{H}\right)} \cdot \Gamma\left(\frac{1}{\beta}+1\right)$ 和 $R(t;T,$

$H) = e^{-\left[\frac{t}{c} \cdot e^{-\left(\frac{a}{T} + \frac{b}{H}\right)}\right]^{\beta}}$。

此外,风险率为 $\lambda(t;T,H) = \dfrac{f(t,T,H)}{R(t;T,H)} = \dfrac{\beta}{c} \cdot e^{-\left(\frac{a}{T} + \frac{b}{H}\right)} \left[\dfrac{t}{c} \cdot e^{-\left(\frac{a}{T} + \frac{b}{H}\right)}\right]^{\beta-1}$。

完全和右删失数据的对数似然函数由一般对数似然函数推导得出,如下式所示:

$$\ln L = \Lambda = \sum_{i=1}^{N_c} n_i \cdot \ln f(t_i, T_i, H_i; a, b, c) + \sum_{j=1}^{N_r} n_j \cdot \ln F(t_j, T_j, H_j; a, b, c) \tag{4-89}$$

因此,根据

$$\Lambda = \sum_{i=1}^{N_c} n_i \cdot \ln\left\{\frac{\beta}{c} \cdot e^{-\left(\frac{a}{T_i} + \frac{b}{H_i}\right)} \left[\frac{t_i}{c} \cdot e^{-\left(\frac{a}{T_i} + \frac{b}{H_i}\right)}\right]^{\beta-1} e^{-\left[\frac{t_i}{c}e^{-\left(\frac{a}{T_i} + \frac{b}{H_i}\right)}\right]^{\beta}}\right\} -$$

$$\sum_{j=1}^{N_r} n_j \cdot \left[\frac{t_j}{c} \cdot e^{-\left(\frac{a}{T_j} + \frac{b}{H_j}\right)}\right]^{\beta} \tag{4-90}$$

通过求解 $\dfrac{\partial \Lambda}{\partial \beta} = 0$、$\dfrac{\partial \Lambda}{\partial a} = 0$、$\dfrac{\partial \Lambda}{\partial b} = 0$ 和 $\dfrac{\partial \Lambda}{\partial c} = 0$,得到估计值 $\hat{\beta}$、$\hat{a}$、$\hat{b}$、$\hat{c}$ 的最大似然估计解。

使用模型参数的最大似然估计值(此处为 $\hat{\beta}$、$\hat{a}$、$\hat{b}$、$\hat{c}$)评估局部费雪信息矩阵,由下式给出:

$$\boldsymbol{F} = \begin{bmatrix} \text{var}(\hat{\sigma}_t) & \text{cov}(\hat{\sigma}_t, \hat{c}) & \text{cov}(\hat{\sigma}_t, \hat{a}) & \text{cov}(\hat{\sigma}_t, \hat{b}) \\ \text{cov}(\hat{c}, \hat{\sigma}_t) & \text{var}(\hat{c}) & \text{cov}(\hat{c}, \hat{a}) & \text{cov}(\hat{c}, \hat{b}) \\ \text{cov}(\hat{a}, \hat{\sigma}_t) & \text{cov}(\hat{a}, \hat{c}) & \text{var}(\hat{a}) & \text{cov}(\hat{a}, \hat{b}) \\ \text{cov}(\hat{b}, \hat{\sigma}_t) & \text{cov}(\hat{b}, \hat{c}) & \text{cov}(\hat{b}, \hat{a}) & \text{var}(\hat{b}) \end{bmatrix}$$

$$= \begin{bmatrix} -\dfrac{\partial^2 \Lambda}{\partial \sigma_t^2} & -\dfrac{\partial^2 \Lambda}{\partial \sigma_t \partial c} & -\dfrac{\partial^2 \Lambda}{\partial \sigma_t \partial a} & -\dfrac{\partial^2 \Lambda}{\partial \sigma_t \partial b} \\ -\dfrac{\partial^2 \Lambda}{\partial c \partial \sigma_t} & -\dfrac{\partial^2 \Lambda}{\partial c^2} & -\dfrac{\partial^2 \Lambda}{\partial c \partial a} & -\dfrac{\partial^2 \Lambda}{\partial c \partial b} \\ -\dfrac{\partial^2 \Lambda}{\partial a \partial \sigma_t} & -\dfrac{\partial^2 \Lambda}{\partial a \partial c} & -\dfrac{\partial^2 \Lambda}{\partial a^2} & -\dfrac{\partial^2 \Lambda}{\partial a \partial b} \\ -\dfrac{\partial^2 \Lambda}{\partial b \partial \sigma_t} & -\dfrac{\partial^2 \Lambda}{\partial b \partial c} & -\dfrac{\partial^2 \Lambda}{\partial b \partial a} & -\dfrac{\partial^2 \Lambda}{\partial b^2} \end{bmatrix}^{-1} \tag{4-91}$$

若模型参数 β 和 c 为正,显著性水平为 α 时的双侧置信区间为 $\left[\hat{\beta} \cdot \mathrm{e}^{-\frac{z_{1-\frac{\alpha}{2}}\sqrt{\mathrm{var}(\hat{\beta}_t)}}{\hat{\beta}_t}} < \beta < \hat{\beta} \cdot\right.$

$\left.\mathrm{e}^{\frac{z_{1-\frac{\alpha}{2}}\sqrt{\mathrm{var}(\hat{\beta})}}{\hat{\beta}}}\right]$ 和 $\left[\hat{c} \cdot \mathrm{e}^{-\frac{z_{1-\frac{\alpha}{2}}\sqrt{\mathrm{var}(\hat{c})}}{\hat{c}}} < c < \hat{c} \cdot \mathrm{e}^{\frac{z_{1-\frac{\alpha}{2}}\sqrt{\mathrm{var}(\hat{c})}}{\hat{c}}}\right]$。

由于参数 b 和 a 可以为正,也可以为负,因而显著性水平为 α 时的双侧置信区间为 $\left[\hat{b} - Z_{1-\frac{\alpha}{2}} \cdot \sqrt{\mathrm{var}(\hat{b})} < b < \hat{b} + Z_{1-\frac{\alpha}{2}} \cdot \sqrt{\mathrm{var}(\hat{b})}\right)$ 和 $\left[\hat{a} - Z_{1-\frac{\alpha}{2}} \cdot \sqrt{\mathrm{var}(\hat{a})} < a < \hat{a} + Z_{1-\frac{\alpha}{2}} \cdot \sqrt{\mathrm{var}(\hat{a})}\right]$。

4.10.12 对数正态寿命分布的双应力指数寿命-应力模型

若对数正态分布描述各加速应力水平下的寿命分布,则对数正态分布的中值 μ 用作双应力指数寿命-应力模型中的名义值,计算如下:

$$\mu = \mathrm{e}^{\mu_t} = c\,\mathrm{e}^{\frac{a}{T}+\frac{b}{H}} \tag{4-92}$$

式(4-92)的对数线性形式为

$$\mu_t = \ln c + \frac{a}{T} + \frac{b}{H} \tag{4-93}$$

由此可知,对数正态条件双应力指数寿命-应力分布模型如下:

$$f(t,T,H) = \frac{1}{\sigma_t t \sqrt{2\pi}} \mathrm{e}^{-\frac{1}{2}\left(\frac{\ln t - \ln c - \frac{a}{T} - \frac{b}{H}}{\sigma_t}\right)^2} \tag{4-94}$$

根据式(4-94)得到的平均寿命和可靠性函数分别为 $\mu = \mathrm{e}^{\mu_t + \frac{1}{2}\sigma_t^2} = \mathrm{e}^{\ln c + \frac{a}{T} + \frac{b}{H} + \frac{1}{2}\sigma_t^2}$ 和 $R(t,$

$T,H) = \int_t^\infty f(t,T,H)\mathrm{d}t = \int_t^\infty \frac{1}{\sigma_t t \sqrt{2\pi}} \mathrm{e}^{-\frac{1}{2}\left(\frac{\ln t - \ln c - \frac{a}{T} - \frac{b}{H}}{\sigma_t}\right)^2} \mathrm{d}t$。对数正态可靠性函数没有封闭解,

因此必须使用数值方法或者标准正态表求解。式(4-94)的相应风险率函数为

$$\lambda(t,T,H) = \frac{f(t,T,H)}{R(t,T,H)} = \frac{\dfrac{1}{\sigma_t t \sqrt{2\pi}} \mathrm{e}^{-\frac{1}{2}\left(\frac{\ln t - \ln c - \frac{a}{T} - \frac{b}{H}}{\sigma_t}\right)^2}}{\displaystyle\int_t^\infty \frac{1}{\sigma_t t \sqrt{2\pi}} \mathrm{e}^{-\frac{1}{2}\left(\frac{\ln t - \ln c - \frac{a}{T} - \frac{b}{H}}{\sigma_t}\right)^2} \mathrm{d}t}$$

对于完全和右删失数据,用于估计式(4-94)中概率密度函数参数的对数似然函数为

$$\Lambda = \sum_{i=1}^{N_c} n_i \cdot \ln\left[\frac{1}{\sigma_t t_i}\varphi\left(\frac{\ln t_i - \ln c - \dfrac{a}{T_i} - \dfrac{b}{H_i}}{\sigma_t}\right)\right] +$$
$$\sum_{j=1}^{N_r} n_j \cdot \ln\left[1 - \Phi\left(\frac{\ln t_j - \ln c - \dfrac{a}{T_j} - \dfrac{b}{H_j}}{\sigma_t}\right)\right] \tag{4-95}$$

根据 $\dfrac{\partial \Lambda}{\partial \sigma_t} = 0$、$\dfrac{\partial \Lambda}{\partial a} = 0$、$\dfrac{\partial \Lambda}{\partial b} = 0$ 和 $\dfrac{\partial \Lambda}{\partial c} = 0$,得到最大似然估计解,估计参数 σ_t、a、b 和 c。使

用模型参数的最大似然估计值(此处为 $\hat{\sigma}_t$,$\hat{a}$,$\hat{b}$,$\hat{c}$)评估局部费雪信息矩阵,估计相应置信区间,由下式给出:

$$
\boldsymbol{F} = \begin{bmatrix}
\text{var}(\hat{\sigma}_t) & \text{cov}(\hat{\sigma}_t,\hat{c}) & \text{cov}(\hat{\sigma}_t,\hat{a}) & \text{cov}(\hat{\sigma}_t,\hat{b}) \\
\text{cov}(\hat{c},\hat{\sigma}_t) & \text{var}(\hat{c}) & \text{cov}(\hat{c},\hat{a}) & \text{cov}(\hat{c},\hat{b}) \\
\text{cov}(\hat{a},\hat{\sigma}_t) & \text{cov}(\hat{a},\hat{c}) & \text{var}(\hat{a}) & \text{cov}(\hat{a},\hat{b}) \\
\text{cov}(\hat{b},\hat{\sigma}_t) & \text{cov}(\hat{b},\hat{c}) & \text{cov}(\hat{b},\hat{a}) & \text{var}(\hat{b})
\end{bmatrix}
$$

$$
= \begin{bmatrix}
-\dfrac{\partial^2 \Lambda}{\partial \sigma_t^2} & -\dfrac{\partial^2 \Lambda}{\partial \sigma_t \partial c} & -\dfrac{\partial^2 \Lambda}{\partial \sigma_t \partial a} & -\dfrac{\partial^2 \Lambda}{\partial \sigma_t \partial b} \\
-\dfrac{\partial^2 \Lambda}{\partial c \partial \sigma_t} & -\dfrac{\partial^2 \Lambda}{\partial c^2} & -\dfrac{\partial^2 \Lambda}{\partial c \partial a} & -\dfrac{\partial^2 \Lambda}{\partial c \partial b} \\
-\dfrac{\partial^2 \Lambda}{\partial a \partial \sigma_t} & -\dfrac{\partial^2 \Lambda}{\partial a \partial c} & -\dfrac{\partial^2 \Lambda}{\partial a^2} & -\dfrac{\partial^2 \Lambda}{\partial a \partial b} \\
-\dfrac{\partial^2 \Lambda}{\partial b \partial \sigma_t} & -\dfrac{\partial^2 \Lambda}{\partial b \partial c} & -\dfrac{\partial^2 \Lambda}{\partial b \partial a} & -\dfrac{\partial^2 \Lambda}{\partial b^2}
\end{bmatrix}^{-1}
\tag{4-96}
$$

若热-湿度对数正态模型参数 σ_t 和 c 为正,显著性水平为 α 时的双侧置信区间为 $\left[\hat{\sigma}_t \cdot \right.$

$\left. \mathrm{e}^{-\dfrac{z_{1-\frac{\alpha}{2}}\sqrt{\text{var}(\hat{\sigma}_t)}}{\hat{\sigma}_t}} < \sigma_t < \hat{\sigma}_t \cdot \mathrm{e}^{\dfrac{z_{1-\frac{\alpha}{2}}\sqrt{\text{var}(\hat{\sigma}_t)}}{\hat{\sigma}_t}}\right]$ 和 $\left[\hat{c} \cdot \mathrm{e}^{-\dfrac{z_{1-\frac{\alpha}{2}}\sqrt{\text{var}(\hat{c})}}{\hat{c}}} < c < \hat{c} \cdot \mathrm{e}^{\dfrac{z_{1-\frac{\alpha}{2}}\sqrt{\text{var}(\hat{c})}}{\hat{c}}}\right]$。由于参数

a 和 b 可以为正,也可以为负,因此显著性水平为 α 时 a 和 b 的双侧置信区间为 $\left[\hat{a} - Z_{1-\frac{\alpha}{2}} \cdot \right.$

$\left. \sqrt{\text{var}(\hat{a})} < a < \hat{a} + Z_{1-\frac{\alpha}{2}} \cdot \sqrt{\text{var}(\hat{a})}\right]$ 和 $\left[\hat{b} - Z_{1-\frac{\alpha}{2}} \cdot \sqrt{\text{var}(\hat{b})} < b < \hat{b} + Z_{1-\frac{\alpha}{2}} \cdot \sqrt{\text{var}(\hat{b})}\right]$。

4.10.13　幂指数寿命-应力模型

当在加速寿命试验中使用温度(或湿度)加速变量与第二非热应力(如机械或电压)加速变量的组合时,使用幂指数寿命-应力模型。幂指数模型由下式给出:

$$
L(T,S) = cS^{-n}\mathrm{e}^{\frac{a}{T}}
\tag{4-97}
$$

式中:S 为非热应力;T 为热应力(T 以绝对单位 $^\circ$K 或相对湿度表示);a、c 和 n 为待定模型参数。模型对数线性形式为

$$
\ln L(T,S) = \ln c - n\ln S + \frac{a}{T}
\tag{4-98}
$$

注意,由于此模型涉及两类不同的独立应力(加速因子),因此,只能通过保持一个应力不变而改变另一个应力来生成线性寿命-应力图。根据保持不变的应力,参数 a 或 n 可以作为线性图的斜率。若保持非热应力不变,关系式变为 $\ln L(T,S) = \underbrace{(\ln c - n\ln S)}_{\text{截距}} + \underbrace{a}_{\text{斜率}} \cdot \underbrace{\left(\dfrac{1}{T}\right)}_{\text{自变量}}$;

若保持热应力不变,关系式变为 $\ln L(T,S) = \underbrace{\left(\ln c + \dfrac{a}{T}\right)}_{\text{截距}} - \underbrace{n}_{\text{斜率}} \cdot \underbrace{\ln S}_{\text{自变量}}$。

根据式(4-97),幂指数寿命-应力模型的加速系数由下式给出：

$$AF = \left(\frac{S_{加速}}{S_{使用}}\right)^n e^{a\left(\frac{1}{T_{使用}} - \frac{1}{T_{加速}}\right)} \quad (4-99)$$

4.10.14 幂指数寿命-应力模型威布尔寿命分布

若威布尔分布描述幂指数模型的寿命分布,则威布尔尺度参数 α 将作为名义值,即

$$\alpha = L(T,S) = cS^{-n} e^{\frac{a}{T}} \quad (4-100)$$

由此可知,联合寿命-应力威布尔分布模型为

$$f(t,T,S) = \frac{\beta S^n e^{-\frac{a}{T}}}{c} \cdot \left(\frac{t \cdot S^n e^{-\frac{a}{T}}}{c}\right)^{\beta-1} e^{-\left(\frac{t \cdot S^n e^{-\frac{a}{T}}}{c}\right)^\beta} \quad (4-101)$$

式(4-101)中概率密度函数的平均寿命和可靠性函数的相应表达式分别为 $\mu = \dfrac{c}{s^n e^{-\frac{a}{T}}} \cdot$

$\Gamma\left(\dfrac{1}{\beta}+1\right)$ 和 $R(t,T,S) = e^{-\left(\frac{t \cdot S^n e^{-\frac{a}{T}}}{c}\right)^\beta}$。式(4-100)的相应风险率为 $\lambda(t,T,S) =$

$\dfrac{f(t,T,S)}{R(t,T,S)} = \dfrac{\beta S^n e^{-\frac{a}{T}}}{c}\left(\dfrac{t \cdot S^n e^{-\frac{a}{T}}}{c}\right)^{\beta-1}$。威布尔寿命分布的幂指数具有对数形式似然函数：

$$\Lambda = \sum_{i=1}^{N_c} n_i \cdot \ln\left[\frac{\beta S_i^n e^{-\frac{a}{T_i}}}{a} \cdot \left(\frac{S_i^n e^{-\frac{a}{T_i}}}{a} t_i\right)^{\beta-1} e^{-\left(\frac{S_i^n e^{-\frac{a}{T_i}}}{c} t_i\right)^\beta}\right] - \sum_{j=1}^{N_r} N_j \cdot \left(\frac{S_j^n e^{-\frac{a}{T_j}}}{c} t_j\right) \quad (4-102)$$

通过求最大似然估计解,得到估计值 $\hat{\beta}$、$\hat{a}$、$\hat{c}$ 和 $\hat{n}$,使得 $\dfrac{\partial \Lambda}{\partial \beta} = 0$、$\dfrac{\partial \Lambda}{\partial a} = 0$、$\dfrac{\partial \Lambda}{\partial b} = 0$ 且 $\dfrac{\partial \Lambda}{\partial n} = 0$。

使用模型参数的最大似然估计值(此处为 $\hat{\beta}$、$\hat{a}$、$\hat{c}$、$\hat{n}$)评估局部费雪信息矩阵,得到模型参数的置信区间,由下式给出：

$$\boldsymbol{F} = \begin{bmatrix} \mathrm{var}(\hat{\beta}) & \mathrm{cov}(\hat{\beta},\hat{a}) & \mathrm{cov}(\hat{\beta},\hat{c}) & \mathrm{cov}(\hat{\beta},\hat{n}) \\ \mathrm{cov}(\hat{a},\hat{\beta}) & \mathrm{var}(\hat{a}) & \mathrm{cov}(\hat{a},\hat{c}) & \mathrm{cov}(\hat{a},\hat{n}) \\ \mathrm{cov}(\hat{c},\hat{\beta}) & \mathrm{cov}(\hat{c},\hat{a}) & \mathrm{cov}(\hat{c}) & \mathrm{cov}(\hat{c},\hat{n}) \\ \mathrm{cov}(\hat{n},\hat{\beta}) & \mathrm{cov}(\hat{n},\hat{a}) & \mathrm{cov}(\hat{n},\hat{c}) & \mathrm{cov}(\hat{n}) \end{bmatrix}$$

$$= \begin{bmatrix} -\dfrac{\partial^2 \Lambda}{\partial \beta^2} & -\dfrac{\partial^2 \Lambda}{\partial \beta \partial a} & -\dfrac{\partial^2 \Lambda}{\partial \beta \partial c} & -\dfrac{\partial^2 \Lambda}{\partial \beta \partial n} \\ -\dfrac{\partial^2 \Lambda}{\partial a \partial \beta} & -\dfrac{\partial^2 \Lambda}{\partial a^2} & -\dfrac{\partial^2 \Lambda}{\partial a \partial c} & -\dfrac{\partial^2 \Lambda}{\partial a \partial n} \\ -\dfrac{\partial^2 \Lambda}{\partial c \partial \beta} & -\dfrac{\partial^2 \Lambda}{\partial c \partial a} & -\dfrac{\partial^2 \Lambda}{\partial c^2} & -\dfrac{\partial^2 \Lambda}{\partial c \partial n} \\ -\dfrac{\partial^2 \Lambda}{\partial n \partial \beta} & -\dfrac{\partial^2 \Lambda}{\partial n \partial a} & -\dfrac{\partial^2 \Lambda}{\partial n \partial c} & -\dfrac{\partial^2 \Lambda}{\partial n^2} \end{bmatrix}^{-1} \quad (4-103)$$

若热-非热威布尔参数 β 和 c 为正,显著性水平为 α 时的双侧置信区间为 $\left[\hat{\beta} \cdot\right.$

$$\mathrm{e}^{-\frac{z_{1-\frac{\alpha}{2}}\sqrt{\mathrm{var}(\hat\beta_t)}}{\hat\beta}}<\beta<\hat\beta\cdot\mathrm{e}^{\frac{z_{1-\frac{\alpha}{2}}\sqrt{\mathrm{var}(\hat\beta)}}{\hat\beta}}\Big]\,和\Big[\hat c\cdot\mathrm{e}^{-\frac{z_{1-\frac{\alpha}{2}}\sqrt{\mathrm{var}(\hat c)}}{\hat c}}<c<\hat c\cdot\mathrm{e}^{\frac{z_{1-\frac{\alpha}{2}}\sqrt{\mathrm{var}(\hat c)}}{\hat c}}\Big]。$$

由于参数 a 和 n 可以为正,也可以为负,因此显著性水平为 α 时 a 和 n 的双侧置信区间为 $\Big[\hat a-Z_{1-\frac{\alpha}{2}}\cdot\sqrt{\mathrm{var}(\hat a)}<a<\hat a+Z_{1-\frac{\alpha}{2}}\cdot\sqrt{\mathrm{var}(\hat a)}\Big]$ 和 $\Big[\hat n-Z_{1-\frac{\alpha}{2}}\cdot\sqrt{\mathrm{var}(\hat n)}<n<\hat n+Z_{1-\frac{\alpha}{2}}\cdot\sqrt{\mathrm{var}(\hat n)}\Big]$。

4.10.15　幂指数寿命-应力模型对数正态寿命分布

若对数正态分布通过将对数正态分布的中值 μ 指定为名义值来描述幂指数寿命-应力模型的寿命分布,则可以得到以下表达式:

$$\mu=\mathrm{e}^{\mu_t}=cS^{-n}\mathrm{e}^{\frac{a}{T}} \tag{4-104}$$

式(4-104)的等效对数线性形式为

$$\mu_t=\ln c-n\ln S+\frac{a}{T} \tag{4-105}$$

然后,可以将式(4-105)作为尺度参数 μ_t 代入对数正态概率密度函数中,得到如下幂指数对数正态寿命分布:

$$f(t,T,S)=\frac{1}{\sigma_t t\sqrt{2\pi}}\mathrm{e}^{-\frac{1}{2}\left(\frac{\ln t-\ln c+n\ln S-\frac{a}{T}}{\sigma_t}\right)^2} \tag{4-106}$$

相关平均寿命和可靠性函数的表达式分别为 $\mu=\mathrm{e}^{\mu_t+\frac{1}{2}\sigma_t^2}=\mathrm{e}^{\ln c-n\ln S+\frac{a}{T}+\frac{1}{2}\sigma_t^2}$ 和 $R(t,T,S)=\int_t^\infty f(t,T,S)\mathrm{d}t=\int_t^\infty\frac{1}{\sigma_t t\sqrt{2\pi}}\mathrm{e}^{-\frac{1}{2}\left(\frac{\ln t-\ln c+n\ln S-\frac{a}{T}}{\sigma_t}\right)^2}\mathrm{d}t$。对数正态可靠性函数没有解析解,因此必须使用数值方法求解。相应的危险率为 $\lambda(t,T,S)=\dfrac{f(t,T,S)}{R(t,T,S)}=\dfrac{\frac{1}{\sigma_t t\sqrt{2\pi}}\mathrm{e}^{-\frac{1}{2}\left(\frac{\ln t-\ln c+n\ln S-\frac{a}{T}}{\sigma_t}\right)^2}}{\int_t^\infty\frac{1}{\sigma_t t\sqrt{2\pi}}\mathrm{e}^{-\frac{1}{2}\left(\frac{\ln t-\ln c+n\ln S-\frac{a}{T}}{\sigma_t}\right)^2}\mathrm{d}t}$。

假设数据为完全数据和右删失数据,幂指数对数正态寿命分布具有下式中的对数似然函数。

$$\Lambda=\sum_{i=1}^{N_c}n_i\cdot\ln\left[\frac{1}{\sigma_t t_i}\phi\left(\frac{\ln t_i-\ln c+n\ln S_i-\frac{a}{T_i}}{\sigma_t}\right)\right]+$$
$$\sum_{j=1}^{N_r}n_j\cdot\ln\left[1-\phi\left(\frac{\ln t_j-\ln c+n\ln S_j-\frac{a}{T_j}}{\sigma_t}\right)\right] \tag{4-107}$$

通过求解 σ_t、a、c 和 n,使得 $\frac{\partial\Lambda}{\partial\sigma_t}=0$、$\frac{\partial\Lambda}{\partial a}=0$、$\frac{\partial\Lambda}{\partial c}=0$ 且 $\frac{\partial\Lambda}{\partial n}=0$,得到最大似然估计解(参数估计值 $\hat\sigma_t$、$\hat a$、$\hat c$、$\hat n$)。使用模型参数的最大似然估计值(此处为 $\hat\sigma_t$、$\hat a$、$\hat c$、$\hat n$)评估对数正态寿

命幂指数寿命-应力模型的相应费雪信息矩阵,由下式给出:

$$\boldsymbol{F} = \begin{bmatrix} \mathrm{var}(\hat{\sigma}_t) & \mathrm{cov}(\hat{\sigma}_t,\hat{a}) & \mathrm{cov}(\hat{\sigma}_t,\hat{c}) & \mathrm{cov}(\hat{\sigma}_t,\hat{n}) \\ \mathrm{cov}(\hat{a},\hat{\sigma}_t) & \mathrm{var}(\hat{a}) & \mathrm{cov}(\hat{a},\hat{c}) & \mathrm{cov}(\hat{a},\hat{n}) \\ \mathrm{cov}(\hat{c},\hat{\sigma}_t) & \mathrm{cov}(\hat{c},\hat{a}) & \mathrm{cov}(\hat{c}) & \mathrm{cov}(\hat{c},\hat{n}) \\ \mathrm{cov}(\hat{n},\hat{\sigma}_t) & \mathrm{cov}(\hat{n},\hat{a}) & \mathrm{cov}(\hat{n},\hat{c}) & \mathrm{cov}(\hat{n}) \end{bmatrix}$$

$$= \begin{bmatrix} -\dfrac{\partial^2 \Lambda}{\partial \sigma_t^2} & -\dfrac{\partial^2 \Lambda}{\partial \sigma_t \partial a} & -\dfrac{\partial^2 \Lambda}{\partial \sigma_t \partial c} & -\dfrac{\partial^2 \Lambda}{\partial \sigma_t \partial n} \\ -\dfrac{\partial^2 \Lambda}{\partial a \partial \sigma_t} & -\dfrac{\partial^2 \Lambda}{\partial a^2} & -\dfrac{\partial^2 \Lambda}{\partial a \partial c} & -\dfrac{\partial^2 \Lambda}{\partial a \partial n} \\ -\dfrac{\partial^2 \Lambda}{\partial c \partial \sigma_t} & -\dfrac{\partial^2 \Lambda}{\partial c \partial a} & -\dfrac{\partial^2 \Lambda}{\partial c^2} & -\dfrac{\partial^2 \Lambda}{\partial c \partial n} \\ -\dfrac{\partial^2 \Lambda}{\partial n \partial \sigma_t} & -\dfrac{\partial^2 \Lambda}{\partial n \partial a} & -\dfrac{\partial^2 \Lambda}{\partial n \partial c} & -\dfrac{\partial^2 \Lambda}{\partial n^2} \end{bmatrix}^{-1} \tag{4-108}$$

若参数 σ_t 和 c 为正,显著性水平为 α 时的双侧置信区间为 $\left[\hat{\sigma}_t \cdot e^{-\frac{z_{1-\frac{\alpha}{2}}\sqrt{\mathrm{var}(\hat{\sigma}_t)}}{\hat{\sigma}_t}} < \sigma_t < \hat{\sigma}_t \cdot e^{\frac{z_{1-\frac{\alpha}{2}}\sqrt{\mathrm{var}(\hat{\sigma}_t)}}{\hat{\sigma}_t}}\right]$ 和 $\left[\hat{c} \cdot e^{-\frac{z_{1-\frac{\alpha}{2}}\sqrt{\mathrm{var}(\hat{c})}}{\hat{c}}} < c < \hat{c} \cdot e^{\frac{z_{1-\frac{\alpha}{2}}\sqrt{\mathrm{var}(\hat{c})}}{\hat{c}}}\right]$。由于参数 a 和 n 可以为正,也可以为负,因此显著性水平为 α 时的双侧置信区间为 $\left[\hat{a} - Z_{1-\frac{\alpha}{2}} \cdot \sqrt{\mathrm{var}(\hat{a})} < a < \hat{a} + Z_{1-\frac{\alpha}{2}} \cdot \sqrt{\mathrm{var}(\hat{a})}\right]$ 和 $\left[\hat{n} - Z_{1-\frac{\alpha}{2}} \cdot \sqrt{\mathrm{var}(\hat{n})} < n < \hat{n} + Z_{1-\frac{\alpha}{2}} \cdot \sqrt{\mathrm{var}(\hat{n})}\right]$。

[例4.11] 考虑进行连续加速寿命试验的12个电子设备,其结果(完全失效数据)见表4.9。假设将温度和电压确定为加速变量,并且支持使用服从对数正态寿命分布的幂指数模型,请确定模型参数及相关90%双侧置信区间。热-非热示例的加速寿命试验数据如图4.14所示。

表4.9 加速寿命试验数据

时间/h	温度/°K	电压/V
620	348	3
632	348	3
658	348	3
822	348	3
380	348	5
416	348	5
460	348	5
596	348	5

续表

时间/h	温度/°K	电压/V
216	378	3
246	378	3
332	378	3
400	378	3

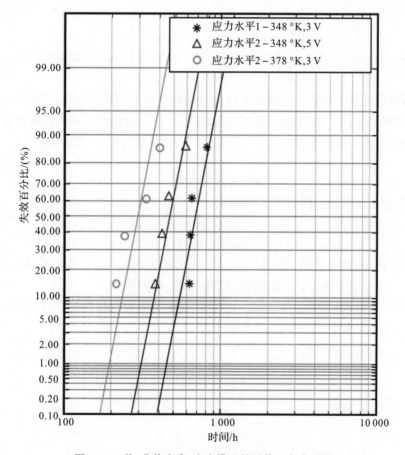

图 4.14　热-非热寿命-应力模型的对数正态多重图

求解：

使用上文中的最大似然估计方程,我得到了参数估计值 $\hat{\sigma}_t = 0.183$、$\hat{c} = 0.035$、$\hat{a} = 3\,729.65$、$\hat{n} = 0.777$,以及以下 90% 置信界限：

$$\begin{cases} 0.140 < \sigma_t < 0.237 \\ 0.005\,5 < c < 0.227\,0 \\ 3\,004 < a < 4\,455 \\ 0.453 < n < 1.101 \end{cases}$$

4.11　比例风险模型

4.10 节讨论的寿命-应力模型为单应力或双应力模型,其中一些属于比例风险(PH)模型。在加速试验情况下,比例风险模型在材料、部件或系统寿命建模方面通常非常有用。许多常用的寿命-应力模型都属于此类,包括阿伦尼斯模型、逆幂律(IPL)模型、温湿度模型、广义艾林模型等。

如果设 S 为代表药物应力的协变量,且 $h(t)$ 为风险率,那么衡量应力对预期寿命影响的公式表示如下:

$$h(t;\gamma|S;\theta)=h_0(t;\gamma)g(S;\theta) \tag{4-109}$$

式中: θ 为参数; $g(S,\theta)$ 为修改函数。该模型易于扩展到多个应力和参数,如下式所示:

$$h(t;\gamma|S;\theta)=h_0(t;\gamma)g(S;\theta) \tag{4-110}$$

修改函数可以是不同独立模型的组合,如指数模型、逆幂律模型等。式(4-97)就是这种组合模型的一个例子。因变应力也可以通过 4.13 节所讨论的比例风险模型进行建模。

修改函数的常用线性形式包括应力行向量 (S) 和系数列向量 (θ) 的乘积,或

$$g(S;\theta)=\mathrm{e}^{\sum_{i=1}^{n}\theta_i S_i} \tag{4-111}$$

因此,完整的比例风险模型可写为

$$h(t;\gamma|S;\theta)=h_0(t;\gamma)\mathrm{e}^{\sum_{i=1}^{n}\theta_i S_i} \tag{4-112}$$

需要注意的是,协变量 (S_i) 的值可以是原始数据本身或一些有用的转换形式(对数、倒数等)。式(4-85)即为倒数形式的双应力指数寿命-应力模型。

假设已知(或假设)在恒定(但任意)协变量向量 S 下运行的特定部件的失效时间服从威布尔分布,形状参数为 β,特征寿命为 α。

威布尔分布的风险函数为

$$h_{威布尔}=\frac{\beta}{\alpha^\beta}t^{\beta-1} \tag{4-113}$$

可以作为基线风险率,有

$$h(t;\alpha_0,\beta|S;\theta)=\frac{\beta}{\alpha_0^\beta}t^{\beta-1}\mathrm{e}^{\sum_{j=1}^{m}\theta_j S_j} \tag{4-114}$$

值得注意的是,该模型与 4.10.11 节所讨论服从威布尔寿命分布的双应力指数寿命-应力模型不同。

假设 $S_0=1$ 且 $\theta_0=-\beta\ln\alpha_0$,则

$$h(t|S;\theta)=\beta t^{\beta-1}\mathrm{e}^{(-\beta\ln\alpha_0)(1)}\mathrm{e}^{\sum_{j=1}^{m}\theta_j S_j}=\beta t^{\beta-1}\mathrm{e}^{\sum_{j=0}^{m}\theta_j S_j} \tag{4-115}$$

比例风险威布尔模型的可靠性函数为

$$R(t|S;\theta)=\exp(-t^\beta\mathrm{e}^{\sum_{j=0}^{m}\theta_j S_j}) \tag{4-116}$$

比例风险威布尔分布的概率密度函数为

$$f(t\,|\,S\,;\theta) = \beta t^{\beta-1}\exp\Big(\sum_{j=0}^{m}\theta_j S_j - t^{\beta}\mathrm{e}^{\sum_{j=0}^{m}\theta_j S_j}\Big) \tag{4-117}$$

通过得到准确已知失效和暂停时间时的对数似然函数,

$$\Lambda = \sum_{i=1}^{n_f}\ln\Big[\beta t_i^{\beta-1}\exp\Big(\sum_{j=0}^{m}\theta_j S_{i,j} - t_i^{\beta}\mathrm{e}^{\sum_{j=0}^{m}\theta_j S_{i,j}}\Big)\Big] - \sum_{i=1}^{n_s}t_i^{\beta}\mathrm{e}^{\sum_{j=0}^{m}\theta_j S_{i,j}} \tag{4-118}$$

式中:n_f 和 n_s 为失效和暂停次数;t_i 为第 i 次失效或搁置的时间。与非参数情况一样,取式 (4-118) 对每个参数 $(\beta,\alpha_0,\cdots,\alpha_m)$ 的偏导数,设为 0,然后同时求解方程组,得到参数的最大似然估计。

[**例 4.12**]　具有两个连续协变量的参数比例风险威布尔模型如下:

部件可靠性可能受到其工作环境温度和相对湿度影响时,五个样品在三个温湿度 (T, H) 组合条件下工作,直至失效。应力水平和失效时间见表 4.10。

表 4.10　应力水平和失效时间

温度/°K		相对湿度/(%)		失效时间/h
T	$1/T$	RH	$1/RH$	
393	2.54×10^{-3}	0.60	1.68	102, 115, 151, 196, 210
353	2.83×10^{-3}	0.85	1.18	184, 193, 244, 265, 281
353	2.83×10^{-3}	0.60	1.67	298, 311, 337, 347, 405

使用温度和湿度的倒数作为协变量 x_1 和 x_2 分析数据,可以得到最大似然参数估计值:

$$\begin{cases} \hat{\beta}=6.17 \\ \hat{\theta}_0=11.05 \\ \hat{\theta}_1=-14\ 474 \\ \hat{\theta}_2=-4.38 \end{cases}$$

假设部件的实际预期使用条件为 20 ℃(293 K,或 $1/T=3.41\times10^{-3}$)、40% 相对湿度 (RH=0.40,或 $1/RH=2.5$),则使用条件下的威布尔参数为 $\beta=6.17$,且

$$\eta = \Big(\exp\sum_{j=0}^{m}\theta_j S_j\Big)^{-1/\beta} = 2\ 952\ \mathrm{h}$$

如果部件的任务时间为 1 500 h,那么估计任务可靠性为

$$R(1\ 500\ \mathrm{h})=0.98$$

4.12　加速寿命试验模型参数的贝叶斯估计法

加速寿命试验数据分析的贝叶斯估计法与最大似然估计法密切相关。不过,若采用贝叶斯法,加速寿命试验数据可以与加速寿命试验参数概率分布形式的"先验"信息相结合,得到参数的后验分布。然后将后验分布用于量化关于参数和参数函数的不确定性特征(平均

值、概率界限)。因此,这种方法的底层理念是,在给定参数及其先验分布的情况下,基于观测数据的似然性,使用贝叶斯定理得到相关参数的后验分布。图4.15为这种方法的示意图(莫达雷斯等人,2017)。

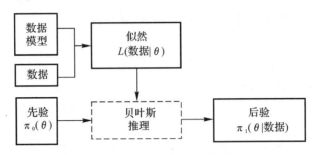

图4.15 加速寿命试验模型参数的贝叶斯估计法示意图

根据贝叶斯定理,相关参数 θ 向量的后验分布数学表达式如下:

$$\underbrace{\pi_1(\theta\mid 数据)}_{后验} = \frac{\overbrace{l(数据\mid\theta)}^{似然}\overbrace{\pi_0(\theta)}^{先验}}{\underbrace{\int l(数据\mid\theta)\pi_0(\theta)\mathrm{d}\theta}_{归一化因子}} \tag{4-119}$$

得到后验分布 $\pi_1(\theta\mid 数据)$ 后,可以根据参数 θ 得出某个可靠性指标 M 的估计值。这个指标可能可靠性、失效时间概率密度函数或风险率,由下式给出的后验预测分布得出

$$M(x\mid 数据) = \int_{\forall\theta} M(x\mid\theta)\pi_1(\theta\mid 数据)\mathrm{d}\theta \tag{4-120}$$

注意,根据后验分布 $\pi_1(\theta\mid 数据)$ 得到的每个 θ 值对应于表示相关指标 $M(x\mid\theta)$ 的特定模型项,并且该特定项为正确值的概率取决于 θ 为模型参数正确值[根据 $\pi_1(\theta\mid 数据)$ 获得]的概率。因此,在推理 $M(x\mid 数据)$ 时,需要考虑整个分布 $\pi_1(\theta\mid 数据)$。

最大似然估计等估计法可以得到参数的点和区间估计,而不是贝叶斯估计法得到的概率分布。通过将点估计代入表示相关指标 $M(x\mid\theta)$ 的函数中,可以很容易地将其用于贝叶斯估计法。但是,贝叶斯估计会得到一系列可能的参数值及其对应的概率密度函数。例如,若为威布尔分布,且参数的适用向量为 $\theta=\{\alpha,\beta\}$,则可将最大似然估计的 $\hat{\alpha}$ 和 $\hat{\beta}$ 用于威布尔函数,得到估计的威布尔分布。

[例4.13] 估计二项分布(例如,表示为试验中发现缺陷对象)参数 θ 的平均值和90%双侧概率区间。假设用 $0\sim0.1$ 之间的均匀分布作为先验分布描述参数 θ,二项似然函数为 $l(数据\mid\theta) = C_5^{227}\theta^5(1-\theta)^{222}$,其中 C 为组合项。似然函数表示观测数据,如涉及五个缺陷单元的227次检查。

求解:

先验分布可写为

$$\pi_0(\theta)\sim 均匀(0,0.1) = \frac{1}{(0.1-0)} = 10$$

由此可知,式(4-118)分母的归一化因子由 $\int_0^{0.1} C_5^{227}\theta^5(1-\theta)^{222}\cdot 10\mathrm{d}\theta = 10C_5^{227}\cdot$

$\{9.128 \times 10^{-13}\}$ 给出，根据式（4-119），θ 的后验为

$$f(\theta | 数据) = \frac{10 C_5^{222} \cdot \theta^5 (1-\theta)^{222}}{10 C_5^{222} \cdot \{9.128 \times 10^{-13}\}} = \frac{\theta^5 (1-\theta)^{222}}{9.128 \times 10^{-13}}$$

θ 的平均值为

$$\hat{\theta} = \int_0^{0.1} \theta \cdot f(\theta | 数据) \mathrm{d}\theta = \int_0^{0.1} \frac{\theta^6 (1-\theta)^{222}}{9.128 \times 10^{-13}} \mathrm{d}\theta = 0.026\ 2$$

同理，可以通过 $\int_0^{\theta_{0.05}} f(\theta | 数据) \mathrm{d}\theta = 0.05$ 和 $\int_0^{\theta_{0.95}} f(\theta | 数据) \mathrm{d}\theta = 0.95$ 得到 θ 的 90% 概率界限。由此可得，90% 双侧概率界限为 $0.011\ 5 < \theta < 0.045\ 6$。

4.12.1　贝叶斯估计的先验信息

贝叶斯估计中使用的先验分布有效地捕获了我们收集数据之前相关参数的所有已知信息。先验信息一般有两种来源：一是主观意见（如专家意见），二是相关历史数据。模型参数的先验知识可以按以下任一方式获得：

(1)退化先验——绝对已知的参数。

(2)无信息先验——完全或大部分未知的参数。此类先验通常表示为在一个值范围内近似均匀分布，适用于可用于描述相关参数的信息相对较少或非常有限的情况。

(3)有信息非退化先验——介于上述两类之间。有信息先验适用于在收集数据之前获得了一定的模型参数相关信息的情况。例如，这些信息可能来自试验部件的相似部件相关历史数据、以前的试验结果或计算分析。

进行加速寿命试验数据分析时，使用先验信息的最重要动机是将其与收集的试验数据相结合，从而更准确地估计寿命-应力和失效时间模型。标量参数适当先验分布的一些例子包括具有平均值 a 和标准差 b 的正态先验分布，使得 $f(\beta) = \frac{1}{b} \phi_{\mathrm{nor}} \left(\frac{\beta - a}{b} \right) (-\infty < \beta < \infty)$，以及 $a \sim b$ 之间的均匀先验分布，使得 $f(\beta) = \frac{1}{b-a} (a < \beta < b)$。这种先验分布并不表示对给定范围内的特定 β 值有所偏好，因而在很大程度上属于有信息先验。其他先验分布为参数只能在 $0 \sim 1$ 之间变化的 β 分布，以及底数（范围）在 $a \sim b$ 之间的等腰三角形先验分布。参数 β 为正时，指定 $\ln\beta$ 的先验概率密度函数通常更方便。

4.12.2　贝叶斯估计加速寿命试验数据分析实例

部件在高应力下进行疲劳试验，将此作为主要失效机理，并采用标准疲劳试验研究部件材料的疲劳属性。此外，还通过高应力下工作部件的加速寿命试验获得了一些数据。表 4.11 列出了这些数据。

表 4.11　材料疲劳试验数据（先前数据）和部件加速寿命试验数据

材料实验室疲劳试验		部件加速寿命试验	
应力振幅/ksi	失效周期	应力振幅/ksi	失效周期

续 表

材料实验室疲劳试验		部件加速寿命试验	
78.90	45 000	59.6	2 900 000
74.02	240 000	58.7	1 400 000
68.16	800 000	56.2	9 000 000
63.27	1 500 000	57.2	>10 000 000
62.05	2 700 000	55.3	>10 000 000
59.61	7 800 000	45.1	>10 000 000
59.61	10 000 000		
58.63	>26 000 000		
57.65	>12 000 000		
57.41	>22 000 000		

假设逆幂寿命-应力模型与对数正态寿命分布一起适用,则在表达模型参数的贝叶斯推理法中,需要使用实际加速寿命试验数据以及加速寿命试验模型参数的可用知识和信息的适当先验分布,用于确定适当似然。假设幂寿命-应力模型具有式(4-80)描述的对数正态寿命模型,则假设非组数据的似然函数为

$$l(数据 \mid K, n, \sigma_t) = \prod_{i=1}^{N_c} \left[\frac{1}{\sigma_t t_i} \varphi \left(\frac{\ln t_i + \ln K + n \ln S_i}{\sigma_t} \right) \right] \times$$

$$\prod_{j=1}^{N_r} \left[1 - \Phi \left(\frac{\ln t_j + \ln K + n \ln S_j}{\sigma_t} \right) \right] \quad (4-121)$$

然后确定先验分布。根据给定的材料实验室数据,得出该寿命-应力模型的最大似然估计值(见表4.12)。

表 4.12　最大似然估计值

参 数	5.00%	平均值	95.00%
K	3.39×10^{-48}	1.61×10^{-42}	7.59×10^{-37}
n	16.45	19.58	22.71
σ_t	0.28	0.49	0.84

综上所述,如果假设 $\ln a$ 服从均匀分布,n 和 σ 服从对数正态分布,使其百分数与所估计的最大似然估计上下限相匹配,并进一步假设该上下限作为模型参数上下界的置信度为90%,那么参数的适当先验如下:

对于 K,有

$$\ln K \sim 均匀(-109.3, -83.16)$$

对于 n，有

$$a_n = \lg \sqrt{n_{(5\%)} \times n_{(95\%)}} = 2.96$$

$$b_n = \frac{\lg \sqrt{n_{(5\%)} / n_{(95\%)}}}{Z_{(95\%)}} = 0.098$$
$\biggr\} \rightarrow n \sim 对数正态(2.96, 0.098)$

对于 σ，有

$$a_{\sigma_t} = \lg \left[\sqrt{\sigma_{(5\%)} \times \sigma_{(95\%)}} \right] = -0.72$$

$$b_{\sigma_t} = \frac{\lg \left[\sqrt{\sigma_{(5\%)} / \sigma_{(95\%)}} \right]}{Z_{(95\%)}} = \frac{\dfrac{\lg 0.84 - \lg 0.24}{2}}{1.645} = 0.38$$
$\Biggr\} \rightarrow \sigma_t \sim 对数正态(-0.72, 0.38)$

给定上述模型参数先验分布，并假设参数独立，可以构建参数的联合先验分布如下：

$$\pi_0(K, n, \sigma_t) = \frac{g(K) \cdot h(n) \cdot i(\sigma_t)}{\iiint g(K) \cdot h(n) \cdot i(\sigma_t) \mathrm{d}K \, \mathrm{d}n \, \mathrm{d}\sigma_t} \tag{4-122}$$

最后，应用贝叶斯定理，参数的联合后验分布为

$$\pi_1(K, n, \sigma_t | 数据) = \frac{l(数据 | K, n, \sigma_t) \cdot \pi_0(K, n, \sigma_t)}{\iiint l(数据 | K, n, \sigma_t) \cdot \pi_0(K, n, \sigma_t) \mathrm{d}K \, \mathrm{d}n \, \mathrm{d}\sigma_t} \tag{4-123}$$

如上所示，联合后验分布通常需要大量计算，尤其是在共轭分布不适用的情况下。这些后验通常采用先进数值模拟进行计算。例如，通过使用 WinBUGS 下开发的马尔可夫链蒙特卡·罗模拟，可以得到如图 4.16 所示的结果。

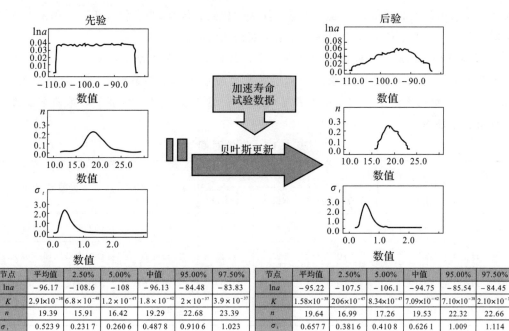

节点	平均值	2.50%	5.00%	中值	95.00%	97.50%
$\ln a$	−96.17	−108.6	−108	−96.13	−84.48	−83.83
K	2.91×10^{-38}	6.8×10^{-48}	1.2×10^{-47}	1.8×10^{-42}	2×10^{-37}	3.9×10^{-37}
n	19.39	15.91	16.42	19.29	22.68	23.39
σ_t	0.523 9	0.231 7	0.260 6	0.487 8	0.910 6	1.023

节点	平均值	2.50%	5.00%	中值	95.00%	97.50%
$\ln a$	−95.22	−107.5	−106.1	−94.75	−85.54	−84.45
K	1.58×10^{-38}	206×10^{-47}	8.34×10^{-47}	7.09×10^{-42}	7.10×10^{-38}	2.10×10^{-37}
n	19.64	16.99	17.26	19.53	22.32	22.66
σ_t	0.657 7	0.381 6	0.410 8	0.626 1	1.009	1.114

图 4.16　参数的边际后验分布

根据关于后验预测分布的讨论,可以得到与模型参数无关的加速寿命函数[如 $f(t,S)$]的联合概率密度函数的后验预测分布如下:

$$f(t,S|\text{数据})=\iiint\limits_{Kn\sigma_t}f(t,S|K,n,\sigma_t)f(K,n,\sigma_t|\text{数据})\mathrm{d}K\,\mathrm{d}n\,\mathrm{d}\sigma_t \qquad (4-124)$$

如本例所述,贝叶斯估计法是一种很好的方法,可以结合根据观测数据得到的所分析相关特定参数的现有置信度。注意,通过提供相关未知量的后验概率分布,我们可以得到置信界限,并且能够可视化呈现并分析整个分布,这比最大似然估计法更有优势。采用贝叶斯法,参数的任何先验知识只要以分布表示,就可以在求解时使用。此外,若采用最大似然估计法,先验知识只有在数据格式(即完全失效或删失数据)相同时才能使用,而贝叶斯估计时可以考虑使用所有删失数据来改善知识状态。

4.13 确定应力相关性

在研究两个或多个应力之间可能的相互作用时,比例风险模型尤其有用。如果一个应力的加速效应取决于另一个应力的水平,那么两个应力之间会发生相互作用。例如,在例 4.12 中,相对湿度的加速效应可能取决于部件的工作环境温度。若要将相互作用纳入比例风险威布尔模型,$g(S,\theta)$ 还需要增加一个协变量项(见例 4.14)。这个协变量的值通过将相互作用所涉及的两个项的协变量值相乘来确定。因此,双应力模型的修改函数为

$$g(S,\theta)=\mathrm{e}^{\theta_0+\theta_1 S_1+\theta_2 S_2+\theta_{12} S_1 S_2} \qquad (4-125)$$

注意 指数中的交叉乘积项($S_1 S_2$),以及需要估计的新系数 θ_{12}。参数的估计过程与前文所述采用最大似然估计法或贝叶斯估计法时相同。但是,为了估计相互作用系数,需要根据两个水平下两个应力源的四种可能组合获得失效时间数据。

[**例 4.14**] 比例风险威布尔模型有两个连续协变量,且包含了相互作用。表 4.13 列出了与表 4.10 相同的数据,并额外补充了双应力两水平正方形第四个"角"的一组观测结果。此外,表中还添加了 $(1/T)\times(1/RH)$ 的乘积。这些值将用作模型中的第三个应力:相互作用应力 $S_1 S_2$。

表 4.13 失效时间

"角"	温度/°K		相对湿度/(%)		$1/(T\times RH)$	失效时间/h
	T	$1/T$	RH	$1/RH$		
T_2,H_1	393	2.54×10^{-3}	0.60	1.67	4.24×10^{-3}	102,115,151,196,210
T_1,H_2	353	2.83×10^{-3}	0.85	1.18	3.33×10^{-3}	184,193,244,265,281
T_1,H_1	353	2.83×10^{-3}	0.60	1.67	4.72×10^{-3}	298,311,337,347,405
T_2,H_2	393	2.54×10^{-3}	0.85	1.18	2.99×10^{-3}	52,68,74,97,120

分析数据可得出以下最大似然参数估计值:

$$\begin{cases} \hat{\beta}=5.22 \\ \hat{\theta}_0=55.21 \\ \hat{\theta}_1=-28\ 570 \\ \hat{\theta}_2=-31.13 \\ \hat{\theta}_{12}=9\ 669.23 \end{cases}$$

在与例 4.12 相同的使用条件 $[1/T-3.41\times10^{-3}, 1/\mathrm{RH}=2.5$ 且 $1/(T\times\mathrm{RH})=8.53\times10^{-3}]$ 下，威布尔参数为 $\beta=5.22$ 且

$$\eta=\left[\mathrm{e}^{(55.21-28570\times3.41\times10^{-3}-31.13\times2.5+9669.23\times8.53\times10^{-3})}\right]^{-1/5.22}=1\ 333\ \mathrm{h}$$

两条正常使用的威布尔线如图 4.17 所示。虽然两条线的斜率非常接近，近乎平行，但在相互作用项的作用下，威布尔线向左（即可靠性较差的方向）移动。因此，确定相互作用项是否具有统计显著性非常重要。如果相互作用项不具有统计显著性，那么可以在模型中忽略，并根据最右边的线预测较高的可靠性水平。但是，如果具有显著性，那么必须使用最左边的线，预测出的可靠性性能相当低。如果相互作用项具有显著性，但还是在模型中将其忽略，情况会更差。这种情况下，可靠性预测（根据最右边的线）会过分夸大。

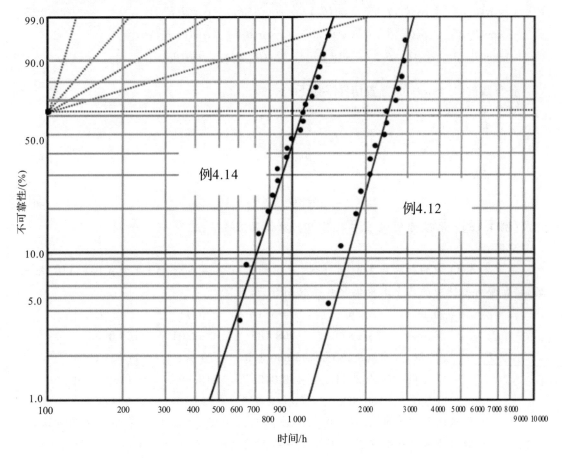

图 4.17　例 4.12 和例 4.14 的正常使用威布尔线（体现相互作用项的影响）

若一开始就使用费雪信息矩阵,则可以按惯常方式得到置信界限:

$$\boldsymbol{F} = \begin{bmatrix} -\dfrac{\partial^2 \Lambda}{\partial \beta^2} & -\dfrac{\partial^2 \Lambda}{\partial \beta \partial \theta_0} & -\dfrac{\partial^2 \Lambda}{\partial \beta \partial \theta_1} & -\dfrac{\partial^2 \Lambda}{\partial \beta \partial \theta_2} & -\dfrac{\partial^2 \Lambda}{\partial \beta \partial \theta_{12}} \\[2mm] -\dfrac{\partial^2 \Lambda}{\partial \theta_0 \partial \beta} & -\dfrac{\partial^2 \Lambda}{\partial \theta_0^2} & -\dfrac{\partial^2 \Lambda}{\partial \theta_0 \partial \theta_1} & -\dfrac{\partial^2 \Lambda}{\partial \theta_0 \partial \theta_2} & -\dfrac{\partial^2 \Lambda}{\partial \theta_0 \partial \theta_{12}} \\[2mm] -\dfrac{\partial^2 \Lambda}{\partial \theta_1 \partial \beta} & -\dfrac{\partial^2 \Lambda}{\partial \theta_1 \partial \theta_0} & -\dfrac{\partial^2 \Lambda}{\partial \theta_1^2} & -\dfrac{\partial^2 \Lambda}{\partial \theta_1 \partial \theta_2} & -\dfrac{\partial^2 \Lambda}{\partial \theta_1 \partial \theta_{12}} \\[2mm] -\dfrac{\partial^2 \Lambda}{\partial \theta_2 \partial \beta} & -\dfrac{\partial^2 \Lambda}{\partial \theta_2 \partial \theta_0} & -\dfrac{\partial^2 \Lambda}{\partial \theta_2 \partial \theta_1} & -\dfrac{\partial^2 \Lambda}{\partial \theta_2^2} & -\dfrac{\partial^2 \Lambda}{\partial \theta_2 \partial \theta_{12}} \\[2mm] -\dfrac{\partial^2 \Lambda}{\partial \theta_{12} \partial \beta} & -\dfrac{\partial^2 \Lambda}{\partial \theta_{12} \partial \theta_0} & -\dfrac{\partial^2 \Lambda}{\partial \theta_{12} \partial \theta_1} & -\dfrac{\partial^2 \Lambda}{\partial \theta_{12} \partial \theta_2} & -\dfrac{\partial^2 \Lambda}{\partial \theta_{12}^2} \end{bmatrix} \qquad (4-126)$$

取倒数可得

$$\boldsymbol{F}^{-1} = \begin{bmatrix} \mathrm{var}(\beta) & \mathrm{cov}(\beta,\theta_0) & \mathrm{cov}(\beta,\theta_1) & \mathrm{cov}(\beta,\theta_2) & \mathrm{cov}(\beta,\theta_{12}) \\ \mathrm{cov}(\theta_0,\beta) & \mathrm{var}(\theta_0) & \mathrm{cov}(\theta_0,\theta_1) & \mathrm{cov}(\theta_0,\theta_2) & \mathrm{cov}(\theta_0,\theta_{12}) \\ \mathrm{cov}(\theta_1,\beta) & \mathrm{cov}(\theta_1,\theta_0) & \mathrm{var}(\theta_1) & \mathrm{cov}(\theta_1,\theta_2) & \mathrm{cov}(\theta_1,\theta_{12}) \\ \mathrm{cov}(\theta_2,\beta) & \mathrm{cov}(\theta_2,\theta_0) & \mathrm{cov}(\theta_2,\theta_1) & \mathrm{var}(\theta_2) & \mathrm{cov}(\theta_2,\theta_{12}) \\ \mathrm{cov}(\theta_{12},\beta) & \mathrm{cov}(\theta_{12},\theta_0) & \mathrm{cov}(\theta_{12},\theta_1) & \mathrm{cov}(\theta_{12},\theta_2) & \mathrm{var}(\theta_{12}) \end{bmatrix}^{-1}_{\beta,\theta_0,\theta_1,\theta_2,\theta_{12}} \qquad (4-127)$$

各参数的$(1-\alpha)100\%$置信界限如下:

对于β,有

$$\hat{\beta} \mathrm{e}^{\pm \Phi^{-1}_{\frac{\alpha}{2}} \times \frac{\sigma_{\hat{\beta}}}{\hat{\beta}}} \qquad (4-128\mathrm{a})$$

对于θ_i,有

$$\hat{\theta}_i \pm \Phi^{-1}_{\frac{\alpha}{2}} \times \sigma_{\hat{\theta}_i} \qquad (4-128\mathrm{b})$$

[例 4.15] 根据例 4.14 中参数求 90% 双侧置信界限。

求解:

参考例 4.14 中的数据和参数估计值,考虑到对数似然函数(Λ)是由式(4-118)给出的,评估费雪矩阵中的各个二阶偏导数并取倒数后,可得

$$\boldsymbol{F}^{-1} = \begin{bmatrix} 0.90 & 8.66 & -4\,564 & -5.11 & 15\,877 \\ 8.66 & 687.84 & -268\,135 & -462.04 & 168\,393 \\ -4\,564 & -268\,135 & 106\,550\,375 & 179\,042 & -65\,002\,953 \\ -5.11 & -462.04 & 179\,042 & 319.40 & -116\,707 \\ 1\,587 & 168\,392 & -65\,002\,953 & -116\,707 & 42\,854\,524 \end{bmatrix}$$

对于 90% 双侧置信区间,$\alpha=0.10$,则标准正态变量 $\Phi^{-1}_{\alpha/2}=1.64$。采用上文的方法,例 4.14 中的参数估计值以及根据 $\boldsymbol{F}^{-1}$ 对角矩阵得到的这些估计值的方差,很容易得到置信区间(见表 4.14)。

表 4.14　置信区间

参　数	点估计	90％双侧置信界限
β	5.22	(3.87, 7.04)
θ_0	55.21	(12.07, 98.35)
θ_1	−28 570	(−45 549, −11 591)
θ_2	−31.13	(−60.52, −1.73)
θ_{12}	9 669	(−1 099, 20 437)

特别值得注意的是相互作用参数 θ_{12} 的置信区间。区间的括号内包含 0，即(0)，这表明相互作用项可能不具有统计显著性，最好排除在模型之外。由于所有其他 θ_i 置信区间的区间内都没有 0，这表明这些参数具有统计显著性。

4.14　加速寿命试验步骤总结和实践中的常见问题

前文介绍了加速寿命试验数据分析的总体过程和分析方法。本节将总结涉及的步骤，然后讨论在加速寿命试验过程中应避免的常见问题。加速寿命试验的步骤总结如下。

(1)进行失效物理分析，确定可能的主要失效机理。根据文献，失效物理分析应确定可能的失效机理和物理模型，量化这些机理引起的退化过程和失效。如果没有相关文献，分析时应使用合理的工程判断，然后再确定最主要的失效机理、加速主要失效机制的应力因子以及影响失效机理发生与发展的其他重要变量。

(2)选择试验期间加速的主要失效机理。通常会选择所有主要失效机理，但有时由于时间或资源限制，可能仅会选择一部分进行试验。应讨论并记录不进行某些主要失效机理试验的理由，以及对最终结果的影响。

(3)仔细研究各种应力因子及其在加速各种失效机理方面的限制。应力会影响多种失效机理。因此，必须选择应力来确保加速失效机理，而不诱发任何无关失效机理。根据失效物理分析，应选择或开发各种失效机理的相应寿命-应力模型。根据既有经验选择寿命-应力模型参数的先验值，必要时还可以根据工程判断进行选择。

(4)制订周密的试验计划。对于待试验的每种主要失效机理，使用第(3)步的寿命-应力模型确定要加速的适当应力因子和应力大小。无论是恒载加速、步进应力加速还是其他适当试验，确定加速试验的类型。根据失效物理分析，必须选择每个试验或试验步骤(步进应力加速)的应力大小，以便在使用应力下的主要失效机理在所选择的试验高应力下依然为主要失效机理。确定数据收集方法的类型(完全、删失或区间数据)。最后，确定各个高应力水平下的试验单元数量和试验时长。

(5)进行试验。试验过程中，应分析失效的根本原因，确定导致失效的失效机理。

(6)解释和分析试验数据，包括使用寿命-应力模型以及根据加速寿命试验数据估计的参数将加速试验结果外推至正常工况。在某些情况下，特别是在步进应力试验的情况下，试验时可以进行这一步和第(5)步。根据分析结果,如有需要,可以调整未经试验的应力水平。

(7)如果考虑多个失效机理且这些失效机理可以分别独立加速,则对其余失效机理重复第(4)~(6)步。若试验涉及对多种失效机理的同时加速,则将组合机理视为一种复合机理。若为前一种情况,可以使用竞争风险模型来组合失效机理的失效时间分布,形成复合寿命分布。若为后一种情况,数据分析最终将得到复合寿命分布模型。若为复合失效机理,应确保一种失效机理不会掩盖另一种失效机理。这个问题将在本节后面部分进一步讨论。

4.15　时变应力试验

为了减少试验单元、缩短试验时间,工程上时常采用时变应力法。最常见的时变应力试验类型为步进应力试验,主要用于以下情况:

(1)只有少量可用系统。

(2)需要特别长或专门的试验设备。

(3)涉及的环境试验箱能力和/或试验夹具有限。

(4)所需设备非常昂贵,对试验构成了限制。

在这些类型的试验中,试验单元在预定时间(或失效次数)内承受预定的低水平应力。然后逐步提高应力水平,在多个附加应力水平下重复试验过程。由于应力在每个水平上都有增加,会产生累积损伤效应,因此试验服从时变应力分布(即应力越高,失效发生得越快)。在发生预定次数的失效(所有单元或部分单元)或达到预定试验时间后,试验终止。

如上所述,时变-应力方法基于累积暴露模型(即累积损伤理论),在达到新的应力水平之前,试验单元已经经受了一些低水平应力。进行步进应力试验和解释试验数据时,面临挑战时的常用对策和一些良好的做法如下:

(1)连续步进时的每步都要相隔足够远,才能得到有意义的结果。如果步进又多又小且非常接近,往往会加大分析难度,而且结果也不明确。实际操作中建议采用多达10步,但3~6步会更易于管理,得到更有意义的试验结果。

(2)试验精度与每步的长度成反比。换言之,每一步的累积损伤占总寿命的比例不得过大,在下一步时才能有足够的寿命。

(3)理想情况下,连续步进时,当前步所占总失效的百分比都比前一步大。这限制了数据分析的步数。

(4)由于许多失效都涉及氧化、扩散、疲劳裂纹生长等"磨损"现象,因此应力在大多数情况下都应被视为累积应力。这种累积损伤对于暴露在适用应力下的材料、电子设备和/或机械控制系统而言非常常见。

(5)每一步的持续时间应大致相同,但不会对这一点做硬性要求,也不会构成任何妨碍。关键的不仅是步长,更重要的是要监控每一步的累积失效。

(6)失效机理应在应力范围内保持相对恒定:在所涉及的应力范围内,应力对数和寿命对数之间呈线性关系。建议做到这一点,但不做严格要求。

(7)此外,存在多个应力时,必须确保它们不相互作用,或者至少只有非常微弱的相互作用。

　　回顾第 2 章中讨论的累积损伤理论。步进应力试验中,单元在一段时间 t_1 内承受一定的应力水平 S_1。假设 t_2 表示单元在应力 S_1 下的失效时间,根据线性损伤理论,在受到应力 S_1 之后,试验单元在时间 t_1 消耗的寿命百分比由 $t_1 = \dfrac{t_1}{t_2}$ 时的寿命百分比给出。

　　累积暴露模型假设产品的剩余寿命仅取决于当前累积损伤和当前应力,与损伤累积方式无关。此外,如果保持在当前应力下,未失效产品会根据该应力水平下的寿命分布失效,但会以先前的累积损伤为起点。

　　图 4.18(a) 中的应力分布有四步(S_1、S_2、S_3、S_4)。图 4.18(b) 中的曲线表示每个恒定应力 S_i 的相应失效时间累积分布函数 $F_i(t)$,其中 $i=1,2,3,4$。图 4.18(c) 所示为步进应力分布下的寿命累积分布函数 $F_0(t)$。

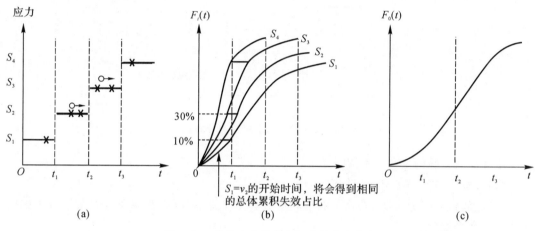

图 4.18　步进应力分布和相应的寿命分布

　　图 4.18(b) 中的箭头表示产品在第 1 步的时间 t_1 之前先服从 S_1 的累积分布函数。当应力从 S_1 增加到 S_2 时,未失效产品以累积损伤为起点,服从 S_2 的累积分布函数。同理,若应力从 S_2 增加到 S_3、从 S_3 增加到 S_4 等等,未失效产品也会以累积损伤为起点,服从下一个累积分布函数。该模型的数学表达式如下,可以得到 $F_0(t)$:

　　第 1 步中产品的累积损伤为 $F_0(t)=F_1(t)$,$0 \leqslant t \leqslant t_1$。

　　第 2 步的等效开始时间为 s_1,将会产生相同的总体累积损伤。也就是说,s_1 为 $F_2(s_1)=F_1(t_1)$ 的解。

　　第 2 步中产品在总时间 t 之前的累积损伤为 $F_0(t)=F_2[(t-t_1)+s_1]$,$t_1 \leqslant t \leqslant t_2$。

　　同理,第 3 步的等效开始时间为 s_2,是 $F_3(s_2)=F_2[(t_2-t_1)+s_1]$ 的解。

　　通常,第 i 步的等效开始时间为 s_{i-1},是下式的解

$$F_i(s_{i-1})=F_{i-1}[(t_{i-1}-t_{i-2})+s_{i-2}]$$

和

$$F_0(t)=F_i[(t-t_{i-1})+s_{i-1}],\quad t_{i-1} \leqslant t \leqslant t_i$$

　　因此,步进应力分布的 $F_0(t)$ 由各段 $F_i(t)$ 组成,如图 4.18(c) 所示。

　　步进应力试验的典型应力分布如图 4.19 所示。图 4.19 中共有四步,第 1 步的应力水

平略低于试验单元的预期最大工况。除此之外,还存在预计会更频繁地发生失效的过应力区域。注意,在过应力区域之外还有在步进应力试验中应避免出现的一个区域,这个区域被称为"突然失效"区域。试验单元预计无法承受这个区域内的应力水平,并且除了累积损伤假设引起的失效外,还会发生其他失效。这个区域不能为加速寿命试验提供任何有用的寿命信息,而是更适合高加速寿命试验等定性加速试验,因此在加速寿命试验中应避免出现。

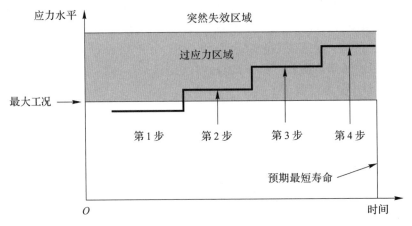

图 4.19 步进应力试验的应力分布示例

步进应力试验的一些基本假设如下:

(1)试验中的每一步都采用恒定应力。

(2)任何恒定应力 S 下,寿命分布形状参数必须保持不变(表明各个应力水平适用相同的失效模式和机理)。

(3)寿命和应力之间的关系(即寿命-应力模型)已知,且适用于每一步。

(4)试验单元的剩余寿命仅取决于当前累积失效百分比和当前应力,与损伤累积方式无关。此外,如果保持在当前应力下,未失效产品会根据当前应力的累积分布函数失效,但会以先前的累积失效百分比为起点(W. 尼尔森,2004)。

4.16 步进应力分析和模型开发

如前所述,加速寿命试验模型是基于潜在寿命分布及寿命和应力之间的关系开发的。这同样适用于涉及时变应力的加速寿命试验模型,但这时的方程更复杂,需要考虑每一步的累积损伤效应。与常规加速寿命试验一样,数据分析是为了得到失效分布和寿命-应力关系模型的参数。下面将讨论步进应力加速寿命试验分析的两种方法:作图法和最大似然估计法。

4.16.1 步进应力数据分析的作图法

步进应力数据分析的最简单、最快速的一种方法是作图法,利用加速系数来得到模型参数估计值。作图法涉及的步骤概述如下。

第1步:给定步进应力场景,创建一个表格,列出每一步的失效分布。假设没有损伤累积,根据这个表格的数据绘制寿命分布图。

第 2 步:绘制每一步的寿命分布曲线(假设没有累积损伤,也就是说,各单元进入每一步时都没有损伤)。使用加速寿命试验的常规作图程序(见 4.6 节和 4.8 节),据图得出寿命-应力和寿命分布模型参数的估计值。假设每一步的失效时间为该步的总时间(即忽略前面各步的累积时间)。

第 3 步:根据第 2 步的结果,确定所有步骤之间的加速系数,即

$$AF_{i \to j} = \frac{t_i}{t_j} \tag{4-129}$$

式中:$AF_{i \to j}$ 为第 j 步与前面第 i 步之间的加速系数;t_i 和 t_j 为第 i 步和第 j 步的实际试验时长。根据这些加速系数,得到给定步骤中单元产生与所有低应力步骤中运行时所受损伤相同的等效时间,并考虑每一步的试验时间差异。调整时间为之前各步的等效时间再加上当前步的时间。实际上,目前可以重复第 2 步来另行绘制一个寿命分布图,得到更新的参数估计值。此外,还有一种更快、更简单(但没那么准确)的方法——通过调整加速系数法得到参数的新估计值(见第 4 步)。

第 4 步:确定受调整加速系数影响的参数的新估计值。采用下式计算第 i 步到第 j 步的新加速系数:

$$AF_{i \to j}^{Adj} = \frac{\%失效_j}{\%失效_i} \times AF_{i \to j} \tag{4-130}$$

式中:$AF_{i \to j}^{Adj}$ 为第 i 步和第 j 步之间的调整加速系数;$\%失效_i$ 和 $\%失效_j$ 分别为在第 i 步和第 j 步中失效单元占试验单元总数的百分比。需要注意,采用作图法时必须注意,由于可能会得出不准确的结果,只能在涉及步数不多的不太复杂的情况下使用。

然而,为了理解这种简单方法,我们考虑了单元受到电压应力的情况,从 2 V 开始,逐步增加到 7 V。此外,按相同的电压应力分布对 11 个单元进行了试验。从试验中移除失效单元,并记录其总试验时间。表 4.15 汇总了步进电压应力试验的细节和结果。另外,假设每一步的寿命都用威布尔分布表征,并且逆幂律能够最好地表示寿命和电压应力之间的关系。

表 4.15 步进电压应力示例和观测到的失效详情

步 骤	电压应力/V	试验时间/h	试验结果(失效发生时间)	累积损伤/(%)
1	2	250	11 个单元失效 0 个	
2	3	100	11 个单元失效 3 个(30;60;80)	27.27
3	4	20	8 个单元失效 3 个(2;10;16)	54.55
4	5	10	5 个单元失效 3 个(1;4;8)	81.82
5	6	10	2 个单元失效 2 个(1;5)	100.00
6	7	10	0 个单元失效 0 个	

作图法的第 2 步需要每一步的寿命分布曲线。注意,不考虑累积损伤。例如,在第 2 步中,根据电压应力水平 3 V 绘制概率图,其中有 3 个产品在 30 h、60 h 和 80 h 失效,8 个产品在 100 h 被删失。每一步的寿命分布曲线图如图 4.20 所示。威布尔分布参数的相应估

计值见表 4.16。

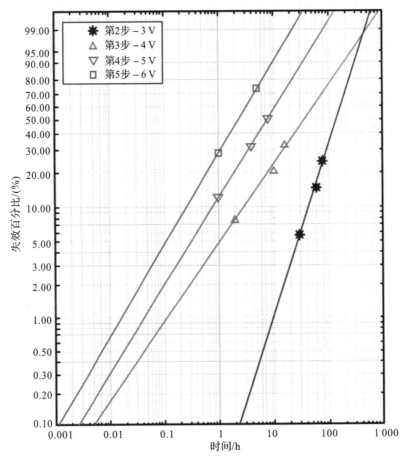

图 4.20　第 2 步的威布尔多重图

表 4.16　威布尔分布参数的估计值

电压应力/V	β	α
3	1.545	193.17
4	0.729	67.94
5	0.811	12.98
6	0.851	3.74

β 的初始估计值根据图中的平均 β 获得

$$\hat{\beta} = \frac{1.545 + 0.729 + 0.811 + 0.851}{4} = 0.984$$

假设失效物理分析表明最好用逆幂律模型来描述寿命-应力模型,则根据对数线性逆幂律模型的回归 $\ln t = -\ln K - n \ln S$ 来得到寿命-应力模型参数 K 和 n 的初始估计值。$\ln t$ 的

值可以与每个图中分布的给定分位数(如 10% 或尺度参数 63.2%)相关联。代入上式中,可以得到以下联立方程组:

$$\begin{cases} \ln193.17 = -\ln K - n \cdot \ln3 \\ \ln67.94 = -\ln K - n \cdot \ln4 \\ \ln12.98 = -\ln K - n \cdot \ln5 \\ \ln3.74 = -\ln K - n \cdot \ln6 \end{cases}$$

接下来,需要得到 $\hat{K}$ 和 $\hat{n}$ 的估计值,尽量减小误差 $\sum_i [\ln t_i - (-\ln K - n \cdot \ln S)]$。从根本上说,这是一个简单的优化问题,但也需要通过试算来求解,最后得到 $\hat{K} = 7.24 \times 10^{-6}$ 且 $\hat{n} = 5.77$。

假设威布尔分布是最合适的寿命分布,使用上述参数估计值,执行第 3 步,采用式(4-129)确定所有步骤之间的加速系数。相关结果见表 4.17。根据这些加速系数,得到给定步骤中单元产生与所有低应力步骤中运行时所受损伤相同的等效时间,并考虑每一步的试验时间差异。

考虑到累积损伤,应执行第 4 步来计算每一步的等效时间,然后按如下方式调整 a 和 n。逆幂寿命-应力模型的加速系数为 $AF = \dfrac{L_{使用}}{L_{加速}} = \left(\dfrac{S_{加速}}{S_{使用}}\right)^n$。通过计算各适用步骤之间的加速系数,我们可以确定由于产品在先前步骤中花费的实际时间而产生的等效时间(在当前步骤中产生相同损伤):

$$t_j^e = t_j + \sum_{i<j} \frac{t_i}{AF_{i \to j}} \tag{4-131}$$

式中:e 为应力水平。

若为逆幂寿命-应力关系,式(4-131)可写为

$$t_j^e = t_j + \sum_{i<j} \frac{t_i}{\left(\frac{S_j}{S_i}\right)^n} = t_j + \sum_{i<j} \left[t_i \left(\frac{S_i}{S_j}\right)^n \right] \tag{4-132}$$

表 4.17　所有步骤之间的加速系数

起	至	加速系数	等效时间/h
第 1 步	第 2 步	10.39	250(第 1 步)=24.06(第 2 步)
第 1 步	第 3 步	54.69	250(第 1 步)=4.57(第 3 步)
第 1 步	第 4 步	198.33	250(第 1 步)=1.26(第 4 步)
第 1 步	第 5 步	568.21	250(第 1 步)=0.44(第 5 步)
第 1 步	第 6 步	1 383.59	250(第 1 步)=0.18(第 6 步)
第 2 步	第 3 步	5.26	100(第 2 步)=19.00(第 3 步)
第 2 步	第 4 步	19.09	100(第 2 步)=5.24(第 4 步)
第 2 步	第 5 步	54.69	100(第 2 步)=1.83(第 5 步)

续表

起	至	加速系数	等效时间/h
第2步	第6步	133.17	100(第2步)=0.75(第6步)
第3步	第4步	3.63	20(第3步)=5.52(第4步)
第3步	第5步	10.39	20(第3步)=1.92(第5步)
第3步	第6步	25.30	20(第3步)=0.79(第6步)
第4步	第5步	2.87	10(第4步)=3.49(第5步)
第4步	第6步	6.98	10(第4步)=1.43(第6步)
第5步	第6步	2.43	10(第5步)=4.11(第6步)

根据式(4-132),可以得到表4.18中每一步的等效失效时间 t_j^e。

接下来再确定受调整加速系数影响的参数的新估计值。调整加速系数根据式(4-130)求得(见表4.19)。

表4.18 产生相同损伤量的等效时间的计算

步　骤	步骤实际时间/h	步骤等效时间/h	累积损伤/(%)
1	250	250	
2	100	124.06	27.27
3	20	43.57	54.55
4	10	22.01	81.82
5	10	17.68	100.00

表4.19 调整加速系数

步骤($i \sim j$)	调整加速系数	调整 n
2~3	5.69	6.05
2~4	16.91	5.54
2~5	25.72	4.69
3~4	2.97	4.88
3~5	4.52	3.72
4~5	1.52	2.30
平均 n		4.53

重复该过程(即得到表4.10～表4.12所示结果的计算)几次迭代后,结果收敛到表4.20中列出的值。

根据表 4.20 的结果,最终调整加速系数后可得到参数的最终估计值,如表 4.21 所示。

表 4.20　几次迭代后等效时间计算的最终结果

步　　骤	步骤实际时间/h	步骤等效时间/h	累积损伤/(%)
1	250	250	
2	100	144.56	27.27
3	20	62.53	54.55
4	10	34.20	81.82
5	10	25.75	100.00

表 4.21　最终加速系数和寿命-应力模型的参数估计

步骤($i\sim j$)	调整加速系数	调整 n
2~3	4.62	5.32
2~4	12.68	4.97
2~5	20.58	4.36
3~4	2.74	4.52
3~5	4.45	3.68
4~5	1.62	2.66
	平均 n	4.25
	优化 n	4.36

注意,上表中的优化 n 是通过尽量减小上述每一步的计算加速系数与根据估计参数计算得到的加速系数之差的相关误差来确定的。由于作图法仅提供粗略估计,因此使用 n 的平均值进行这些计算更合适。综上所述,可以根据每一步的总时间更新威布尔图,如图 4.21 所示,汇总见表 4.22。

表 4.22　威布尔图的步进应力等效时间

步　骤	应力/MPa	持续时间/h	有效失效时间/h	失效数量	初始数量	累积失效/(%)
2	3	144.56	74.56,104.56,124.56	3	11	27.27
3	4	62.53	44.53,52.53,58.53	3	8	54.55
4	5	34.20	25.20,28.20,32.20	3	5	81.82
5	6	25.75	16.75,20.75	2	2	100.00

根据图 4.21 中形状参数的结果,β 的更新估计值为

$$\hat{\beta}=\frac{2.99+5.82+6.87+6.40}{4}=5.52$$

采用如下对数线性逆幂回归,可得到 K 和 n 的更新估计值:

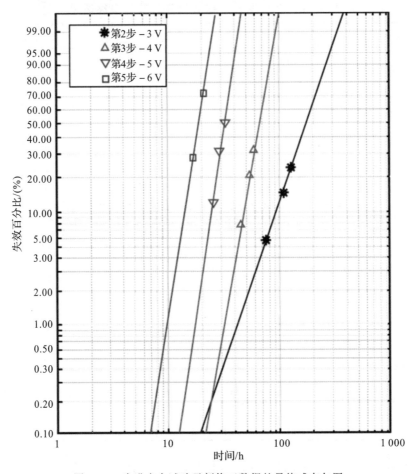

图 4.21　步进应力试验示例修正数据的最终威布尔图

$$\begin{cases} \ln 194.25 = -\ln K - n \cdot \ln 3 \\ \ln 68.70 = -\ln K - n \cdot \ln 4 \\ \ln 33.53 = -\ln K - n \cdot \ln 5 \\ \ln 19.96 = -\ln K - n \cdot \ln 6 \end{cases}$$

在此之后,通过最小二乘回归法得到模型参数的估计值,最终估计值为

$$\begin{cases} \hat{K} = 1.44 \times 10^{-4} \\ \hat{n} = 3.29 \end{cases}$$

比较假设无损伤累积时的原始估计值与损伤累积修正后的新估计值,方法很有效果。比较情况汇总见表 4.23。

表 4.23　原始估计值与累积损伤修正后的最终估计值的比较

参　数	原　始	调　整
$\hat{\beta}$	0.984	5.52

续表

参　数	原　始	调　整
$\hat{K}$	7.24×10^{-6}	1.44×10^{-4}
$\hat{n}$	5.77	3.29

装置在使用应力水平下的平均失效时间也可计算如下：

$$\text{MTTF} = \frac{1}{KS^n} \Gamma\left(\frac{1+\beta}{\beta}\right) = 655 \text{ h}$$

[**例 4.16**]　在一个单元同时承受温度和湿度的情况下，选择温度 65～95 ℃，湿度 70%～95%。这样的温度和湿度范围基本上足以进行步进应力试验，并不代表能立即引起严重失效的条件。至少以 5 ℃和 5%RH 为一步，这是因为在许多情况下环境试验箱的技术和控制有限。步进应力试验中放入 15 个样品，并使用表 4.24 所示的相同临时试验计划进行试验。从试验中移除失效单元，并记录其总试验时间。再者，假设每一步的寿命都用威布尔分布表征，并且温湿度关系能够最好地表示寿命和应力之间的关系。

表 4.24　步进应力试验临时计划

步　骤	温度/℃	湿度/(%)	试验时间/天
1	65	70	7
2	75	80	12
3	85	85	8
4	95	95	7

表 4.25 列出了 3 种最有可能的试验结果。讨论每种结果的有效性，并选择用于作图法的最佳结果。

表 4.25　假设结果汇总

步　骤	试验结果 1	试验结果 2(失效发生天数)	试验结果 3
1	15 个样品失效 0 个	15 个样品失效 0 个	15 个样品失效 3 个
2	15 个样品失效 0 个	15 个样品失效 2 个(8;11)	12 个样品失效 8 个
3	15 个样品失效 1 个	13 个样品失效 3 个(3;5;7)	4 个样品失效 3 个
4	14 个样品失效 2 个	10 个样品失效 3 个(1;3;6)	1 个样品失效 1 个

求解：

试验结果 1：直到第 4 步，总体失效数都不多，很难得出结论。可能会继续试验。

试验结果 2：每一步的失效数都有很好的折中。现实中很少有试验结果像试验 2 这么好。这是试图调整每一步的失效情况并按照基本规则更均匀地传播失效的主要原因。通过灵活调整，有助于选择每一步的持续时间。15 个样品中，每一步失效 3 个即可，但在任何情况下都不能超过当前步剩余总数的 1/3。

试验结果 3:第 2~4 步的失效数过多,剩余样品太少,无法得到有意义的结果。

因此,试验结果 2 最为可行。如果得到像 1 或 3 这样的试验结果,可能必须修改甚至重新设计步进应力试验。因此,试验结果 2 的详细信息见表 4.26,将作为以下分析的重点。

表 4.26　试验结果 2 的详细信息

步　骤	DGS	组内数量	失效(F)/搁置(S)	状态结束时间	湿度/(%)	温度/°K	累积损伤/(%)
1	1	15	S	7	70	525	
2	2	1	F	8	80	535	13.33
	3	1	F	11	80	535	
	4	13	S	12	80	535	
3	5	1	F	3	85	545	33.33
	6	1	F	5	85	545	
	7	1	F	7	85	545	
	8	10	S	8	85	545	
4	9	1	F	1	95	555	53.33
	10	1	F	3	95	555	
	11	1	F	6	95	555	
	12	7	S	7	95	555	

每一步的寿命分布曲线如图 4.22 所示,威布尔分布参数的相应估计值见表 4.27。

表 4.27　威布尔分布参数的估计值

步　骤	温度/°C	湿度/(%)	β	α
2	75	80	2.89	23.21
3	85	85	1.71	16.59
4	95	95	0.82	25.58

根据图中 β 的算术平均值得到温湿度威布尔参数的初始估计值,并得到点估计值:

$$\hat{\beta}=\frac{2.89+1.71+0.82}{4}=1.81$$

假设失效物理分析表明最好用逆幂律模型来描述寿命-应力模型,则根据以下对数线性温湿度关系的回归来得到寿命-应力模型参数 a 和 n 的初始估计值:$\ln t=\ln A+\dfrac{\varphi}{V}+\dfrac{b}{U}$。

$\ln t$ 的值可以与每个图中分布的给定百分位数(如 10% 或尺度参数 63.2%)相关联。代入上式中,可以得到以下联立方程组:

$$\begin{cases} \ln23.21=\ln A+\dfrac{\varphi}{348}+\dfrac{b}{0.8} \\[2mm] \ln16.59=\ln A+\dfrac{\varphi}{358}+\dfrac{b}{0.85} \\[2mm] \ln25.58=\ln A+\dfrac{\varphi}{368}+\dfrac{b}{0.95} \end{cases}$$

求解上述方程组可得

$$\begin{cases} \hat{A}=4.55\times10^{-14} \\[1mm] \hat{b}=18\ 494 \\[1mm] \hat{\varphi}=17.28 \end{cases}$$

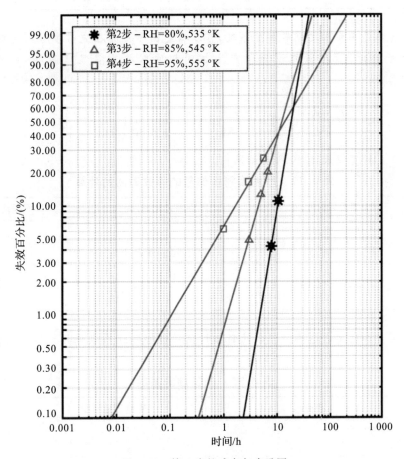

图 4.22　第 2 步的威布尔多重图

　　使用上述参数估计值确定所有步骤之间的相应加速系数。温湿度寿命-应力模型的加速系数为

$$\mathrm{AF}=\frac{L_{使用}}{L_{加速}}=\exp\left[\phi\left(\frac{1}{v_{\mathrm{U}}}-\frac{1}{v_{\mathrm{A}}}\right)+b\left(\frac{1}{u_{\mathrm{U}}}-\frac{1}{u_{\mathrm{A}}}\right)\right] \tag{4-133}$$

　　根据这些加速系数,得到给定步骤中单元产生与所有低应力步骤中运行时所受的损伤

相同的等效时间,并考虑每一步的试验时间差异。相关结果见表 4.28。

表 4.28 所有步骤之间的加速系数

起	至	加速系数	等效时间
第 1 步	第 2 步	1.873 1	7 天(第 1 步)＝3.74 天(第 2 步)
第 1 步	第 3 步	3.487 4	7 天(第 1 步)＝2.00 天(第 3 步)
第 1 步	第 4 步	6.291 3	7 天(第 1 步)＝1.11 天(第 4 步)
第 2 步	第 3 步	1.861 8	12 天(第 2 步)＝6.45 天(第 3 步)
第 2 步	第 4 步	3.348 8	12 天(第 2 步)＝3.57 天(第 4 步)
第 3 步	第 4 步	1.804	8 天(第 3 步)＝4.43 天(第 4 步)

通过计算各适用步骤之间的加速系数,可以确定由于产品在先前步骤中花费的实际时间而产生的等效时间(在当前步骤中产生相同损伤):若为温湿度寿命 - 应力关系,式(4 - 131)可写为

$$t_j^e = t_j + \sum_{i<j} \frac{t_i}{\exp\left[\phi\left(\dfrac{1}{v_U} - \dfrac{1}{v_A}\right) + b\left(\dfrac{1}{u_U} - \dfrac{1}{u_A}\right)\right]} \qquad (4-134)$$

由式(4 - 134)可得表 4.29 所示结果。

表 4.29 产生相同损伤量的等效时间的计算

步 骤	步骤实际时间/天	步骤等效时间/天	累积损伤/(%)
1	7	7	
2	12	3.74＋12＝15.74	13.33
3	8	2.00＋6.45＋8＝16.45	33.33
4	7	1.11＋3.57＋4.43＋7＝16.11	53.33

确定受调整加速系数影响的参数的新估计值。调整加速系数根据式(4 - 130)求得,见表 4.30。

表 4.30 调整加速系数

步骤($i\sim j$)	调整加速系数
2～3	$= \dfrac{33.33\%}{13.33\%} \times \dfrac{15.74}{16.45} = 2.39$
2～4	$= \dfrac{53.33\%}{13.33\%} \times \dfrac{15.74}{16.45} = 3.91$
3～4	$= \dfrac{53.33\%}{33.33\%} \times \dfrac{15.74}{16.45} = 1.63$

有了这个新的加速系数估计值,可以更好地计算 β、A、b 和 ϕ 的估计值。然后再用新的估计值计算改进加速系数。在多次完成这一过程后,就可以得到 β、A、b 和 ϕ 的最佳估计值

及数据集。这个模型应该外推到使用水平。

$$
\left\{
\begin{array}{l}
2.39 = \exp\left[\phi\left(\dfrac{1}{535} - \dfrac{1}{545}\right) + b\left(\dfrac{1}{80} - \dfrac{1}{85}\right)\right] \\[2mm]
3.91 = \exp\left[\phi\left(\dfrac{1}{535} - \dfrac{1}{555}\right) + b\left(\dfrac{1}{80} - \dfrac{1}{95}\right)\right] \\[2mm]
1.63 = \exp\left[\phi\left(\dfrac{1}{545} - \dfrac{1}{555}\right) + b\left(\dfrac{1}{85} - \dfrac{1}{95}\right)\right]
\end{array}
\right.
$$

接下来,需要得到 ϕ 和 b 的估计值,尽量减小误差 $\Delta|\mathrm{AF}_{3-2} - 2.39|$、$\Delta|\mathrm{AF}_{4-2} - 3.91|$、$\Delta|\mathrm{AF}_{4-3} - 1.63|$(根据估计参数计算出的误差值中包含加速系数)。从根本上说,这是一个简单的优化问题,但也需要通过试算来求解。

4.16.2　步进应力数据分析的最大似然估计法

4.9 节讨论了恒定时间应力应用的数据分析最大似然估计法。步进应力试验等时变应力试验的最大似然估计法类似。步进应力试验中,似然函数和对数似然函数,即式(4-20)~式(4-23)仍然适用。但是,由于概率密度函数 $f(\cdot)$ 和累积分布函数 $F(\cdot)$ 需要考虑每一步的累积损伤,这些函数的数学公式变得更加复杂。考虑图 4.23 所示的步进应力试验(含应力 S_1、S_2 和 S_3),可以得到这些函数的数学公式。此外,假设潜在寿命分布为威布尔分布,并且寿命和应力之间存在逆幂关系。

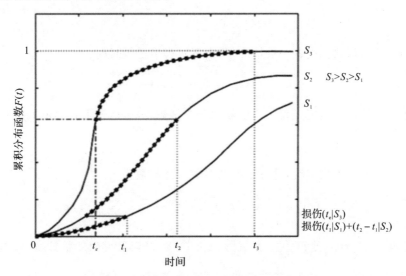

图 4.23　步进应力分布和相应的寿命分布

根据威布尔寿命幂寿命-应力模型式(4-73),累积分布函数 $F(t,S) = 1 - \mathrm{e}^{-(KS^n t)^\beta}$。因此,考虑到图 4.23 所示各步中使用的应力,条件累积分布函数为

$$
\left.
\begin{array}{l}
F_1(t,S_1) = 1 - \mathrm{e}^{-(KS_1^n t)^\beta} \\[2mm]
F_2(t,S_2) = 1 - \mathrm{e}^{-(KS_2^n t)^\beta} \\[2mm]
F_3(t,S_3) = 1 - \mathrm{e}^{-(KS_3^n t)^\beta}
\end{array}
\right\}
\tag{4-135}
$$

使用上述累积分布函数,我们应该采用累积暴露模型来调整产品在进入每一步之前所受损伤的表达式。累积暴露模型假设试验单元的剩余寿命仅取决于截至当前的单元累积损伤,并且没有关于损伤累积方式的确切"记忆"。图 4.23 所示 $F_0(t)$ 说明了有效累积分布,由图 4.23 所示 $F_i(t)$ 各部分组成。由于单元在每一步都保持恒定应力,因此剩余单元将根据当前步骤中的分布而失效,但是起始时间对应截至当前步骤开始的累积总时间。

在第 1 步失效的单元没有受到任何其他应力,会根据累积失效概率 $F(t, S_1)$ 失效。另外,进入第 2 步的单元会根据 $F(t, S_2)$ 失效,但会有一定的累积等效时间 t_1^e,即产品在前一步中在应力 S_2 下的时间 t_1。因此,第 i 步的等效累积分布函数通常更准确地表示为

$$F_i(t, S_i) = 1 - \mathrm{e}^{-\{KS_i^n[(t-t_{i-1})+t_{i-1}^e]\}^\beta} \tag{4-136}$$

式中:t_{i-1}^e 表示产品在第 i 步的应力下运行时第 $i-1$ 步的等效时间(累积失效概率相同,因而损伤也相同)。例如,在承受应力 S_2 时,单元在时间 t(t_1 和 t_2 之间的某个时间)失效的概率等于单元在累积 $t-t_1$ 再加上额外时间 τ_1(说明在应力 S_1 下的累积损伤)后失效的概率。等效时间 t_1^e 由下式得出:

$$\left. \begin{aligned} &F(t_1, S_1) = F(t_1^e, S_2) \\ &1 - \mathrm{e}^{-(KS_1^n t_1)^\beta} = 1 - \mathrm{e}^{-(KS_2^n t_1^e)^\beta} \\ &S_1^n t_1 = S_2^n t_1^e \\ &t_1^e = t_1 \left(\frac{s_1}{s_2}\right)^n \end{aligned} \right\} \tag{4-137}$$

与式(4-132)相同。或者一般情况下,由下式得出等效时间:

$$t_{i-1}^e = (t_{i-1} - t_{i-2} + t_{i-2}^e)\left(\frac{S_{i-1}}{S_i}\right)^n \tag{4-138}$$

一旦按照上述方法确定了每一步的累积分布函数,也可以按下式确定概率密度函数:

$$f_i(t, S_i) = -\frac{\mathrm{d}}{\mathrm{d}t}[F_i(t, S_i)] \tag{4-139}$$

存在完全和右删失数据时,这种情况的对数似然函数为

$$\Lambda = \sum_{i=1}^{N_c} n_i \cdot \ln\left[\beta K S_i^n (K S_i^n t_i^e)^{\beta-1} \mathrm{e}^{-(K S_i^n t_i^e)^\beta}\right] - \sum_{j=1}^{N_r} n_j \cdot (K S_j^n t_j^e)^\beta \tag{4-140}$$

通过求解 β、K 和 n,使得 $\frac{\partial \Lambda}{\partial \beta} = 0$、$\frac{\partial \Lambda}{\partial K} = 0$、$\frac{\partial \Lambda}{\partial n} = 0$,得到最大似然估计解(参数估计值 $\hat{\beta}$、$\hat{K}$、$\hat{n}$)。导数与式(4-76)相似,失效时间 t_i 和右删失时间 t_j 分别变为 t_i^e 和 t_j^e。

[例 4.17] 表 4.15 中所给出数据的对应应力为

$$S_1 = 2 \quad (0 < t \leqslant 250)$$
$$S_2 = 3 \quad (250 < t \leqslant 350)$$
$$S_3 = 4 \quad (350 < t \leqslant 370)$$
$$S_4 = 5 \quad (370 < t \leqslant 380)$$
$$S_5 = 6 \quad (380 < t \leqslant 390)$$
$$S_6 = 7 \quad (390 < t)$$

使用式(4-139)中定义的对数似然函数来估计参数 $\hat{\beta}$、$\hat{K}$、$\hat{n}$。

求解:通过求解对数似然式(4-139)的 $\dfrac{\partial \Lambda}{\partial \beta}=0$,$\dfrac{\partial \Lambda}{\partial K}=0$ 和 $\dfrac{\partial \Lambda}{\partial n}=0$,得到 β、K 和 n 的参数估计值。等效失效时间可通过式(4-136)和式(4-137)[等同于式(4-131)]计算得出。例如,以下即为应力水平 2(3 V)和应力水平 3(4 V)下的等效失效时间:

$$t_i^{e=3\text{ V}}=t_i+(250\text{ h})\times\left(\frac{2\text{ V}}{3\text{ V}}\right)^n$$

$$t_i^{e=4\text{ V}}=t_i+\left[20\text{ h}+(250\text{ h})\times\left(\frac{2\text{ V}}{3\text{ V}}\right)^n\right]\times\left(\frac{3\text{ V}}{4\text{ V}}\right)^n=t_i+(250\text{ h})\times\left(\frac{2\text{ V}}{4\text{ V}}\right)^n+(20\text{ h})\times\left(\frac{3\text{ V}}{4\text{ V}}\right)^n$$

每个应力水平下不失效的等效时间 t_j^e 采用类似方式计算。使用 MATLAB 脚本得到以下参数最大似然估计值:

$$\begin{cases}\hat{\beta}=2.30\\[4pt]\hat{K}=1.09\times10^{-5}\\[4pt]\hat{n}=5.07\end{cases}$$

得到的结果比 4.16.1 节采用的近似法更准确。

[**例 4.18**]　以下示例中,最大剪应力模型可将轴承的磨损寿命表示如下:

$$N=C\left(\frac{\tau_{屈服点}}{\tau_{最大}}\right)^n$$

式中:

$$N=磨损寿命周期$$
$$C,n=根据试验结果确定的常数$$
$$\tau_{屈服点}=材料屈服点$$
$$\tau_{最大}=表面附近的最大剪切应力$$

进行步进应力试验(针对以 psi 为单位的应力 $\tau_{最大}$),其中 $\tau_{最大}$ 逐步增加,测定磨损寿命周期。显然,在每一步都发生了磨损,磨损随着步骤的进行而累积。记录到以下信息:

时间/周期	应力水平/psi
0~2 500	250
2 500~3 500	750
3 500~3 700	1 500

本试验的目的是确定模型的参数及在 200 psi 正常工况下的寿命。对 7 个单元进行了试验,在以下周期发生了磨损失效:2 800、3 100、3 300、3 520、3 600 和 3 660。假设采用威布尔寿命模型,确定分布参数以及常数 C 和 n(设 $\tau_{屈服点}=1\ 400$ psi)。

求解:

重新排列给定的寿命-应力关系,得到逆幂律关系:

$$N=C\left(\frac{\tau_{屈服点}}{\tau_{最大}}\right)^n=\frac{1}{a\cdot\tau_{最大}^n}$$

式中：$a = \dfrac{1}{C \cdot \tau_{yp}^{n}}$。

由此可得

$$C = \dfrac{1}{a \cdot \tau_{yp}^{n}}$$

然后，这个问题就变成了根据给定应力数据估计 a 和 n 的问题。给定应力分布可以用等效时间表示为表 4.31。

表 4.31　给定应力分布可以用等效时间表示

实际失效/删失时间	失效应力 $\tau_{最大}$	失效/删失等效时间
2 800	750	$300 + 2\ 500 \times \left(\dfrac{250}{750}\right)^{n}$
3 100	750	$600 + 2\ 500 \times \left(\dfrac{250}{750}\right)^{n}$
3 300	750	$800 + 2\ 500 \times \left(\dfrac{250}{750}\right)^{n}$
3 520	1 500	$20 + 2\ 500 \times \left(\dfrac{250}{1\ 500}\right)^{n} + 1\ 000 \times \left(\dfrac{750}{1\ 500}\right)^{n}$
3 600	1 500	$100 + 2\ 500 \times \left(\dfrac{250}{1\ 500}\right)^{n} + 1\ 000 \times \left(\dfrac{750}{1\ 500}\right)^{n}$
3 660	1 500	$160 + 2\ 500 \times \left(\dfrac{250}{1\ 500}\right)^{n} + 1\ 000 \times \left(\dfrac{750}{1\ 500}\right)^{n}$
>3 700	1 500	$200 + 2\ 500 \times \left(\dfrac{250}{1\ 500}\right)^{n} + 1\ 000 \times \left(\dfrac{750}{1\ 500}\right)^{n}$

根据等效失效时间（包括一个删失点），应使用对数似然函数式（4-139）来估计 $\hat{\beta}$、$\hat{a}$ 和 $\hat{n}$，即 $\hat{\beta} = 2.23$、$\hat{a} = 19\ 633$、$\hat{n} = 2.26$，相当于 $C = 390.74$。

4.16.3　步进应力数据分析的贝叶斯推理法

如前所述，常用最大似然估计法的准确性主要取决于模型参数是否准确已知。实际上，由于样品数量有限，我们所能获得的模型参数信息总是有很大的不确定性。因此，贝叶斯推理法是进行步进应力加速寿命试验推理的良好方法。

为了演示贝叶斯推理的应用，考虑图 4.24 中设想的步进应力试验，试验涉及 n 个单元，最初在低应力水平 S_1 下进行试验。应力水平保持在 S_1，直至应力增加到更高应力水平 S_2 的应力变化点 t_i，观测到的第 j 个失效显示为 t_j^*，删失单元为 $t_j^* +$。试验持续到预定的删失时间 t_n，应力水平表示为 $S_i (i = 0, 1, 2, \cdots, n)$，法向应力水平表示为 S_0。值得关注的估计值 t_F，即为法向应力 S_0 下应力寿命分布的第 F 位。

假设产品的失效时间服从各应力水平下的威布尔分布，寿命-应力服从逆幂关系。因此，我们可以假设威布尔尺度参数 α_i 与应力 $S_i (i = 0, 1, 2, \cdots, n)$ 有关。

$$\alpha_i = \frac{1}{AS_i^p} \tag{4-141}$$

式中：A 和 p 为未知参数。

S_i 时失效数据点的相应累积分布函数和概率密度函数如下：

CDF，有

$$F_i(t_c, S_i) = 1 - \exp\left[-(t_c AS_i^p)^\beta\right] \tag{4-142a}$$

PDF，有

$$f_i(t_c, S_i) = \beta AS_i^p(t_c AS_i^p)^{\beta-1}\exp\left[-(t_c AS_i^p)^\beta\right] \tag{4-142b}$$

式中：β 为形状参数；α_i 为尺度参数；t 为失效数据点 S_i 的时间。

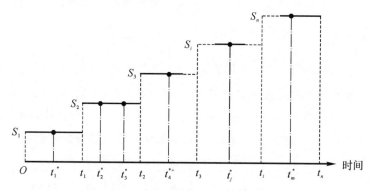

图 4.24　设想步进应力试验

得到删失观测值的概率为

$$R_i(t_r, S_i) = \exp\left[-(t_c AS_i^p)^\beta\right] \tag{4-143}$$

式中：β 为形状参数；α_i 为尺度参数；t_r 为右删失数据点 S_i 的时间。

考虑累积暴露模型，可以将上述方程改写如下：

CDF，有

$$F_i(t_{c_{ij}}^*, S_i) = 1 - \exp\{-[(t_{c_{ij}}^* - t_{i-1} + \tau_{i-1})AS_i^p]^\beta\} \tag{4-144a}$$

PDF，有

$$f_i(t_{c_{ij}}^*, S_i) = \beta AS_i^p\left[(t_{c_{ij}}^* - t_{i-1} + \tau_{i-1})AS_i^p\right]^{\beta-1}\exp\{-[(t_{c_{ij}}^* - t_{i-1} + \tau_{i-1})AS_i^p]^\beta\} \tag{4-144b}$$

式中：β 为形状参数；α_i 为尺度参数；A 和 p 为未知参数；$t_{c_{ij}}^*$ 为 $S_i\left[\tau_{i-1} = (t_{i-1} - t_{i-2} + \tau_{i-2})\left(\dfrac{S_{i-1}}{S_i}\right)^p\right]$ 时第 j 个失效数据点的时间。

因此，上述模型中有三个参数 A、p 和 β，t_F 与这三个参数有关：

$$t_F(S_i) = \exp\left\{-\ln A - p\ln S_i + \frac{1}{\beta}\ln[-\ln(1-F)]\right\} \tag{4-145}$$

得到删失观测值的概率为

$$R_i(t_{r_{ik}}, S_i) = \exp\left[-(t_{r_{ik}}AS_i^p)^\beta\right] \tag{4-146}$$

式中：β 为形状参数；α_i 为尺度参数；$t_{r_{ik}}$ 为 S_i 时第 k 个右删失数据点的时间。

似然函数有两种构建方法：

（1）构建每一步的似然函数：

$$l = \prod_{i=1}^{n} \prod_{j=1}^{c_{ij}} f_i(t_{c_{i1}}^*, t_{c_{i2}}^* \cdots t_{c_{ij}}^*) \prod_{k=1}^{r_{ik}} [1 - F_i(t_{r_{i1}}^*, t_{r_{i2}}^* \cdots t_{r_{ik}}^*)] \qquad (4-147)$$

式中：n＝步数；c_{ij}＝第 i 步的失效数据点数量；$t_{c_{ij}}^*$＝第 i 步时第 j 个失效数据点的时间；r_{ik}＝第 i 步的右删失数据点数量；$t_{r_{ik}}^*$＝第 i 步时第 k 个右删失数据点的时间。

（2）通过将前面所有步骤等效转换为最终步骤 n 来构建似然函数：

$$l = \prod_{j=1}^{j'} f_n(t_{c_{n1}}^*, t_{c_{n2}}^* \cdots t_{c_{nj'}}^*) \prod_{k=1}^{k'} [1 - F_n(t_{r_{n1}}^*, t_{r_{n2}}^* \cdots t_{r_{nk'}}^*)] \qquad (4-148)$$

式中：$j' = \sum_{i=1}^{n} c_{ij}$＝失效数据点总数；$k' = \sum_{i=1}^{n} r_{ik}$＝删失数据点总数；$t_{c_{nj'}}^*$＝第 j' 个失效数据点的时间；$t_{r_{nk'}}^*$＝第 k' 个右删失数据点的时间。

$$t_{c_{nj'}}^* = (t_{c_{ij}}^* - t_i)\left(\frac{s_n}{s_i}\right)^p; \quad t_{r_{nk'}}^* = (t_{r_{ik}}^* - t_i)\left(\frac{s_n}{s_i}\right)^p$$

将通过第二种方式生成的似然函数用于以下分析。用 $f(A, p, \beta)$ 表示三个模型参数的联合先验分布。假设我们拥有的实验数据包含 n 个独立同分布（IID）观测值 $\vec{t} = (t_{c_{n1}}^*, t_{c_{n2}}^* \cdots t_{c_{nj'}}^*; t_{r_{n1}}^*, t_{r_{n2}}^* \cdots t_{r_{nk'}}^*)$，根据贝叶斯定理，给定数据 t 的模型参数联合后验分布为

$$\pi_1(A, n, \beta \mid t) = \frac{l(t \mid A, p, \beta)\pi_0(A, p, \beta)}{\iiint l(t \mid A, p, \beta)\pi_0(A, p, \beta)\mathrm{d}A\,\mathrm{d}p\,\mathrm{d}\beta} \qquad (4-149)$$

为了求解上述后验，需要多级积分，这往往在分析上难以处理，有时甚至无法直接得到数值积分。在这种情况下，马尔可夫链蒙特卡罗（MCMC）模拟是获得可靠结果的最简单方法，无需计算积分。使用 WinBUGS 实现 MCMC 模拟。

WinBUGS 中使用一种被称为吉布斯采样的 MCMC 交替条件采样，在求解高维问题方面非常有效。每次吉布斯采样迭代都会循环遍历未知参数，基于所有其他参数的最新值抽取一个参数的样本。通过多次迭代，可将一个参数的提取样本视为根据其后验分布得到的模拟观测值。然后，还可以方便地对模型参数的函数进行采样，例如用 $t_F(S_0)$ 表示的法向应力条件下寿命分布的第 F 位数。

［例 4.19］ 对电缆绝缘进行步进应力试验，估计在 400 V/mm 设计应力下的寿命。表 4.32 所列数据为试验数据。每个试样先在 5 kV、10 kV、15 kV 和 20 kV 下各保持 10 min，然后在 26 kV 下进入第 1 步。从第 1 步至第 10 步，试样在每个电压下保持相同时间（15 min、1 h、4 h 或 16 h）。表 4.32 给出了试样击穿时的步数和总试验时间及其绝缘厚度（用于计算应力，即电压除以厚度）。假设试验电缆 1 与之前试验的其他电缆 2 相当，则可以将电缆 2 试验的最大似然估计结果用作先验信息。假设对电缆 2 进行了试验，并得到了表 4.33 所示的数据，使用贝叶斯估计更新模型参数。

求解：

式（4-140）～式（4-148）和式（4-148）的贝叶斯推理表达式可用于求解这个问题。此前开发了一个使用 Metropolis-Hastings MCMC 的 MATLAB 程序来计算先验和后验参数值。假设参数为无信息均匀先验 UNIF（0,100）（即均匀分布），根据表 4.32 中的数据得到

参数的后验。参数的先验结果见表 4.33,后验结果见表 4.34。

表 4.32　电缆 1 的步进应力试验数据(＊在第 1 步之前,每个试样分别在 5 kV、10 kV、15 kV 和 20 kV 下保持 10 min;＋表示右删失)

电压模式		试样数据			
步骤＊	/kV	保持时间/min	最终步	总失效时间/min	厚度/mm
1	26	15	5	102	27
		15	5	113	27
2	28.5	15	5	113	27
3	31	60	6	370＋	29.5
		60	6	345	29.5
4	33.4	60	6	345＋	28
5	36	240	6	1 249	29
		240	6	1 333	29
6	38.5	240	6	1 333＋	29
		240	5	1 096.9	29
7	41	240	6	1 250.8	30
		240	5	1 097.9	29
8	43.5	960	3	2 460.9	30
9	46	960	3	2 460.9＋	30
		960	3	2 700.4	30
10	48.5	960	4	2 923.9	30
		960	2	1 160	30
		960	3	1 962.9	30
		960	1	363.9＋	30
		960	1	898.4＋	30
		960	5	4 142.1	30

表 4.33　电缆 2 的先验分布结果

参　　数	下　　限	上　　限
A	4.38×10^{-10}	5.69×10^{-5}
p	1.37×10^{-4}	2.78
β	1.74×10^{-4}	12.10

表 4.34　根据电缆 1 数据和电缆 2 先验得到的后验分布结果

参　数	下　限	上　限
A	3.70×10^{-9}	5.68×10^{-5}
p	1.12×10^{-3}	1.82
β	4.68×10^{-3}	12.10

第 5 章　加速退化数据分析和可靠性模型开发

5.1　引　言

在预后和健康管理（PHM）应用中，涉及高度可靠的部件时，仅进行加速寿命试验可能不足以在可用时间范围内得到可靠性和预后结果。虽然可以选择根据删失试验样本推断可靠性特征，但这需要有关分布的假设，而且往往会导致结果高度不确定。在这些情况下，采用退化建模和分析可能更合适。退化分析时，会对失效机理退化路径进行概率建模，并将累积损伤的预计分布与预定失效阈值或耐久极限进行比较（王和科伊特，2007）。图 5.1 所示为假设失效机理引起的单调递增累积退化模型。图 5.1 中的退化模型为概率模型，y 轴上的累积退化值用概率密度函数表示，其中的随机变量表示累积退化量。即，在退化路径上的任何一点，多个类似退化部件服从特有的退化量分布（如磨损量、光强度和裂纹长度）。通过观察发现，随着时间的增加，平均累积退化量增加（但通常情况下变化系数保持不变），退化量的分布存在较大方差。在任何时间点，都可以按退化量保持在描述失效阈值的耐久极限以下的概率估计可靠性。若为递减路径（如性能退化的情况），则按退化量大于要求限值的概率计算可靠性。

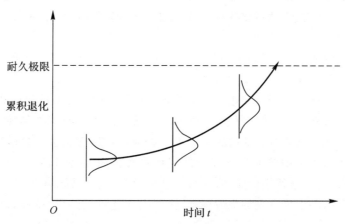

耐久极限

累积退化

O　　　　　　　　时间 t

图 5.1　退化路径的示例

为了进一步缩短试验时间，可以在高应力水平下进行试验，并测定退化量发生的相关变化。试验结果为一系列退化路径，每个路径对应特定应力水平，然后用作建模和外推估计使用应力水平下可靠性指标或平均剩余寿命的依据。在图 5.2 所示的示例中，绘制了三个不同应力水平的三条退化路径。这类分析被称为加速退化分析，在某些情况下可以直接测定随时间推移的退化情况（如裂纹扩展）。但是，在另一些情况下，可能难以获得退化数据，不得不采用破坏性或侵入性的手段,而这反过来可能对部件的性能产生影响(例如,拆开电动机进行磨损测量)。在任何情况下,需确立一个预定的退化程度(耐久性或要求),超过此程度,就会发生失效。

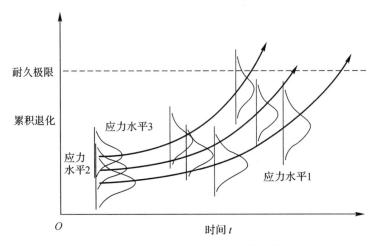

图 5.2 三种应力水平下加速退化试验的退化路径示例

需注意的是,尽管通过考虑部件的退化情况,可以更准确地预测寿命特性,但这种方法在收集和评估退化数据方面也面临相关挑战。例如,该方法在以下各方面存在复杂性和不确定性:测量退化;精确定位退化的位置;评估测量误差,并结合考虑;评估对退化或损坏区域的检测情况;估测检测本身的可能性。与传统的加速寿命试验相比,上述试验的执行成本更高,分析难度更高。退化数据可为可靠性分析提供一些实际的便利,包括:

(1)与传统的删失失效时间数据相比,这种退化数据可提供更多可靠性信息(特别是在几乎没有或没有出现失效的情况下)。

(2)通过退化观测,可直接对失效机制进行建模,从而提供更可信、更精确的可靠性评估,为外推和预后判断提供更坚实的基础。

与常规加速寿命试验类似,加速退化试验和分析需采用更复杂的机械和数学模型,根据预设的失效标准,推断出随时间变化的性能测量结果。由于这些工作是在不同的应力水平下完成的,因此每次失效都有相应的应力水平。加速退化试验相关结果的置信度与试验单元数量、每个应力水平下的单元数量以及加速系数直接相关(Reliasoft 公司,1996)。退化度量指标是随着时间的推移而设定的,既可以连续设定,也可以间隔设定。一旦采集到上述信息,下一个任务就是根据定义的失效标准,推断出性能测量结果,这样就可预测使用条件下的退化情况。本章将介绍加速退化试验的一些常见模型、分析方法和推理方法。

5.2 退 化 模 型

加速退化试验的建模期分为两个阶段。在第一阶段,需对退化度量指标和累积退化程度所需时间(或周期)之间的关系进行建模。在第二阶段,可预测试验单元何时达到预定的阈值水平(耐久极限或要求极限),以满足失效标准。随后,这些时间值可作为"伪"失效时间,输入加速寿命试验模型中,该模型可将失效时间与应力水平相关联。第二阶段的建模工作与第 4 章所述的常规加速寿命试验建模和数据分析技术完全相同。因此,本节的重点在于第一阶段的建模工作,即对时间和特定累积退化度量指标之间的关系进行建模,然后通过举例说明整个过程。

如前所述,失效通常可以追溯到一个潜在的退化过程。图 5.3 举例呈现了累积退化曲线的三种常见形状:线性、凸形和凹形。这些退化路径几乎都可以进行建模,采用的数学形式与加速寿命试验的寿命压力模型[定义式见式(3-7)]相同。可靠性工程师和科学家的任务是从这些形式中找到最合适的模型,或者找到适用于特定退化的一些综合版或修正版模型。

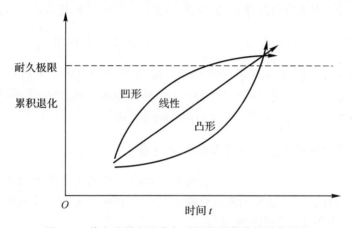

图 5.3　单变量累积退化与时间关系曲线的可能形状

5.2.1　无变化的简单退化模型

1. 线性退化

线性退化发生在磨损(如刹车片磨损、轮胎磨损)等几个简单过程中。例如,如果 $D(t)$ 是一个汽车轮胎在时间 t 的胎面磨损量,而磨损率为 $\dfrac{\mathrm{d}D(t)}{\mathrm{d}t}=C$,则

$$D(t)=D(0)+mt \tag{5-1}$$

式中:$D(0)$是初始胎面磨损量;m 是反映退化率的参数。这种简单模型如图 5.4 所示。

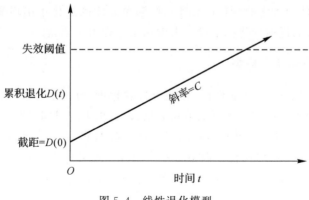

图 5.4　线性退化模型

2. 凸形退化

凸形退化适用于那些退化率随退化程度增加而增加的失效机制。例如,这种模型可用于模拟疲劳裂纹扩展。如果 $a(t)$ 表示周期 N 时裂纹的尺寸,那么第 2 章所述的帕里斯模型就会生成一条凸形退化曲线,类似于图 2.27 中代表疲劳裂纹尺寸的曲线。

3. 凹形退化

米克尔和埃斯科巴(1998)提出了一个凹形退化模型示例,即印刷电路板中导致失效的导电细丝(材质为氯铜化合物)的退化模型。当导电细丝从某一镀铜细丝通孔穿到另一个时,就会发生失效。在该模型中,$A_1(t)$ 表示可用于反应的氯量,$A_2(t)$ 表示与在时间 t 导致失效的氯铜化合物量成正比。在适当的条件下,铜与氯 A_1 结合,生成氯铜化合物 A_2,速率常数为 k_1。由此可知,该化学反应的图示为 $A_1 \xrightarrow{k_1} A_2$。该过程的速率方程为 $\dfrac{\mathrm{d}A_1}{\mathrm{d}t} = -k_1 A_1$,且 $\dfrac{\mathrm{d}A_2}{\mathrm{d}t} = k_1 A_2$。求解该微分方程组 $A_1(t) = A_1(0) \cdot \mathrm{e}^{-k_1 t}$ 且 $A_2(t) = A_2(0) + A_1(0)(1 - \mathrm{e}^{-k_1 t})$,式中 $A_1(0)$ 和 $A_2(0)$ 是初始值。设 $A_2(\infty) = A_1(0) + A_2(0)$,如果 $A_2(0) = 0$,那么求解 $A_2(t)$ 可表示为 $A_2(t) = A_2(\infty) \cdot (1 - \mathrm{e}^{-k_1 t})$,这是一种凹形曲线。

5.2.2 退化模型和失效时间方面的变化考量

5.2.1 节所述的简单模型并没有考虑到可能影响试验结果的可变因素。实际上,有些因素确实会导致退化曲线和推断的失效时间出现变化。两个主要可变根源是:单元之间的变化,因操作和环境条件而产生的变化。

单元之间的变化示例包括:

(1)初始条件:各单元会不可避免地随初始退化程度和既有缺陷(如刹车片磨损、轮胎磨损、隐藏缺陷及初始裂纹和凹痕)而变化。这种变化反过来又导致达到预定失效阈值的时间出现变化。

(2)材料属性:与材料属性有关的常数将随单元而变化,这也将导致达到预定失效阈值的预估时间出现变化。

(3)部件的几何形状和尺寸:单元之间在具体尺寸、质量和几何形状方面的变化将导致退化率出现变化。

(4)单元内的变化:在某一单元内,不同位置的空间差异(如缺陷密度和尺寸不同)十分常见。

操作和环境条件而产生的变化也会导致试验单元之间退化率出现变化。例如,在疲劳应用中,温度和应力的任何变化都会导致失效诱发过程出现变化。

5.2.3 一般退化路径模型

米克尔和埃斯科巴(1998)提出了一般退化路径模型,可用于分析(假设没有测量误差和检测概率理想情况)固定应力水平下的退化数据,以求出失效时间分布的估计值。在该模型中,$D(t)$ 表示某一特定单元的真实退化路径。可连续监测 $D(t)$ 的取值,但在实际应用中,往往需在不连续的时间点抽检这些取值。某个单元 i 在采样时间 t_{ij} 的观测样本退化路径是某一单元的实际退化路径 $D(t)$ 加上某一模型误差,如下式所示:

$$y_{ij} = D_{ij} + \varepsilon_{ij} \quad (i = 1, 2, \cdots, n; j = 1, 2, \cdots, m_i) \tag{5-2}$$

式中:$D_{ij} = D(t_{ij} | \boldsymbol{\Theta})$ 是已知参数向量 $\boldsymbol{\Theta} = \{\theta_1, \cdots, \theta_k\}$ 的退化路径,t 是实际时间(操作时间)、周期、消耗寿命或年龄指数。采样编号为 j 的单元 i 的实际退化路径为 $t_{ij}\varepsilon_{ij} \sim N(0, \sigma_\varepsilon)$,是单元 i 在 t_{ij}(对应于采样编号 j)时的剩余偏差(模型误差)。

　　通过检查,测量单元 i 的累积损伤,而这种检查的总次数用 m_i 表示。请注意,时间 t 可表示实际时间、操作时间,或其他适当的定量指标,如汽车轮胎的行驶里程数或疲劳应用的载荷周期数。图 5.5 说明了式(5-2)所述的概念。需注意,此图仅说明单元 i 的退化路径情况。有多条曲线,可表示各试验单元。图 5.5 显示了单元 i 在每个测量时间 t_{ij} 的数据点(累积退化或损伤)。实际上,每个时间点只会有一个退化变量的测量结果,即使对每个单元而言,测量时间也不一定相同。例如,单元 1 的第一个测量时间 t_{11} 不一定与单元 2 的第一个测量时间 t_{21} 相同。可选择 y 和 t 的尺度,以简化 $D(t_{ij} | \theta_{1i}, \cdots, \theta_{ki})$ 的形式。若要选择一个退化模型,不仅需确定 $D(t_{ij} | \theta_{1i}, \cdots, \theta_{ki})$ 的数学形式,还需估算 $\theta_{1i}, \cdots, \theta_{ki}$ 的参数。由于该向量 $\boldsymbol{\Theta}$ 的各要素可能相互关联,所以应估测参数的协方差或该向量参数的联合分布(采用贝叶斯估计法)。米克尔和埃斯科巴在《可靠性数据的统计方法》(*Statistical Methods for Reliability Data*, 1998)中介绍了对多变量正态分布(具有平均向量 $\boldsymbol{\mu}_\theta$ 和协方差矩阵 $\boldsymbol{\Sigma}_\theta$)采用一般转换标准。

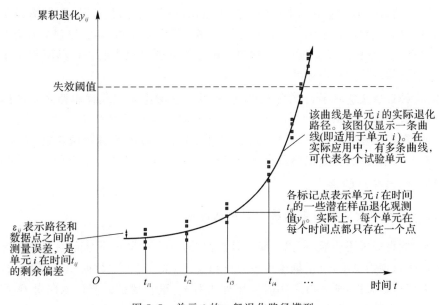

图 5.5　单元 i 的一般退化路径模型

　　一般在合理情况下,可假设累积退化与时间模型的参数 $\theta_{1i}, \cdots, \theta_{ki}$ 都是随机参数,且与测量误差 ε_{ij} 无关。也可假设 ε_{ij} 是独立同分布(IID)。由于每个退化观测值 y_{ij} 都是按顺序采集,所以 ε_{ij} 之间可能自相关,特别是对于间隔较近的读数。但是,在许多实际应用中,只要模型拟合充分,测量过程受控,就需对群体或过程中的单元退化进行建模,这种自相关通常不明显。此外,主要变化就是单元之间在 θ 值方面的变化,而回归模型的点估计不会受到自相关的严重影响。尽管在某些情况下,忽视自相关会导致出现有严重偏差的标准误差,但若采用置信区间,这就不算大问题。

5.2.4 加速寿命退化的近似分析

简单的(近似正确的)退化数据分析方法由两步组成。第一步是对每个试验单元进行单独分析,以预测单元达到预定的临界退化程度(耐久性)的时间,该退化程度对应于失效,这种时间可称为"伪"失效时间。第二步是将这种伪失效时间作为失效时间的完整样本进行分析,以估算表示失效时间的累积分布函数 $F(t)$。该方法可正式归结为以下几点:

(1)对于每个单元 i,使用路径模型 $D(t,\boldsymbol{\Theta}_i)$ 建立 $y_{ij}=D_{ij}+\varepsilon_{ij}$,其中观测的样本路径数据 $(t_{i1},y_{i1}),\cdots,(t_{im},y_{im})$ 应用于寻找未知退化模型参数向量 $\boldsymbol{\Theta}_i$ 的最大似然估计。为达此目的,可采用最小二乘回归。

(2)确定退化极限(耐久极限)D_f,求解方程 $D(t,\boldsymbol{\Theta})=D_f$ 的 t,并将此解记为 $\hat{t}_1$。请注意,D_f 本身可视作一个随机变量,相应的极限用概率密度函数(而非固定值)表示。

(3)对每个样本路径重复该流程,求得伪失效时间 $\hat{t}_1,\cdots,\hat{t}_n$。

(4)根据 $\hat{t}_1,\cdots,\hat{t}_n$ 的散点,建立一个与失效时间有关的失效时间分布,以及一个寿命-应力关系式,将伪失效时间与引发退化的应力相关联。

需注意的是,当退化路径相对简单(如明显的线性)时,这种近似法就可提供充分的分析。路径模型的拟合形式应恰当地反映出损伤累积过程。在退化评估期间,需采用大量数据才能估算出模型参数,这是因为需在退化沿线多处设置若干数据点,以建立具有合理置信度的假设模型。一旦模型建立,所产生的测量误差数量应该很少。该模型不得用于过度推断观测退化数据,以预测伪失效时间。

显然,这种近似法忽略了 $\hat{t}_1$ 的预测误差,并且没有考虑到观测样本路径中的模型误差 ε_{ij}。另外,拟合于伪失效时间的分布不一定与退化模型所产生的分布一致。最后,在某些应用中,可能存在一些样本路径,但相关信息不足,无法估算出所有路径参数(例如,假设路径模型中有一条渐近线,但数据还没有达到该渐近线)。这可能需要为不同的样本路径拟合不同的模型,以预测 $\hat{t}_1$ 的参数。

5.2.5 加速退化模型参数的最大似然估计法

假设 ε_{ij} 的自相关不明显,可以忽略不计。此外,可假设呈正态分布的加性误差模型可代表误差。在这种情况下,可根据该正态分布和式(5-2),对个别数据点 y_{ij} 和 t_{ij} 进行似然估计。如果存在相关性,那么可采用时间序列法对 ε_{ij} 进行建模。假设该向量 $\boldsymbol{\Theta}$ 可用平均值 $\boldsymbol{\mu}_\theta$ 和协方差矩阵 $\boldsymbol{\Sigma}_\theta$ 表示。已知模型的参数,数据的似然可表示为

$$l(y_{ij},t_{ij}\mid\boldsymbol{\mu}_\theta,\boldsymbol{\Sigma}_\theta,\sigma_{ij})=\prod_{i=1}^{n}\int_{\boldsymbol{\Theta}}\prod_{j=1}^{m_i}\frac{\phi(z_{ij})}{\sigma_\varepsilon}f(\boldsymbol{\Theta}\mid\boldsymbol{\mu}_\theta,\boldsymbol{\Sigma}_\theta)\mathrm{d}\boldsymbol{\Theta} \tag{5-3}$$

式中:$z_{ij}=\dfrac{y_{ij}-D(t_{ij},\boldsymbol{\Theta})}{\sigma_\varepsilon}$,且 $m_i=$ 与单元 i 相关的抽样(即退化检查)次数;$f(\boldsymbol{\Theta}\mid\boldsymbol{\mu}_\theta,\boldsymbol{\Sigma}_\theta)=$ 参数向量 $\boldsymbol{\Theta}=[\theta_1,\cdots,\theta_k]$ 的联合概率密度函数,其平均值为 $\boldsymbol{\mu}_\theta$,协方差矩阵为 $\boldsymbol{\Sigma}_\theta$。随后,通过最大化相对于 $\boldsymbol{\mu}_\theta$、$\boldsymbol{\Sigma}_\theta$、$\sigma_\varepsilon$ 的 $l(y_{ij},t_{ij}\mid\boldsymbol{\mu}_\theta,\boldsymbol{\Sigma}_\theta,\sigma_\varepsilon)$(即使用 $\dfrac{\partial l}{\partial\boldsymbol{\mu}_\theta}=0,\dfrac{\partial l}{\partial\boldsymbol{\Sigma}_\theta}=0,\dfrac{\partial l}{\partial\sigma_\varepsilon}=0$),求出加速退化试验参数的最大似然估计值。

但这十分困难,除非 $D(\cdot)$ 是一个线性函数或对数线性函数。

在没有概率密度函数模型 $f(\boldsymbol{\Theta} \mid \boldsymbol{\mu}_\theta, \boldsymbol{\Sigma}_\theta)$ 的条件下,式(5-3)可简化为

$$l(y_{ij}, t_{ij} \mid \boldsymbol{\mu}_\theta, \boldsymbol{\Sigma}_\theta, \sigma_\varepsilon) = \prod_{i=1}^n \int_{\boldsymbol{\Theta}} \prod_{j=1}^{m_i} \frac{\phi(z_{ij})}{\sigma_\varepsilon} \mathrm{d}\boldsymbol{\Theta} \tag{5-4}$$

式中:$z_{ij} = \dfrac{y_{ij} - D(t_{ij}, \boldsymbol{\Theta})}{\sigma_\varepsilon}$,对于功率退化模型的特殊情况,$D(t_{ij}) = \theta_1 t_{ij}^{\theta_2}$,$z_{ij} = \dfrac{(y_{ij} - \theta_1 t_{ij}^{\theta_2})}{\sigma_\varepsilon}$,且 $\boldsymbol{\Sigma}_\theta = \begin{bmatrix} \mathrm{var}(\theta_1) & \mathrm{cov}(\theta_1, \theta_2) \\ \mathrm{cov}(\theta_2, \theta_1) & \mathrm{var}(\theta_2) \end{bmatrix}$。由此,$\dfrac{\partial l}{\partial \boldsymbol{\Theta}} = \dfrac{\partial l}{\partial \boldsymbol{\Sigma}_\theta} = \dfrac{\partial l}{\partial \sigma_\varepsilon} = 0$,可得 $\hat{\boldsymbol{\Theta}}$、$\hat{\boldsymbol{\Sigma}}_\theta$ 和 $\hat{\sigma}_\varepsilon$。

如果涉及试验和(或)检测误差,那么应对此做出正式说明。在采用最大似然估计法时,就可以这样做,具体方式是使用由函数 $\varepsilon_{ij}^e = y_{ij} - y_{ij}^e$ 和 $\varepsilon_{ij}^m = y_{ij} - y_{ij}^m$(式中 ε^e 是在与时间 t_{ij} 相关的时间点的测量误差)表示的线性加性误差模型,将试验和(或)检测误差纳入退化数据的描述中。请注意,y_{ij} 是真实的退化程度,y_{ij}^e 是测量的退化程度,ε^m 是退化模型误差,y_{ij}^m 是与时间 t_{ij} 相关的退化模型取值。由此可得

$$\varepsilon = \varepsilon^m - \varepsilon^e = y_{ij}^e - y_{ij}^m = y_{ij}^e - D(t_{ij}, \boldsymbol{\Theta}) \tag{5-5}$$

第 7 章将进一步探讨如何在退化分析时对测量结果、模型和探测不确定性做出正式说明。

如果正态概率密度函数误差模型 $\varepsilon_{ij} \sim N(0, \sigma_{\varepsilon_{ij}})$ 不再有效,那么也可采用对数正态,在这种情况下,试验和模型误差将从加性形式变为乘性形式。例如,$\varepsilon_{ij}^e = y_{ij}/y_{ij}^e$,且 $\varepsilon_{ij}^m = y_{ij}/y_{ij}^m$,则 $\varepsilon_t = y_{ij}^e/D(t_{ij}, \boldsymbol{\Theta})$。由此,式(5-3)可表示为

$$l(y_{ij}, t_{ij} \mid \boldsymbol{\mu}_\theta, \boldsymbol{\Sigma}_\theta, \sigma_{\varepsilon_t}) = \prod_{i=1}^n \int_{\boldsymbol{\Theta}} \prod_{j=1}^{m_i} \frac{\varphi(z_{ij_t})}{t_{ij_t} \sigma_{\varepsilon_t}} f(\boldsymbol{\Theta} \mid \boldsymbol{\mu}_\theta, \boldsymbol{\Sigma}_\theta) \mathrm{d}\boldsymbol{\Theta} \tag{5-6}$$

式中:$z_{ij_t} = \dfrac{\ln y_{ij} - \ln[D(t_{ij}, \boldsymbol{\Theta})]}{\sigma_{\varepsilon_t}}$。

$$l(y_{ij}^e, t_{ij}, b_e, \sigma_e \mid \sigma_m, b_m, y_m) = \prod_{i=1}^n \frac{1}{\sqrt{2\pi}\left(\dfrac{y_{ij}^e}{y_{ij}^m}\right)\sqrt{\sigma_m^2 + \sigma_e^2}} \mathrm{e}^{-\frac{1}{2} \times \frac{\left[\ln\frac{y_{ij}^e}{y_{ij}^m} - (b_m - b_e)\right]^2}{\sigma_m^2 + \sigma_e^2}} \tag{5-7}$$

[例 5.1] 将一种新型耐蚀材料的 5 个试样置于高度腐蚀的环境中,进行为期 240 h 的试验。材料的密度为 7.6 g/cm³,每个试样的暴露表面积为 4.3 cm²。在试验期结束时,测得的质量损失为 11.1 mg、10.4 mg、12.1 mg、11.4 mg 和 9.8 mg(假设没有测量误差)。假设退化 1 mm 或以上会导致结构性失效,预测 5 个试样的失效时间。根据这些失效时间,求出最能代表材料寿命的概率分布。

求解:

根据已知数据,需求出发生 1 mm(深度)的材料损失所需的时间。通过控制各单元,从记录质量损失中获得已损材料体积,如下式所示:

$$\begin{cases} \text{已损体积} = \dfrac{\text{已损质量}}{\text{密度}} \\ \text{已损材料深度} = \dfrac{\text{已损体积}}{\text{表面积}} \end{cases}$$

随后,根据材料损失率,求出达到 1 mm 的退化深度所需的时间,由下式给出:

$$损失率(深度)=\frac{深度}{试验总时间}=\frac{深度}{240\ h}$$

根据上式,失效时间可利用下式求出:

$$失效时间=\frac{失效深度(cm)}{损失率}=\frac{0.1\ cm}{损失率(cm/h)}$$

由此可得表 5.1,表中提供了记录质量损失对应的失效时间。根据表 5.1 中的数据,可将时间拟合为威布尔分布或对数正态分布,确定拟合效果更好的概率密度函数。MATLAB 评估生成了一些图表,这些图表依据是威布尔拟合($\alpha=74\ 577$ 和 $\beta=13.01$)和对数正态拟合($\mu_{t}=11.18$ 和 $\sigma_{t}=0.093$)的分布参数。经确定,威布尔分布比对数正态分布的拟合效果更好,如图 5.6 和图 5.7 所示。

表 5.1　记录质量损失对应的失效时间

质量损失/mg	240 h 的深度/cm	损失率/(cm·h^{-1})	失效时间/h
11.1	3.40×10^{-4}	1.42×10^{-6}	70 659
10.4	3.18×10^{-4}	1.33×10^{-6}	75 415
12.1	3.70×10^{-4}	1.54×10^{-6}	64 820
11.4	3.49×10^{-4}	1.45×10^{-6}	68 800
9.8	3.00×10^{-4}	1.25×10^{-6}	80 033

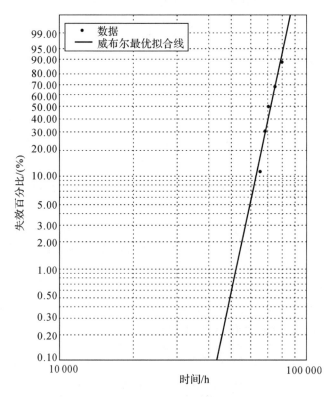

图 5.6　计算失效时间的威布尔概率图

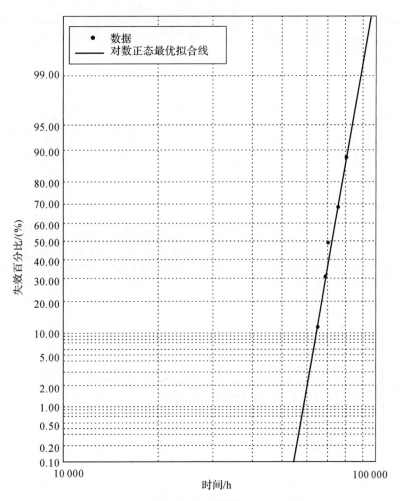

图 5.7　计算失效时间的对数正态概率图

[**例 5.2**]　考虑以下特定金属合金试验示例。为了研究质量的影响并更好地理解磨损机制,在施加各种不同质量的情况下进行了滑动试验。加速退化试验数据见表 5.2,双对数轴图如图 5.8 所示。假设无测量误差,使用最大似然估计法估计幂律退化模型的参数。假设乘性测量误差为 10%,重复这个问题。

表 5.2　加速退化试验数据

质量/g	单元	循环/百次							
		2	5	10	20	50	100	200	500
10	1	3.2	4.1	4.5	4.7	5.8	6.8	7.7	9.6
	2	2.7	3.4	3.8	3.9	5.4	5.7	6.3	8.4
	3	2.1	2.7	3.1	3.3	4.0	4.6	5.7	6.6
	4	2.6	3.5	4.0	4.0	5.2	6.1	6.7	8.5

续表

质量/g	单元	循环/百次							
		2	5	10	20	50	100	200	500
50	5	7.5	7.8	8.2	10.6	12.6	13.3	12.9	14.8
	6	7.5	8.1	9.8	10.9	14.8	16.1	17.3	20.2
	7	7.0	8.9	9.4	11.1	12.4	13.5	16.7	17.3
	8	7.8	8.9	10.0	11.5	13.7	16.2	16.2	21.0
100	9	12.5	15.4	17.2	20.5	24.1	27.0	29.4	37.9
	10	11.0	13.9	16.1	18.6	22.2	27.8	31.0	36.6
	11	13.0	15.1	18.6	20.2	23.9	29.7	31.5	39.6
	12	11.7	13.7	16.7	17.5	22.3	25.3	32.0	38.2

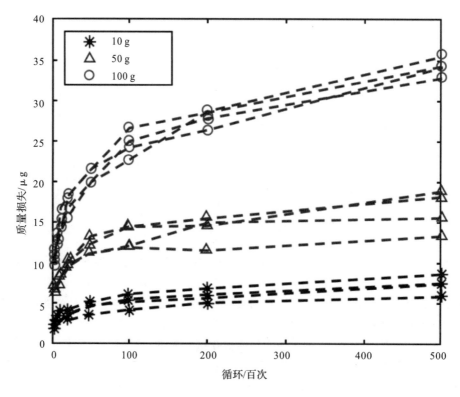

图 5.8　质量损失与数百次循环的关系图

求解：

若假设退化度量指标(磨痕宽度,μm)与累积磨痕宽度所需的循环次数之间存在简单的线性幂关系，则 $D(t_{ij}) = \theta_1 t_{ij}^{\theta_2}$ 或 $\lg D(t_{ij}) = \theta_1 + \theta_2 \cdot \lg t_{ij}$(对数线性版)。将式(5-3)中的最大似然估计用于所示数据(见表5.3)和退化模型对数图(见图5.9)，并外推至磨痕宽度达到

$50~\mu\mathrm{m}$ 的时间,则可得出平均模型参数 $\hat{\boldsymbol{\mu}}_{\theta_1}$、$\hat{\boldsymbol{\mu}}_{\theta_2}$,$\hat{\boldsymbol{\Sigma}}_{\theta_1\theta_2} = \begin{bmatrix} \mathrm{var}(\theta_1) & \mathrm{cov}(\theta_2,\theta_1) \\ \mathrm{cov}(\theta_2,\theta_1) & \mathrm{var}(\theta_1) \end{bmatrix}$ 或 $\hat{\theta}_1$、$\hat{\theta}_2$

和 $\hat{\boldsymbol{\Sigma}}_{\theta_1\theta_2}$ 的估计值。

表 5.3　记录质量对应的伪失效时间

质量/g	伪失效时间/h			
10	3 634 068	6 259 904	11 322 469	3 604 319
50	2 563 366	44 330	237 427	75 403
100	2 388	1 815	1 691	1 930

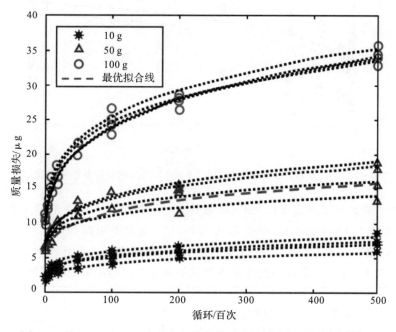

图 5.9　基于 MATLAB 和最大似然估计重建趋势线数据与最优拟合线

因此,根据式(5-3)或式(5-4),使用 MATLAB 程序,参数估计如下:

$$\begin{cases} \hat{\boldsymbol{\mu}} = \begin{bmatrix} 1.69 \\ 0.19 \end{bmatrix} \\ \hat{\boldsymbol{\Sigma}}_{\theta_1\theta_2} = \begin{bmatrix} 0.43 & 2.32\times10^{-4} \\ 2.32\times10^{-4} & 5.08\times10^{-4} \end{bmatrix} \end{cases}$$

根据式(5-5)～式(5-7),使用相同的 MATLAB 程序,估算参数为

$$\begin{cases} \hat{\boldsymbol{\mu}} = \begin{bmatrix} 1.58 \\ 0.19 \end{bmatrix} \\ \hat{\boldsymbol{\Sigma}}_{\theta_1\theta_2} = \begin{bmatrix} 0.43 & 2.83\times10^{-4} \\ 2.83\times10^{-4} & 5.52\times10^{-4} \end{bmatrix} \end{cases}$$

原始数据及最优拟合线,不含/含10%测量误差修正假设如图5.10所示。

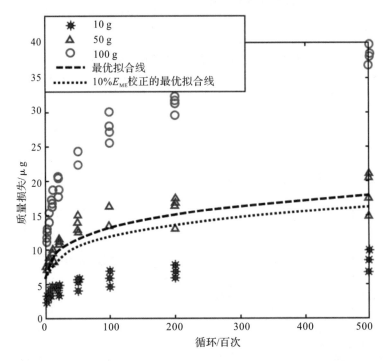

图5.10　原始数据及最优拟合线,不含/含10%测量误差修正假设

[**例5.3**]　考虑以下加速退化试验(性能退化)示例,模拟在三个不同温度水平下测试的碳膜电阻器随时间增加的电阻(数据见表5.4),如米克尔和埃斯科巴(1998)的报告所示。根据项目要求,电阻增加5%时,则视为发生失效。使用前述近似分析法来分析这些数据。

表5.4　在三个不同温度水平下测试的碳膜电阻器电阻随时间的变化

单元号	温度/℃	初始电阻/Ω	时间/h			
			452	1 030	4 341	8 084
1	83	217.97	0.28	0.32	0.38	0.62
2	83	217.88	0.22	0.24	0.26	0.38
3	83	224.67	0.41	0.46	0.54	0.81
4	83	215.92	0.25	0.29	0.32	0.48
5	83	219.88	0.25	0.26	0.42	0.57
6	83	219.63	0.32	0.36	0.45	0.58
7	83	218.27	0.36	0.41	0.52	0.7
8	83	217.27	0.24	0.28	0.34	0.55
9	83	219.98	0.33	0.4	0.44	0.85

续表

单元号	温度/℃	初始电阻/Ω	时间/h			
			452	1 030	4 341	8 084
10	133	218.05	0.4	0.47	0.72	1.05
11	133	219.38	0.88	1.19	2.06	3.15
12	133	218.35	0.53	0.64	0.99	1.6
13	133	217.78	0.47	0.62	1	1.5
14	133	218.28	0.57	0.75	1.26	2.03
15	133	216.38	0.55	0.67	1.09	1.79
16	133	217.65	0.78	0.96	1.48	2.27
17	133	221.91	0.83	1.12	1.96	3.29
18	133	218.47	0.64	0.8	1.23	1.84

求解：

对于使用线性或半对数模型的每条样本路径，退化与时间关系图无法得出可接受的模型。但若进行适当转换得出二次方根线性图（即 $\sqrt{y} = mx + c$），则可得出更适合外推的近似线性图。该二次方根线性图如图 5.11 所示。

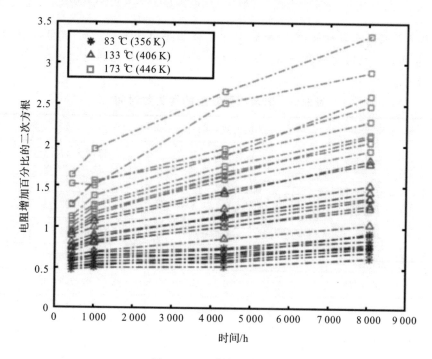

图 5.11　二次方根线性图

　　如图 5.11 所示,每个退化路径的第一数据点和第二数据点之间存在明显的上升趋势统计偏差。然而,除了 173 ℃ 组的一条路径明显线性拟合较差外,该图近似呈线性。我们可以仅使用时间大于 1 000 h 的模型,根据图 5.12 中每条退化路径的趋势线(使用 MS Excel)重建上图。

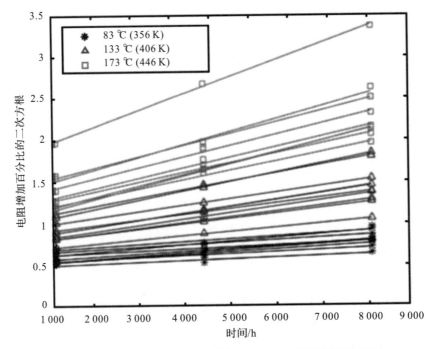

图 5.12　用各退化路径的趋势线重建图 5.11(使用 MATLAB)

　　趋势线可使用最小二乘回归法评估,从中可以推导出伪失效时间,用于进一步数据分析。注意,这组伪失效时间不包括在 173 ℃ 温度下线性拟合较差的退化路径。每条路径的伪失效时间见表 5.5。

表 5.5　记录质量对应的伪失效时间

伪失效时间/h		
温度为 83 ℃	温度为 133 ℃	温度为 173 ℃
40 425	12 061	2 422
50 669	12 772	6 043
50 682	17 886	6 334
54 252	18 187	7 496
57 738	18 345	8 796
58 368	20 343	8 960
72 443	21 521	9 033
78 439	22 899	9 689

续表

伪失效时间/h		
97 914	24 370	10 758
	33 268	

由此可以使用阿伦尼斯模型来确定 50 ℃(323 K)使用温度下的可靠性特征。在这种情况下,威布尔分布为数据提供了合理的寿命分布拟合。威布尔多重图如图 5.13 所示。

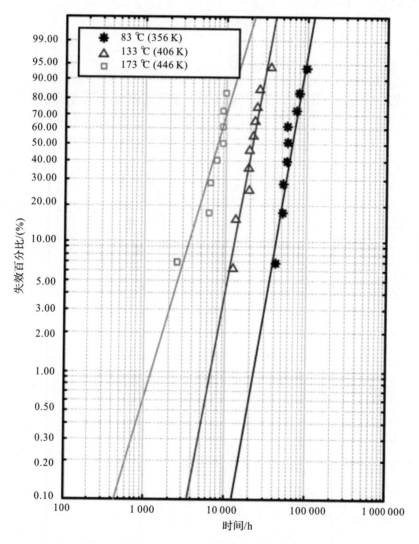

图 5.13　表 5.5 所示伪失效时间的威布尔分布拟合

此外,还可绘制寿命-应力图[见图 5.14(a)]和 50 ℃(323 K)使用温度下的估计寿命分布[见图 5.14(b)],从中可收集到广泛的其他可靠性特征。另外还可确定置信区间,从而更加灵活地估计这些碳膜电阻器的可靠性相关指标。

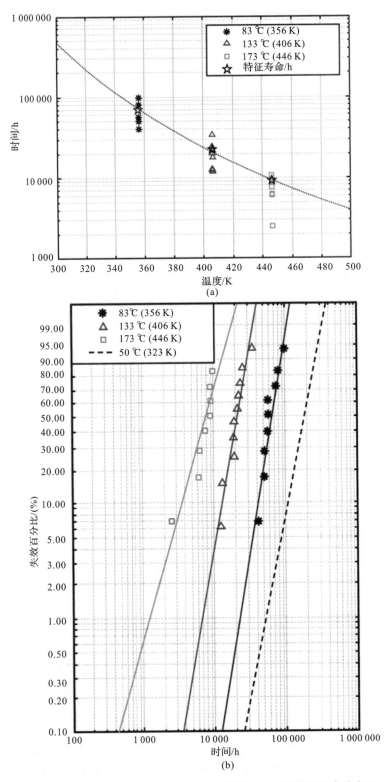

图 5.14　寿命-应力图(a)和 50 ℃(323 K)使用温度下的估计寿命分布(b)

5.2.6　加速退化试验模型参数的贝叶斯估计

采用贝叶斯法的加速退化试验参数估计与使用式(5-4)和式(5-6)所述正态和对数正态似然函数的最大似然估计法类似。唯一的区别是参数的先验值也会进入估计过程。假设似然函数呈正态分布,下式表示加速退化试验模型参数的贝叶斯推理:

$$\pi(\pmb{\mu}_\theta, \pmb{\Sigma}_\theta, \sigma_\varepsilon \mid y_{ij}, t_{ij})$$

$$= \frac{\left[\prod_{i=1}^{n} \int_{\pmb{\Theta}_\beta} \prod_{j=1}^{m_i} \frac{\phi_{\mathrm{nor}}(z_{ij})}{\sigma_\varepsilon} f(\pmb{\Theta}_\beta) \mathrm{d}\pmb{\Theta}_\beta\right] \pi_0(\pmb{\mu}_{\pmb{\Theta}_\beta}, \pmb{\Sigma}_{\pmb{\Theta}_\beta}, \sigma_\varepsilon)}{\iiint_{\pmb{\mu}_{\pmb{\Theta}_\beta}, \pmb{\Sigma}_{\pmb{\Theta}_\beta}, \sigma_\varepsilon} \left[\prod_{i=1}^{n} \int_{\pmb{\Theta}_\beta} \prod_{j=1}^{m_i} \frac{\phi_{\mathrm{nor}}(z_{ij})}{\sigma_\varepsilon} f(\pmb{\Theta}_\beta) \mathrm{d}\pmb{\Theta}_\beta\right] \pi_0(\pmb{\mu}_{\pmb{\Theta}_\beta}, \pmb{\Sigma}_{\pmb{\Theta}_\beta}, \sigma_\varepsilon) \mathrm{d}\pmb{\mu}_{\pmb{\Theta}_\beta} \mathrm{d}\pmb{\Sigma}_{\pmb{\Theta}_\beta} \mathrm{d}\sigma_\varepsilon} \tag{5-8}$$

[例 5.4]　考虑 LED 灯的性能退化试验,其中温度和正向电流是导致输出退化的两个主要因素,如潘恩和克里斯宾(2010)报告所示。在加速退化试验中,假设环境温度和正向电流受控,并且在几个时间点测得光输出。这些 LED 的正常使用条件为 30 ℃、400 mA。试验条件见表 5.6。LED 灯的最低要求是其初始值的 70%(即当低于该水平时,可视为失效)。

表 5.6　3 个条件值及其对应的温度、正向电流和 LED 数量

条　件	温度/℃	电流/mA	LED 数量
1	77	700	8
2	77	500	14
3	45	700	14

Mitsuom F.(光臣 F.)(1991)提出了以下 LED 亮度真实性能退化的非线性模型:

$$D_{ij} = [1 + \gamma_0(T, I) t_{ij}^{\gamma_1}]^{-1} \quad (i = 1, \cdots, 36; \ j = 1, \cdots, 4) \tag{5-9}$$

式中:i 为试验单元数量;j 为测量次数;γ_0 表示随试验温度和正向电流变化的退化率;D_{ij} 表示随时间推移从 1~0 的标准水平下降的性能水平。

对性能退化模型参数进行最大似然估计。此外,假设退化试验结果汇总见表 5.7,使用该模型估计使用条件下 10%、50% 和 90% 的寿命估计值。

表 5.7　36 个单元及 4 个给定时间段的温度和电流对应的性能退化数据

单　元	温度/℃	电流/mA	569 h	950 h	2 261 h	4 397 h
1	77	700	1.003 0	0.984 8	0.907 3	0.840 8
2	77	700	0.994 3	0.980 8	0.902 5	0.844 2
3	77	700	0.981 1	0.927 7	0.811 5	0.723 3
4	77	700	0.995 0	0.972 2	0.904 3	0.797 5
5	77	700	0.993 0	0.938 8	0.830 4	0.708 5
6	77	700	0.982 2	0.964 4	0.892 5	0.815 2

续表

单 元	温度/℃	电流/mA	569 h	950 h	2 261 h	4 397 h
7	77	700	1.003 8	0.986 0	0.908 9	0.825 7
8	77	700	0.997 1	0.977 0	0.910 8	0.836 8
9	77	500	0.991 6	0.992 4	0.917 5	0.861 9
10	77	500	0.994 5	0.992 9	0.940 2	0.864 5
11	77	500	0.985 9	0.987 1	0.933 6	0.856 0
12	77	500	0.983 9	0.929 7	0.863 6	0.794 1
13	77	500	0.991 7	0.983 9	0.910 5	0.848 4
14	77	500	0.989 2	0.980 7	0.933 0	0.842 8
15	77	500	1.001 4	0.995 3	0.936 9	0.517 7
16	77	500	0.994 8	0.988 6	0.926 4	0.857 7
17	77	500	1.024 9	1.025 2	0.925 5	0.847 9
18	77	500	0.996 6	0.993 0	0.935 7	0.865 4
19	77	500	1.002 3	1.000 8	0.942 7	0.873 0
20	77	500	1.003 5	0.999 6	0.953 5	0.878 5
21	77	500	0.998 2	0.994 5	0.950 3	0.884 5
22	77	500	0.953 0	0.954 8	0.875 3	0.645 8
23	45	700	1.001 0	0.985 9	0.942 1	0.913 0
24	45	700	0.989 3	0.978 6	0.939 8	0.920 4
25	45	700	1.012 6	0.999 8	0.952 0	0.939 2
26	45	700	1.006 5	0.994 0	0.950 9	0.906 3
27	45	700	1.017 2	1.004 2	0.969 7	0.925 8
28	45	700	1.008 1	0.999 9	0.958 5	0.931 9
29	45	700	1.007 7	0.998 7	0.959 5	0.917 7
30	45	700	1.010 9	1.009 1	0.958 4	0.936 6
31	45	700	1.003 1	0.987 2	0.943 2	0.865 1
32	45	700	1.008 3	1.002 7	0.955 4	0.919 2
33	45	700	1.002 9	0.989 9	0.934 4	0.917 3
34	45	700	1.012 0	1.002 9	0.959 5	0.934 6
35	45	700	1.009 9	1.002 6	0.970 8	0.919 4
36	45	700	1.011 3	0.996 4	0.953 2	0.910 9

求解：

表 5.7 中数据的性能退化图如图 5.15 所示。取式 (5-9) 等号两边的对数，得出数据的对数线性趋势线，但未定义 γ_0 和 γ_1 的值。

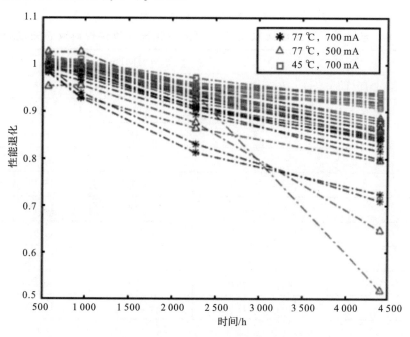

图 5.15　表 5.7 中的性能退化图

结合使用 MATLAB 和 MS Excel 程序，找到这些参数的值，产生的趋势线如图 5.16 所示。

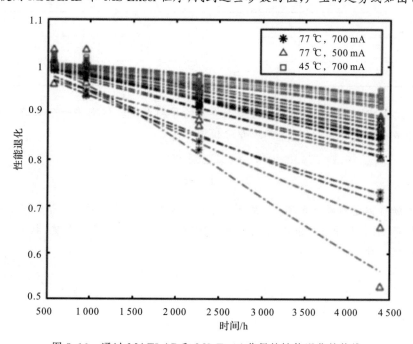

图 5.16　通过 MATLAB 和 MS Excel 获得的性能退化趋势线

使用每组的参数估计值，重新排列式(5-9)得出失效时间，从而求解失效时间 TTF：

$$\mathrm{TTF}_i = \left(\frac{D^{-1}-1}{\gamma_{0,i}}\right)^{\frac{1}{\gamma_{1,i}}}$$

设 D 值为 0.7，此时应发生失效。由此得出的失效时间见表 5.8。

表 5.8 与记录温度和电流以及 70% 亮度退化失效条件相对应的失效次数

温度/℃	失效时间/h		
	77	77	45
电流/mA	700	500	700
	8 048	9 513	15 263
	8 539	9 586	22 339
	4 815	9 570	15 796
	6 635	8 148	12 436
	4 442	8 837	11 936
	7 574	8 755	15 069
	7 364	3 088	13 103
	8 174	9 235	13 860
		7 221	9 438
		9 544	12 882
		9 499	15 373
		9 818	14 251
		10 867	12 326
		3 865	12 211

下一步是算出 30 ℃ 和 400 mA 使用条件下的平均寿命。这需要一个双输入寿命模型，最合适的是第 4 章中给出的温度-非热寿命模型。

$$L(I,T) = \frac{C}{I^n \exp\left(-\dfrac{B}{T}\right)}$$

由于数据将拟合到威布尔图中，因此该寿命模型将评估为温度-非热威布尔寿命模型，所需的参数是 C、n、B 和 β。根据表 5.8 中的所有失效时间、温度和电流，执行以下对数似然的最大似然估计：

$$\Lambda = \sum_{i=1}^{36} \ln\left(\frac{\beta I_i^n \exp\left(-\dfrac{B}{T_i}\right)}{C}\left[\frac{I_i^n \exp\left(-\dfrac{B}{T_i}\right)}{C} t_i\right]^{\beta-1} \exp\left\{-\left[\frac{I_i^n \exp\left(-\dfrac{B}{T_i}\right)}{C} t_i\right]^{\beta}\right\}\right)$$

使用最大似然估计的 MATLAB 程序计算参数：

$$
\begin{cases}
\hat{\boldsymbol{\mu}}_{C,n,B,\beta} = \begin{bmatrix} 258 \\ 0.56 \\ 2444 \\ 0.97 \end{bmatrix} \\[3em]
\hat{\boldsymbol{\Sigma}}_{C,n,B,\beta} = \begin{bmatrix}
2\,961\,103 & 1\,942 & 329\,424 & 4.80 \times 10^{-9} \\
1\,941 & 1.79 & 1\,334 & 3.12 \times 10^{-12} \\
329\,424 & 1\,335 & 2\,458\,062 & 4.92 \times 10^{-10} \\
4.80 \times 10^{-9} & 3.12 \times 10^{-12} & 4.92 \times 10^{-10} & 0.026
\end{bmatrix}
\end{cases}
$$

因此,基于上述数据,使用寿命估计值如图 5.17 所示。

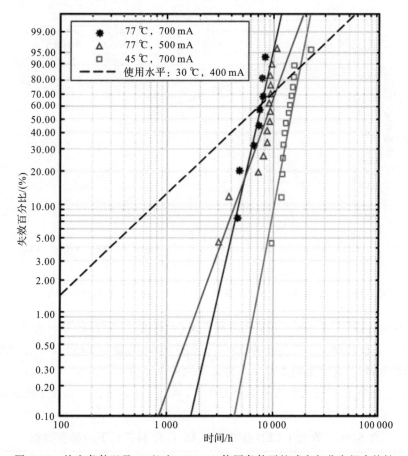

图 5.17　给定条件以及 30 ℃和 400 mA 使用条件下的威布尔分布拟合特性

最后一步是使用 MATLAB 脚本计算使用水平的性能退化。方法是计算每个置信界限下的 $\gamma_0(T,I)$ 值,如下式所示:

$$
\gamma_0(T,I) = \frac{D_{ij}^{-1} - 1}{\left[\dfrac{c}{I^n \exp\left(-\dfrac{B}{T}\right)} \right]^{\gamma_1}}
$$

初始参数的置信区间见表5.9。

表 5.9 退化参数的置信区间

参数	置信区间		
	10%	50%	90%
$-\gamma_0$	6.05×10^{-6}	9.32×10^{-7}	1.75×10^{-7}
γ_1	1.09	1.32	1.55

由此得出的性能退化图如图5.18所示。

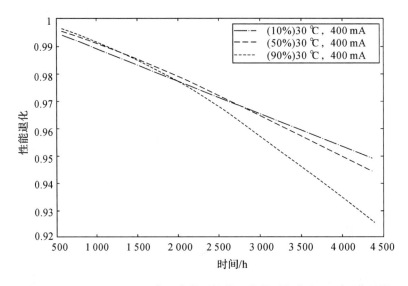

图 5.18　30 ℃和 400 mA 使用条件下性能退化的平均值和 80% 置信界限

[**例 5.5:贝叶斯**] 考虑对 LED 的相对亮度（初始亮度比例）进行加速退化试验（滨田等人，2008）。LED 的标准工作温度为 20 ℃。LED 失效系指当 LED 相对亮度下降到 0.5（即初始亮度的 50%）时发生的失效。加速退化试验包括在 25 ℃、65 ℃和 105 ℃下分别测试 25 个单元。数据全部记录在原始参考文件中，单元 1 在所有三个温度下的数据样本见表 5.10。

表 5.10　单元 1 LED 在 25 ℃、65 ℃和 105 ℃下的亮度数据

时间/h	单元 1 亮度数据		
	25 ℃	65 ℃	105 ℃
336	0.970 4	0.953 8	0.910 4
672	0.943 9	0.885 7	0.854 9
1 008	0.961 4	0.887 9	0.819 6
1 344	0.900 8	0.863 5	0.798 6

续表

时间/h	单元 1 亮度数据		
	25 ℃	65 ℃	105 ℃
1 680	0.927 3	0.835	0.773 1
2 016	0.875 3	0.816 5	0.779 5
2 352	0.879 3	0.803 4	0.731
2 688	0.910 6	0.782 4	0.728 7
3 024	0.857 2	0.795 9	0.693 2
3 360	0.857 2	0.776 1	0.708 2
3 696	0.869 8	0.757 2	0.676 3
4 032	0.836 9	0.745 1	0.663 2
4 368	0.839	0.720 3	0.679 7
4 704	0.794 9	0.734 3	0.634 7
5 040	0.811 3	0.741 6	0.633 6
5 376	0.765 8	0.723 2	0.614
5 712	0.809 4	0.717 5	0.62
6 048	0.761	0.707 9	0.634 6
6 384	0.804 7	0.683 1	0.615 1
6 720	0.773 1	0.687 3	0.602 1
7 056	0.785 3	0.684 1	0.580 2
7 392	0.768 1	0.640 2	0.592 4
7 728	0.755 5	0.632	0.589 1
8 064	0.753 1	0.651	0.572 2
8 400	0.757 4	0.630 2	0.556 4
8 736	0.749 6	0.646 8	0.565 7
9 072	0.739 6	0.624 5	0.556
9 408	0.721 2	0.631 2	0.524
9 744	0.726 2	0.636 6	0.533 4

关于 LED 的退化数据模型,时间 t 和温度 T(单位为℃)下的亮度真实退化表达式如下式所示:

· 195 ·

$$Y_{ijk} = \left(1+\beta_1\left\{t_{ijk}\exp\left[\beta_3 11\ 605\left(\frac{1}{T_u+273.15}-\frac{1}{T_i+273.15}\right)\right]\right\}^{\beta_2}\right)^{-1}+\varepsilon_{ijk}$$

式中：t_{ijk} 表示第 i 个温度下第 j 个单元的第 k 次。ε_{ijk} 呈正态分布$(0,\sigma_\varepsilon^2)$，注意 β_1 和 β_2 为正；T_u 为正常使用温度$(20\ ℃)$，即，实际退化遵循阿伦尼斯模型。关于 β_1、β_2、β_3 和 σ_ε 的先验分布，所有参数均采用了均匀分布 UNIF$(0,100)$。估计退化模型参数的后验平均值和上下限值，包括 LED 在标准工作温度下的平均失效时间估计值。

求解：

重新开始绘制完整的数据图（见图 5.19 和图 5.20）。

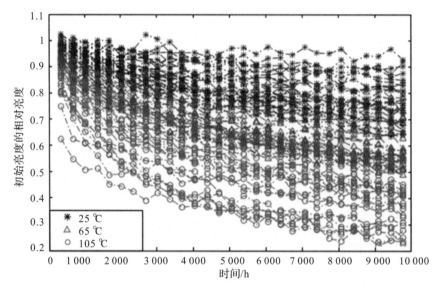

图 5.19　初始亮度数据的相对亮度趋势线

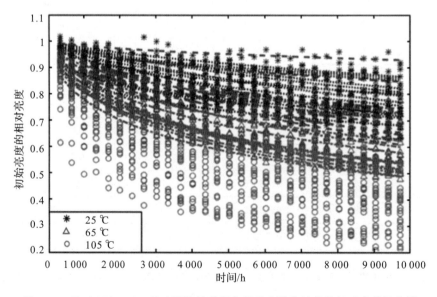

图 5.20　基于 MATLAB 贝叶斯估计程序获得的参数估计值的相对亮度趋势线

这次使用 MATLAB 贝叶斯估计程序来得出每个单元的参数估计值 β_1、β_2、β_3 和 σ_ϵ。近似趋势线如图 5.21 所示。

根据参数估计，得出整组数据的后验参数分布，如表 5.11 中定义的均匀分布所示。

表 5.11　退化后验参数

参数	下　限	上　限
β_1	9.69×10^{-6}	0.06
β_2	0.29	1.00
β_3	4.7×10^{-3}	1.33
σ_ϵ	7.1×10^{-3}	0.20

从趋势线中得出工作温度下的平均失效时间估计值。若 50% 初始亮度时发生失效，则可得出以下失效时间（见表 5.12）。图 5.20 中的温度与时间关系图显示了这种关系，从而得出了平均失效时间，即 121 975 h。威布尔分布拟合如图 5.22 所示。

表 5.12　与记录温度和 50% 亮度退化失效条件相对应的失效次数

失效时间/h		
温度为 25 ℃	温度为 65 ℃	温度为 105 ℃
18 022	8 680	785
18 090	8 805	1 794
23 892	9 125	1 979
28 640	9 180	2 100
32 558	9 707	2 140
35 332	9 822	2 151
37 260	10 121	2 949
47 982	10 387	2 972
48 426	10 664	3 154
49 318	12 256	3 705
50 158	12 320	4 310
57 456	12 678	4 481
58 229	12 836	4 735
61 522	13 276	4 957

续表

失效时间/h		
温度为 25 ℃	温度为 65 ℃	温度为 105 ℃
65 905	13 503	5 595
81 058	14 130	5 600
81 708	16 135	5 882
83 211	19 903	6 006
108 429	20 078	6 449
108 960	23 178	6 909
121 577	25 449	9 634
178 064	28 318	10 868
219 197	34 039	11 182
241 354	56 603	11 220
708 508	69 457	12 708

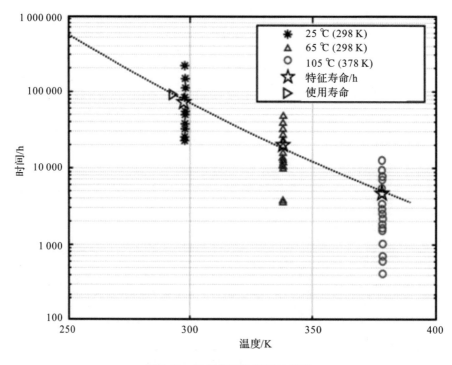

图 5.21 温度与失效时间关系图

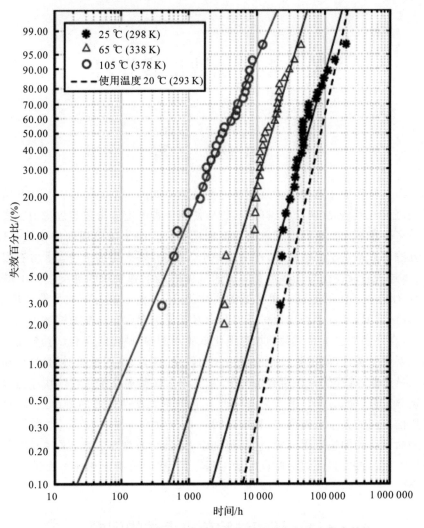

图 5.22　给定条件以及 20 ℃使用条件下的威布尔分布拟合特性

第6章　加速试验规划

6.1　引　言

　　加速寿命试验和加速退化试验规划是加速试验早期的一个关键步骤。在开始任何寿命或退化试验之前,必须解决两个关键问题:①应使用何种恒定应力或步进应力? ②每个应力水平应试验多少个单元? 这两个问题的答案密切相关。由于试验规划的相关文献有限,通常使用的方法要么是基于经验技术,严重依赖个人经验,要么是基于包含非常有限假设的正式统计概念,这些假设往往与大多数实际加速试验的需求和要求相冲突。为了得出应力水平和每个应力水平下使用的试验单元数的优化组合,目前已进行了大量统计规划法研究。例如,尼尔森(1990)、米克尔和埃斯科巴(1998)以及尼尔森(2005)全面综述了最先进的统计方法。相反,在许多加速寿命试验和加速退化试验用例中,试验时间和试验单元总数是凭借经验根据主要限制条件(如试验设施的可用性和数量、预算、可用试验时间、设计和开发时长以及试验人员经验)选择的。在所有情况下,加速寿命试验通常都是在使用应力水平下得出寿命的给定分位数(例如,10%的寿命对应于10%的单元预期失效的寿命)。试验结果的准确性根据置信区间的大小来衡量,且置信区间具有合理的高置信水平。本章将介绍单个或多个加速寿命试验和加速退化试验(包括步进应力试验)的规划方法,这些方法大多为非正式的概念性方法。首先将介绍一些良好的工程考量,然后再引出加速寿命试验和加速退化试验的概念。

6.2　加速试验前需考虑的问题

　　分析失效和可靠性时,第4章和第5章总结的加速寿命试验和加速退化试验方法的好处有很多。这些试验对于获得材料和产品相关指标非常有用,但在进行加速寿命试验和加速退化试验时也需要注意一些潜在问题。从业人员遇到的许多潜在问题都已广为人知,可能导致结果不正确。为了防止在规划和执行加速试验时出现重大错误,米克尔和埃斯科巴(1998)描述了以下潜在错误。

1.引入新失效模式

　　高水平的加速变量(如温度或电压)会诱发在正常工况下无法观察到的失效模式。例如,温度升高可能从本质上改变某些材料特性,而不是简单地加速导致失效的化学过程。在不是极端的情况下,高水平的加速变量(失效因子)会改变寿命和加速变量之间的关系。例如,当温度超过材料的再结晶温度并保持足够长的时间时,晶粒生长将影响屈服强度和其他机械性能。同样,即使是在低机械应力下,由于蠕变速率与温度相关,并且蠕变断裂的新失效机制可能占主导,因此温度升高也会因扩散、超塑性和位错攀移而产生显著的时间相关应变。

2. 不确定性表征

寿命-应力模型和退化模型以及模型参数估计值始终存在不确定性。前者为模型不确定性,后者为参数不确定性。

将可靠性评估和决策建立在有限信息和高度不确定性模型的基础上,或者仅仅基于点估计,而不对这些估计值的置信度进行评估,往往会导致严重错误。同样需要注意的是,模型参数的置信区间和不确定性界限不能解释所有模型不确定性。在加速试验中,外推法会极大地放大这种不确定性。一般来说,敏感性分析是任何涉及不确定性的定量寿命分析的重要一步,也是评估模型不确定性影响的极其有用的第一步。例如,可以在模型的不同假设形式下重新分析,观察不同模型假设对重要可靠性评估和结论的影响。在第 4 章和第 5 章讨论的加速寿命试验和加速退化试验的所有步骤中,均应进行不确定性的定性和定量表征(如可能),并且相关成员之间,特别是加速试验团队成员之间应相互沟通。

3. 与多个加速应力相关的时间尺度差异

标准加速方法通常不会以相同方式加速所有时间尺度。加速试验的一个严重缺点是假设寿命或损坏(退化)与加速应力之间的关系很简单,但实际关系却更复杂、更协同。设想一个潮湿环境中塑料封装器件中相对湿度与振动应力之间的相互作用。在这种情况下,主要失效机制是运行条件下金属的腐蚀,加速应力为湿度。但在仅由腐蚀引起开口之前,部分腐蚀材料的强度降低会导致器件由于断线等机制在机械冲击下失效。因此,原本微不足道的机械应力变成了因腐蚀而增强的主要应力。如果寿命估计只考虑腐蚀,结果会过于乐观。

4. 掩盖失效模式识别

图 6.1 所示为涉及温度加速的单一失效模式情况下加速寿命试验的寿命-应力关系(假设为指数寿命-应力模型)。当在这类试验中关注一种已知失效模式时,在高应力下更普遍的另一种失效模式可能会掩盖相关失效模式,而被掩盖的模式有可能是使用应力水平下的主要失效模式。如图 6.2 所示,失效模式 1 掩盖了失效模式 2。失效模式 2 是使用应力水平下的普遍失效模式,因此也是现场最常见的失效模式。规划之前进行谨慎失效物理分析可以避免这个问题。

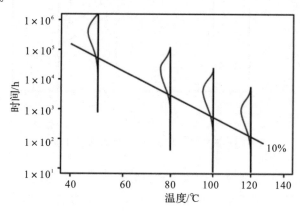

图 6.1 集成电路器件典型温度加速失效模式的可能结果(米克尔,1998)

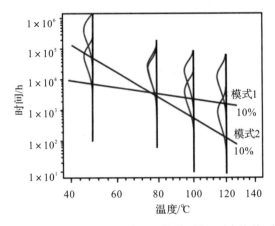

图 6.2 活化能较低的失效模式 2 在高温下掩盖,低温下未掩盖(米克尔,1998)

5.检测项目对比错误

有人表示,加速试验对于预测可靠性而言并不真正有用,但对于比较替代方案(例如,替代设计、供应商)而言很有用。这一主张背后的思路是加速试验通常不能充分复制实际使用条件,从而正确估计寿命特性,但却有利于比较两个项目之间的寿命特性。因此他们认为如果项目 1 在加速试验中优于项目 2,则现场使用亦是如此,如图 6.3 所示。但这种想法并非总是正确。例如,与掩盖失效模式类似,如果是比较相似且表现良好的寿命-应力模型,只要两个项目的寿命-应力模型的斜率非常相似,那么结果可能与图 6.3 类似。如图 6.3 所示,如果在高应力加速试验中观察到相同的情况,那么试验结果显示项目 1 在使用条件下的寿命特性优于项目 2。

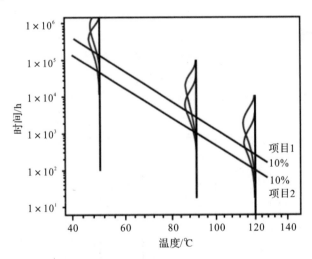

图 6.3 两个项目的良好比较(米克尔,1998)

然而,这种比较仅适用于那些理想且表现良好的情况。当相同应力因子的寿命-应力模型或失效机制明显不同时,可能会出现类似于图 6.2 所示的情况,两个项目的寿命-应力模型不再具有非平行线所示的相同特性(即两者斜率相差很大)。因此,在这种条件下,根据高应力水平下观察到的失效来判断项目在使用应力水平下的性能可能是错误的做法。综上所述,谨慎的失效物理研究应该具有揭示这种错误比较的可能性。

6.失效机制的加速应力导致另一个机制减速

在某些情况下,增加加速变量实际上可能会导致减速。例如,升高温度下的电路失效加速试验预测在使用水平上很少出现失效。但现场失效表明失效的可能性比预测的要高得多,这是因为加速试验中的温度升高导致湿度降低,而试验过程中并未控制湿度。在使用水平上观察到的主要失效机制是由腐蚀引起的(由于湿度水平较高),这种腐蚀在高温和低湿度条件下不会发生,而这正是试验的条件。因此,在大多数加速试验中,尤其是电子设备的加速试验,都需要控制温度和湿度。

7.加速试验后的设计和制造变更

即使是表面上看起来很小的设计或制造变更,也可能引起巨大的变化,引发新的失效机制或失效模式。例如,一个新的机电设备用于一个设计在受保护环境中使用 20 年的系统。对设备进行加速试验,正常工况下(假设平均使用率),估计该设备的寿命为 20 年(在此期间单元失效比例不超过 10%)。加速试验后,产品即将投入生产时,变更了材料。该变更引入了一种新的材料退化机制和失效模式,导致(或本来就会导致)所有使用单元在 10 年内发生失效。因此,假设或估计的加速寿命或退化模型不再有效。这些变更必须与试验时的设计配置和使用中的设计配置相关的其他考虑因素相平衡。

8.基于特制原型试验单元的加速试验

这与前一个问题有所关联,即如果试验单元在材料或工艺上不同于实际生产单元,则加速试验可能导致严重错误结论。例如,批量生产条件通常比实验室条件更恶劣。与批量制造和装运单元相比,建造原型时的清洁度、精度、材料准备和小心程度可能有很大差异。原型单元使用的材料和零件可能与批量生产中使用的材料和零件不同。训练有素的专家可以建造原型单元,使试验单元的质量高于批量生产单元的质量。因此,应进行分析,评估原型和专业单元的试验结果对最终制造产品的适用性。

9.失效机制转变

对于相同的应力因子,应力水平升高时,可能发生失效机制转变。例如,已知温度会改变许多物理和化学反应的速率。许多导致电子设备退化的失效机制基本上是物理或化学过程,而温度又会加速这一过程。但高温值也可能加速其他失效机制,如二次慢速陷阱、水分腐蚀、蠕变、电迁移、金属间生长和介电击穿,这些不一定被视为使用水平温度下的主导失效机制。另一种潜在失效机制转变是疲劳失效中裂纹萌生机制转变为裂纹扩展。后一个例子表明,寿命-应力模型对加速疲劳试验中的整个退化过程无效。在规划、执行测试和分析测试结果之前,失效机制转变应作为失效物理过程的一部分来解决。

6.3　加速寿命试验规划

本书前文已经讨论了加速寿命试验的主要用途,即提供正常使用条件下相关材料和产品的寿命分布信息。但为了确保成功,需对这些试验进行适当规划,以便从中提取所需信息。若加速寿命试验规划不周,可能造成时间、精力和金钱的重大损失。因此,试验之前必须制订一个周密计划,帮助准确估计使用条件下的可靠性特性,同时最大限度节省试验时间和成本。

加速寿命试验规划的主要目标是:

(1)确定加速应力水平和相应的样本量。

(2)估计试验持续时间。

(3)定义验收试验标准。

(4)确定允许的失效次数。

下面将进一步阐述实现这些目标的加速寿命试验规划步骤。

6.3.1　加速寿命试验步骤

通过查阅文献,使用失效物理法进行加速寿命试验的步骤如下。

(1)执行失效物理分析,选择正常使用水平应力条件下预期的可能失效机制进行加速试验。在此过程中,通过良好的工程判断并依靠过去的经验选择最合适的失效机制、寿命-应力模型的经验数学形式以及寿命分布模型。对于主导失效机制,选择加速损伤和失效的应力,并确定加速这些应力的其他因子。在步进应力试验中,主导失效机制随着应力的步进产生累积损伤。

(2)检查寿命-应力模型,并根据过去的经验和数据、工程判断或文献中获得的通用值,选择相关参数的通用值。

(3)在每种失效机制背景下研究各种加速应力、加速这些应力的应力因子及其失效极限(如耐久极限)。试验应力的选择必须确保会影响相关失效机制,且不会引入无关的失效机制。

(4)检查待加速的应力因子,确保其合理性,并确定应力的大小。这主要是基于失效物理分析,规划人员应谨慎避免 6.2 节总结的问题,如失效模式和机制掩盖。

(5)确定数据采集方法的类型(完整、Ⅰ型、Ⅱ型、右删失、左删失和区间数据)和试验持续时间。为了在失效物理分析[第(1)步]中选择寿命概率密度函数模型,根据过去的经验和工程判断,选择这些概率密度函数模型的形状参数通用值。

(6)确定加速寿命试验的类型(即恒定载荷加速或步进应力加速),并通过分配适当数量的单元来选择每个应力水平下的样本量,使 30%～70% 的单元预计会失效,并且试验单元数量应确保在每个试验应力水平下产生大约相同数量的失效。因此,低应力水平下分配的试验单元需比高应力水平下分配的试验单元多。第(2)步和第(5)步中选择的寿命-应力模型和概率密度函数模型参数的通用值用于粗略估计每个应力水平下的预期失效次数。通常选择应力(或应力因子)最大程度减少必要的外推。因此,电子设备的典型加速系数范围高达 500～600,机械装置的典型加速系数范围高达 40～50。这些范围适合于最高可能应力水平。电子设备的最低应力水平应与 10～20 的加速系数相关联;机械装置的最低应力水平应与 2～4 的加速系数相关联。选择的应力水平应介于两者之间。

(7)第(6)步是最重要的一步,如果违反了成本、可用试验设施、试验时长和可用试验单元数的要求限制,那么应进行相应修改。因此,该步骤可能需要多次迭代,直到建立并优化了最理想的应力水平和试验单元数。

(8)执行试验并收集数据。在试验过程中,确定观察到的失效的根本原因通常非常有用,可确定是哪种失效机制导致了失效,以及哪种失效模式对最终失效方式负责。对于步进应力试验,如果需要,修改下一步的应力水平。因此,在步进应力试验中,这一步允许更灵活地开展试验。

(9)根据第 4 章中讨论的方法解释和评估试验数据,包括评估寿命-应力模型的不确定性以及相应概率密度函数模型参数的不确定性。

(10)根据第(9)步中的加速寿命试验数据估计的寿命-应力模型外推到正常工况,并评估寿命特性,确保结果的合理性。

(11)如果数据分析显示失效机制转变或结果不合适,那么修改试验。

(12)若考虑多个失效机制,则应使用竞争风险模型将与其他失效机制对应的失效时间概率密度函数组合起来,形成复合分布。

上述加速寿命试验规划方针相对基础,依赖于经验方法和假设。在规划加速寿命试验时,许多其他复杂因素也可能发挥作用(例如,多个加速变量或通过最大似然估计的正式规划方法)。在规划加速寿命试验时,没有严格的规则,但若谨慎考虑本节中强调的问题,可为制订有效的试验计划奠定良好基础。但最终影响试验计划的是工程师的经验以及试验部件特有的各种约束和要求。

6.3.2　加速寿命试验优化设计

目前,加速寿命试验计划正不断完善和优化,以适应当前极其可靠、复杂的现代产品。这些改进可以根据它们是否与试验相关和/或是否与外推相关来分类。例如,将恒定应力试验扩展到时变应力试验(密勒和尼尔森,1983;尼尔松,1985;鲍伊等人,1989、1991、1992、1993),设计具有多个加速变量的试验(埃斯科巴和米克尔,1999),通过试验处理不同尺寸的试样(D. S. 鲍伊,1989),将贝叶斯法整合到加速寿命试验的统计计划中(德格鲁特和戈埃尔,1979;查洛纳和拉姆茨,1990;张和米克尔,2006),建立考虑参数不确定性的加速试验模型(米克尔和米克尔,1994);最大似然估计值的渐近方差最小化(埃斯科巴和米克尔,1995)。

在试验规划阶段,几乎或完全没有实际数据,因此有必要整合历史数据、工程判断和专家的建议。贝叶斯法是解决试验应力、试验时间和试验单元数等规划值的不确定性的最佳选择之一。在给定某些最佳标准下,通常提出基于仿真的方法来解决此类试验规划问题。

大多数试验设计的目标是在预算和试验持续时间有限等限制条件下,推断正常应力条件下寿命分布的特定百分位数。具体而言,就是基于确定的寿命-应力关系和寿命分布来随机生成仿真数据。然后就可以建立似然函数,并且可以基于历史信息指定对应的先验分布。在给定最佳标准下提出效用函数,最终目标是使效用函数最大化或最小化。下面将介绍两个例子来说明如何使用历史信息和专家启发。

[例 6.1]　考虑具有两个加速应力水平的简单步进应力加速寿命试验计划。提出贝叶斯法来说明确定最佳应力变化时间的方法,最大限度提高法向应力条件下失效时间分布的 $100p$ 百分位数的估计精度(袁、刘和郭,2012)。假设法向应力水平为 S_0,加速试验应力为 S_1 和 S_2。特别注意,在低应力水平 S_1 下试验 n 个项目,然后在应力变化点 τ 处将应力水平改变到高应力水平 S_2。试验持续到预先规定的删失时间 t_c。

求解：

第1步：建模。

假设试验项目的寿命分布呈威布尔分布，则试验中失效时间的累积分布函数如下：

$$F(t)=\begin{cases}1-\mathrm{e}^{-\left(\frac{t}{a_1}\right)^{\beta}} & (0\leqslant t\leqslant\tau)\\1-\mathrm{e}^{-\left(\frac{\tau}{a_1}+\frac{t-\tau}{a_2}\right)^{\beta}} & (t\geqslant\tau)\end{cases} \tag{6-1}$$

式中：β 表示形状参数；α_i 表示尺度参数。

然后，可以算出得到删失观测值的概率：

$$P(t>t_c)=R(t_c)=\mathrm{e}^{-\left(\frac{\tau}{a_1}+\frac{t_c-\tau}{a_2}\right)^{\beta}} \tag{6-2}$$

假设寿命-应力关系为阿伦尼斯模型，则尺度参数 θ_i 可能是应力倒数的对数线性函数：

$$\ln\alpha_i=a+\frac{b}{S_i} \quad (i=0,1,2) \tag{6-3}$$

式中：a 和 b 为未知参数。

第2步：贝叶斯更新。

三个模型参数的联合先验分布用 $f(a,b,\beta)$ 表示，因此我们可以得到后验分布为

$$f(a,b,\beta\mid t)=\frac{L(t\mid a,b,\beta)f(a,b,\beta)}{\iiint L(t\mid a,b,\beta)f(a,b,\beta)\mathrm{d}a\,\mathrm{d}b\,\mathrm{d}\beta} \tag{6-4}$$

式中：似然函数 $L(t\mid a,b,\beta)$ 为

$$L(t\mid a,b,\beta)=\prod_{i=1}^{n_1}\beta\cdot\mathrm{e}^{-\beta\left(a+\frac{b}{S_1}\right)}\cdot t_i^{\beta-1}\cdot\mathrm{e}^{-\left[t_i\cdot\mathrm{e}^{-\left(a+\frac{b}{S_1}\right)}\right]^{\beta}}\cdot$$

$$\prod_{j=1}^{n_2}\beta\cdot\mathrm{e}^{-\beta\left(a+\frac{b}{S_2}\right)}\cdot\left[\mathrm{e}^{b\left(\frac{1}{S_2}-\frac{1}{S_1}\right)}\tau+t_i-\tau\right]^{\beta-1}\cdot$$

$$\mathrm{e}^{-\left[\tau\mathrm{e}^{-\left(a+\frac{b}{S_1}\right)}+(t_i-\tau)\mathrm{e}^{-\left(a+\frac{b}{S_2}\right)}\right]^{\beta}}\cdot\left\{\mathrm{e}^{-\left[\tau\mathrm{e}^{-\left(a+\frac{b}{S_1}\right)}+(t_c-\tau)\mathrm{e}^{-\left(a+\frac{b}{S_2}\right)}\right]^{\beta}}\right\}^{n_3}$$

$$\Lambda=\ln(L(t\mid a,b,\beta)=\sum_{i=1}^{n_1}\left\{\ln\beta-\beta\ln\left(a+\frac{b}{S_1}\right)+(\beta-1)\ln t_i-\left[t_i\cdot\mathrm{e}^{-\left(a+\frac{b}{S_1}\right)}\right]^{\beta}\right\}+$$

$$\sum_{j=1}^{n_2}\left\{\ln\beta-\beta\ln\left(a+\frac{b}{S_2}\right)+(\beta-1)\ln t_i-\left[\tau\mathrm{e}^{-\left(a+\frac{b}{S_1}\right)}+(t_i-\tau)\mathrm{e}^{-\left(a+\frac{b}{S_2}\right)}\right]^{\beta}\right\}-$$

$$n_3\left[\tau\mathrm{e}^{-\left(a+\frac{b}{S_1}\right)}+(t_c-\tau)\mathrm{e}^{-\left(a+\frac{b}{S_2}\right)}\right]^{\beta} \tag{6-5}$$

式中：n_1 为应力水平 S_1 下的失效次数；n_2 为应力水平 S_2 下的失效次数；n_3 为时间 t_c 时的删失项数。

第3步：先验标准。

三个未知参数分别是 a、b 和 β，其不确定性由基于历史数据、工程判断和专家意见的联合先验分布 $f(a,b,\beta)$ 表示。为了明确这种分布，一般假设所有参数都是独立的，所以联

合先验分布可以表示为

$$f(a,b,\beta) = f(a)f(b)f(\beta) \tag{6-6}$$

式中：$f(a)$、$f(b)$ 和 $f(\beta)$ 分别是 a、b 和 β 的先验分布。

上面这种方法方便分析，但事实上并非所有参数都相互独立。建议采用另一种方法放宽相互独立的假设，以构建威布尔分布形状参数和尺度参数的联合先验分布（斯格普瓦拉，2008）。

第 4 步：优化标准。

正常应力条件下寿命分布的 $100p$ 百分位数 t_p 可表示为 a、b 和 β 的函数：

$$t_p = e^{a+\frac{b}{S_0}} [-\ln(1-p)]^{1/\beta} \tag{6-7}$$

利用随机变量的多变量转换，可得出 t_p、a、b 的联合后验分布，表示为 $f(t_p, a, b | \boldsymbol{t})$。根据该联合后验分布，我们可得出 t_p 的边际后验分布，如下式所示：

$$f(t_p | \boldsymbol{t}) = \iint f(t_p, a, b | \boldsymbol{t}) \mathrm{d}a \, \mathrm{d}b \tag{6-8}$$

利用数据 $\boldsymbol{t}$，得出 t_p 的后验平均值和后验方差

$$E(t_p | \boldsymbol{t}) = \int_0^\infty t_p \cdot f(t_p | \boldsymbol{t}) \mathrm{d}t_p \tag{6-9}$$

和

$$V(t_p | \boldsymbol{t}) = \int_0^\infty [t_p - E(t_p | \boldsymbol{t})]^2 \cdot f(t_p | \boldsymbol{t}) \mathrm{d}t_p \tag{6-10}$$

由于后验方差取决于未观测到的数据，所以对于作为优化标准的所有可能数据，将 t_p 的后验方差期望值作为这些数据的后验方差边际期望值。目标是将 t_p 的后验方差期望值减到最小，如下式所示：

$$E[V(t_p | \boldsymbol{t})] = \int V(t_p | \boldsymbol{t}) \cdot f(\boldsymbol{t}) \mathrm{d}\boldsymbol{t} \tag{6-11}$$

第 5 步：优化。

一般而言，复杂积分没有闭型，因此需采用马尔可夫链-蒙特·卡洛方法等数值计算方法处理这种高维积分，以评估 t_p 的后验方差期望值。特别注意，数据向量随机生成，然后按以下步骤对每个数据向量进行模拟：

（1）利用联合先验分布 $f(a, b, \beta)$ 对三个模型参数 a、b 和 β 随机生成一组数值。

（2）采用标准逆变换法，利用式（6-1）给出的分布函数生成 n_{IID} 次失效次数。右删失观测值是模拟失效次数大于删失时间 t_c 的观测值。

（3）评估每个模拟数据向量的后验方差 $V(t_p | \boldsymbol{t})$，其中可能使用数值多维积分，例如，吉布斯采样、Metropolis-Hastings 算法和高斯求积法。例如，使用吉布斯采样从边际后验分布 $f(t_p | \boldsymbol{t})$ 中抽取 t_p 的随机样本。利用样本方差估计 $V(t_p | \boldsymbol{t})$，然后对所有模拟数据向量求 $V(t_p | \boldsymbol{t})$ 的平均值，得到 t_p 的后验方差期望值。

（4）在离散时间点评估 t_p 的后验方差期望值，然后绘制 t_p 的后验方差期望值与应力变化点的关系图。从图中可以很容易地确定最佳应力变化时间。

为了便于说明，设计一个步骤简单的应力加速寿命试验，用于探讨机械部件的热性能。假设寿命-应力联合分布呈现阿伦尼斯关系，而寿命符合威布尔分布。正常应力振幅为 S_0

$=100$ ℃，加速应力分别为 $S_1=300$ ℃和 $S_2=400$ ℃。假设有 30 个部件可用于试验，并且试验将在 $t_c=100$ h，$p=0.001$ 时进行删失。根据历史信息，按无信息先验分布（见表 6.1）对未知参数进行分配。

表 6.1　无信息先验分布

参　数	先验分布
a	均匀 $[2.1,3.9]$
b	均匀 $[310,890]$
β	均匀 $[1.4,2.9]$

规定参数的初始值为 $a=3.157$、$b=621.9$、$\beta=2.318$，使用基于仿真的编程运行仿真 80 次，每次运行 6 万次迭代。图 6.4 显示了后验方差期望值与应力变化的时间的趋势。

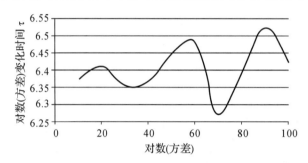

图 6.4　对数方差与应力变化的时间

[例 6.2]　考虑只有一件产品可用于试验的情况，为了有效保证产品的现场性能，我们需确定最佳试验应力水平 S_i（马茨和沃特曼，1978）。假设只观测到右删失或完全失效。开发一个贝叶斯模型，用于估计在选定的设计应力水平下最大限度扩大预期不失效概率所需的试验应力水平。过去对相似产品开展相似试验的工程经验可用于拟合模型。

求解：

第 1 步：建模。

试验应力记为"k"，用设计应力 S_1 表示。S_k 表示试验产品在试验应力 k 下以概率 $P_k=\mathrm{Pr}(S_k)$ 不失效的事件。F_k 表示在试验应力 k 下，试验产品以概率 $\mathrm{Pr}(F_k)=1-P_k$ 失效的事件。假设 P_k 是随机变量，表现出修正负对数 Γ 先验分布：

$$f(p_k;\alpha,\beta,\delta)=\frac{p_k^{(1/\beta k^\delta)-1}(-\ln p_k)^{\alpha-1}}{\beta^\alpha k^{\alpha\delta}\Gamma(\alpha)} \tag{6-12}$$

式中：α 为正的形状参数；β 为正的尺度参数；k 为试验应力，用设计应力 S_1 表示。注意，对试验应力应设置超越切实可行范围的上限。δ 为正，用来重新调整 k。

上述负对数 Γ 先验分布的无条件均值和方差为

$$E(P_k;\alpha,\beta,\delta)=(1+\beta k^\delta)^{-\alpha} \tag{6-13}$$

和

$$V(P_k;\alpha,\beta,\delta)=(1+2\beta k^\delta)^{-\alpha}-(1+\beta k^\delta)^{-2\alpha} \tag{6-14}$$

以试验产品失效与否为条件,可使用贝叶斯法得到两个后验概率密度函数、对应的累积分布函数和后验均值。$x_{2\alpha}^2$ 表示具有 2α 自由度的 χ^2 随机变量。

(1) 以试验产品不失效为条件:

$$f(p_k \mid S_k;\alpha,\beta,\delta) = \frac{p_k^{(1/\beta k^\delta)}(-\ln p_k)^{\alpha-1}}{\beta^\alpha k^{\alpha\delta}\Gamma(\alpha)(1+\beta k^\delta)^{-\alpha}} \tag{6-15}$$

$$F(p \mid S_k;\alpha,\beta,\delta) = \text{Prob}\left[\chi_{2\alpha}^2 > \frac{-2(1+\beta k^\delta)\ln p}{\beta k^\delta}\right] \tag{6-16}$$

$$E(P_k \mid S_k;\alpha,\beta,\delta) = \left(\frac{1+2\beta k^\delta}{1+\beta k^\delta}\right)^{-\alpha} \tag{6-17}$$

(2) 以试验产品失效为条件:

$$f(p_k \mid F_k;\alpha,\beta,\delta) = \frac{(1-p_k)p_k^{(1/\beta k^\delta)-1}(-\ln p_k)^{\alpha-1}}{\beta^\alpha k^{\alpha\delta}\Gamma(\alpha)[1-(1+\beta k^\delta)^{-\alpha}]} \tag{6-18}$$

$$F(p \mid F_k;\alpha,\beta,\delta) = \text{Prob}(P \leqslant p \mid F_k;\alpha,\beta,\delta)$$
$$= \text{Prob}\left(\chi_{2\alpha}^2 > \frac{-2\ln p}{\beta k^\delta}\right) - (1+\beta k^\delta)^{-\alpha}\text{Prob}\left(\chi_{2\alpha}^2 > \frac{-2(1+\beta k^\delta)\ln p}{\beta k^\delta}\right) +$$
$$(1-(1+\beta k^\delta)^{-\alpha}) \tag{6-19}$$

$$E(P_k \mid F_k;\alpha,\beta,\delta) = \frac{(1+\beta k^\delta)^{-\alpha}-(1+2\beta k^\delta)^{-\alpha}}{1-(1+\beta k^\delta)^{-\alpha}} \tag{6-20}$$

第 2 步:优化标准。

由于单个试验产品的信息如此有限,因此开发一个预期模型,以便帮助人们有效把握成功和失败两种可能的结果。

(1) 假设试验产品能够承受高于设计应力的试验应力。我们有理由相信,该产品在设计应力下不失效的可能性更大。该说法可以用数学方法定义为

$$E(P_1 \mid S_k) = g_1(k) \cdot E(P_1 \mid S_1) \quad (k \geqslant 1) \tag{6-21}$$

式中,合适的 $g_1(k)$ 具有以下属性:① $g_1(1)=1$;② $\lim\limits_{k\to\infty}(g_1(k)) = \dfrac{1}{E(P_1 \mid S_1)}$;③ 在 $g_1(k)$ 的所有连续性点,$g_1{}'(k) > 0$。例如,$g_1(k) = k^c$。

(2) 如果试验产品在高于设计应力的试验应力下失效,那么它在设计应力下不失效的概率至少与在设计应力下接受试验并失效的产品相同。该说法可以用数学方法定义为

$$E(P_1 \mid F_k) = g_1(k)E(P_1 \mid F_1) \quad (k > 1) \tag{6-22}$$

式中,合适的 $g_2(k)$ 具有以下属性:① $g_1(1)=1$;② $\lim\limits_{k\to\infty}(g_2(k)) = \dfrac{E(P_1)}{E(P_1 \mid F_1)}$;③ 在 $g_1(k)$ 的所有连续性点,$g_2{}'(k) > 0$。例如,$g_2(k) = 1$。

最优应力水平 S_k 使得唯一一试验产品不失效的预期概率 $E(P_1 \mid \alpha,\beta,\delta)$ 最大化。

$$E(P_1 \mid \alpha,\beta,\delta) = E(P_1 \mid S_k;\alpha,\beta,\delta)\text{Prob}(S_k) + E(P_1 \mid F_k;\alpha,\beta,\delta)\text{Prob}(F_k) \tag{6-23}$$

得出目标函数为

$$E(P_1 \mid \alpha,\beta,\delta) = [\gamma_1 g_1(k) - \gamma_2 g_2(k)](1+\beta k^\delta)^{-\alpha} + \gamma_2 g_2(k) \tag{6-24}$$

式中：

$$\gamma_1 = \left(\frac{1+\beta}{1+2\beta}\right)^\alpha$$

$$\gamma_2 = \frac{1 - \left(\frac{1+\beta}{1+2\beta}\right)^\alpha}{(1+\beta)^\alpha - 1} = \frac{1-\gamma_1}{(1+\beta)^\alpha - 1}$$

为了使 $E(P_1 \mid \alpha, \beta, \delta)$ 最大化，需要求解 $\frac{\partial E(P_1 \mid \alpha, \beta, \delta)}{\partial k} = 0$。求解可得出所需的最佳试验应力 k_0。

第 3 步：基于专家启发的参数估计。

由于只有一个试验产品，所以有理由也有必要整合专家建议信息等主观信息。在试验前提出一些问题并征求答案，以完成模型的拟合，具体如下：

(1) 问题 1：在什么应力水平 k_1 下，试验产品的预期不失效的概率约为 φ_1？

(2) 问题 2：在什么应力水平 k_2 下，试验产品的预期不失效的概率约为 φ_2？

根据问题 1 和问题 2，可以轻松得

$$\left.\begin{array}{l} (1+\beta k_1^\delta)^{-\alpha} = \varphi_1 \\ (1+\beta k_2^\delta)^{-\alpha} = \varphi_2 \end{array}\right\} \tag{6-25}$$

因此，β 和 δ 都可以用 α 来表示，故该模式只有一个参数：

$$\beta = (\varphi_i^{-\frac{1}{\alpha}} - 1) k_i^{-\delta} \quad (i = 1,2) \tag{6-26}$$

$$\delta = \frac{\ln\left[(\varphi_1^{-\frac{1}{\alpha}} - 1)/(\varphi_2^{-\frac{1}{\alpha}} - 1)\right]}{\ln[k_1/k_2]} \tag{6-27}$$

这是因为不失效概率的先验方差由下式给出：

$$V(p; \alpha, \beta, \delta) = V(\alpha) = (1+2\beta k^\delta)^{-\alpha} - (1+\beta k^\delta)^{-2\alpha} \tag{6-28}$$

可以选择参数 α，以符合实验人员先前对某应力 k 下变化的估计。值得注意的是，在确定后验的条件预期时，必须指定另外两个函数 $g_1(k)$ 和 $g_2(k)$。随后，需使用更多的历史信息和专家信息来估计剩余的未知参数。

6.4　加速退化试验规划

加速退化试验用于失效次数很少，无法提供性能随时间下降信息的情况。退化信息能够针对产品使用提供更深刻的观点，以支持产品设计和评估。在理想情况下，退化信息可在不损坏试验单元的情况下获得。例如，通过改变泵头和／或流量，可直接测量泵的退化。不过，在某些应用中，试验单元的性能可能会因退化数据收集而改变或损坏。例如，测量聚合物材料在碱性环境和高温下的抗拉强度会导致试验单元损坏。这种退化试验被称为加速破坏性退化试验（ADDT），只能对每个试验单元生成单个测量值。因此，谨慎的试验计划对提取尽可能多的信息至关重要。加速退化试验规划的主要目标是：

(1) 确定合适的产品性能指标。

(2) 确定加速应力水平和相应的样本量。

（3）从产品性能的角度定义失效。

（4）估计试验持续时间。

（5）确定合适的模型，用于外推性能退化建模。

加速退化试验规划的步骤与加速寿命试验规划类似，尽管前者更关注性能退化数据和退化模型，以便对未来性能进行外推。对于性能随着使用时间的增加而逐渐退化的应用，失效时间 T 的定义是退化程度达到指定临界水平 Y 的时间。有了所有相应的失效时间后，后续的分析与一般的加速寿命试验方法类似。值得注意的是，必须通过加速退化试验的规划来更好地理解潜在的失效机制，这是因为不仅需要跟踪失效，还需要跟踪不断变化的性能。

[例 6.3]　考虑一个加速退化试验的计划，在该计划中，试验单元的退化随着时间的推移而减少。随机选择 n 个单元在各应力水平下进行退化试验（余，2006）。退化水平达到指定的转换阈值 y_f 后，则认为试验单元失效。给定应力水平 j 下的试验单元 i，每 f 个时间单位进行一次测量，直到时间 $t_k = f \cdot k \cdot t_\mathrm{u}$，式中 t_u 为时间单位，k 为代表测量次数的正整数。因此，具体试验计划可用决策变量来描述：

$$\varphi = (n, f_j, k_j, t_\mathrm{u})$$

目标是设计一个有效的退化实验，用于在正常应力条件下精确估计 $100p$ 百分位数 t_p。假设拟合的退化模型是非线性的，如下式所示：

$$g[y_{ij}(t_{ijk})] = -a_{ij}t_{ijk}^b + \varepsilon_{ij}$$

式中：$g(\cdot)$ 是可根据工程经验、类似产品或初步研究确定的合适功能；y_{ij} 为应力水平 j 下单元 i 的退化路径；随机 t_{ijk} 为应力水平 S_j 下单元 i 的第 k 次测量值，$b > 0$ 为固定已知常数；a_{ij} 是符合倒数威布尔分布的系数，即 a_{ij}^{-1} 符合尺度参数 a_j、形状参数 β 的威布尔分布；ε_{ij} 为符合正态分布 $N(0, \sigma)$ 的误差。

临界阈值为 y_f，可得出产品寿命 t：

$$t = \left[-\frac{g(y_\mathrm{f})}{a_{ij}} \right]^{\frac{1}{b}}$$

在 $a_{ij}^{-1} \sim$ 威布尔(α, β) 时，$-\ln a_{ij}$ 符合位置参数 $\ln\alpha$ 和尺度参数 $\frac{1}{\beta}$ 的极值分布。此时可以看出，t 符合具有尺度参数 $\theta_j = \{\alpha_j \cdot [-g(y_\mathrm{f})]\}^{\frac{1}{b}}$ 和形状参数的威布尔分布。因此，产品的寿命分布可表示为

$$f(t) = b\beta \cdot (\theta_j)^{-\beta} \cdot t^{b\beta-1} \cdot \mathrm{e}^{-t^{b\beta} \cdot (\theta_j)^{-\beta}}$$

如此一来，产品寿命分布在应力水平 S_j 下的 $100p$ 百分位数 t_p 可表示为

$$t_{\mathrm{p},j} = \exp\left\{ \ln\theta_j + \frac{1}{\beta} \cdot \ln[-\ln(1-p)] \right\} =$$

$$\exp\left\{ \frac{1}{b}\ln[-g(y_\mathrm{f})] + \frac{1}{b}\ln\alpha_j + \frac{1}{\beta} \cdot \ln[-\ln(1-p)] \right\}$$

假设寿命-应力关系为阿伦尼斯关系，则尺度参数 α_j 是应力的对数线性函数：

$$\ln\alpha_j = \gamma_0 + \frac{\gamma_1}{S_j}$$

式中：γ_0 和 γ_1 为有待根据退化数据估计的未知参数；S_j 为应力水平。

因此，正常应力条件 S_0 下的 $100p$ 百分位数 t_p 为

$$t_{p,0} = \exp\left\{\frac{1}{b}\ln[-g(y_f)] + \frac{\gamma_0}{b} + \frac{\gamma_1}{bS_0} + \frac{1}{\beta}\cdot\ln[-\ln(1-p)]\right\}$$

三个模型参数的联合先验分布用 $f(a,b,\beta)$ 表示，因此可以得到后验分布为

$$f(\beta,\gamma_0,\gamma_1|t) = \frac{L(t|\beta,\gamma_0,\gamma_1)f(\beta,\gamma_0,\gamma_1)}{\iiint L(t|\beta,\gamma_0,\gamma_1)f(\beta,\gamma_0,\gamma_1)\mathrm{d}\beta\mathrm{d}\gamma_0\mathrm{d}\gamma_1}$$

似然函数为

$$l(t) = \prod_i\prod_j\prod_k \left(b\beta\cdot\{\alpha_j\cdot[-g(y_f)]\}^{-\frac{\beta}{b}}\cdot t_{ijk}^{b\beta-1}\cdot e^{-t_{ijk}^{b\beta}\cdot\{\alpha_j[-g(y_f)]\}^{-\frac{\beta}{b}}}\right)$$

$$\Lambda = \lg(L(t|\beta,\gamma_0,\gamma_1))$$

$$= \sum_i\sum_j\sum_k\left(\ln b + \ln\beta - \frac{\beta}{b}\left(\gamma_0 + \frac{\gamma_1}{S_j}\right) - \frac{\beta}{b}\ln[-g(y_f)] + (b\beta-1)\ln t_{ijk} - \right.$$

$$\left. t_{ijk}^{b\beta}\cdot\left\{\exp\left(\gamma_0 + \frac{\gamma_1}{S_j}\right)\cdot[-g(y_f)]\right\}^{-\frac{\beta}{b}}\right)$$

为了便于说明，设计了一个简单的退化试验来研究交流电源的性能。监控输出电流，以显示其性能。正常工作状态为 $S_0 = 200\ ^{\circ}\mathrm{K}$，加速应力分别为 $S_1 = 300\ ^{\circ}\mathrm{K}$ 和 $S_2 = 500\ ^{\circ}\mathrm{K}$。假设输出电流降至标称输出电流的 80% 以下，即，$y_f = 0.8$，测试单元就会失效。相关百分位数 p 为 0.01。检测时间单位为 $y_f = 1\ \mathrm{h}$。

根据工程经验、函数 $g[y_{ij}(t_{ijk})] = 1 - \dfrac{1}{y_{ij}(t_{ijk})}$ 和常数 $b = 0.55$；因此，所观察到的退化路径可以用以下测试方案描述：

$$g[y_{ij}(t_{ijk})] = 1 - \frac{1}{y_{ij}(t_{ijk})} = -a_{ij}t_{ijk}^b + \varepsilon_{ij}$$

为便于说明，将结果与三个不同的测试计划进行对比：

(1) 测试方案 1：测试 30 台设备的各级应力水平，各级应力水平的检验频率分别为 1、3 和 4；各级应力水平的总检测次数分别为 300 次、150 次和 100 次。

(2) 测试方案 2：测试 40 台设备的各级应力水平，各级应力水平的检验频率分别为 2、5 和 9；各级应力水平的总检测次数分别为 250 次、130 次和 80 次。

(3) 测试方案 3：测试 50 台设备的各级应力水平，各级应力水平的检验频率分别为 3、7 和 10；各级应力水平的总检测次数分别为 200 次、100 次和 60 次。

先验信息见表 6.2。

表 6.2　先验信息

参　　数	初始值	先验分布
γ_0	0.65	$0.45 \sim 0.98$
γ_1	1 820	$1\,300 \sim 2\,200$
β	8.53	$6.42 \sim 9.78$

似然函数为

$$\Lambda = \lg(L(t \mid \beta, \gamma_0, \gamma_1))$$

$$= \sum_i \sum_j \sum_l \left\{ \ln b + \ln \beta - \frac{\beta}{b} \left(\gamma_0 + \frac{\gamma_1}{S_j} \right) - \frac{\beta}{b} \ln \left(\frac{1}{\gamma_f} - 1 \right) + (b\beta - 1) \ln t_{ijk} - \right.$$

$$\left. t_{ijk}^{b\beta} \cdot \left[\exp \left(\gamma_0 + \frac{\gamma_1}{S_j} \right) \cdot \left(\frac{1}{y_f} - 1 \right) \right]^{-\frac{\beta}{b}} \right\}$$

在正常应力条件下的 $100p$ 百分位数寿命为

$$t_{p,0} = \exp \left\{ \frac{1}{b} \ln \left(\frac{1}{y_f} - 1 \right) + \frac{\gamma_0}{b} + \frac{\gamma_1}{bS_0} + \frac{1}{\beta} \cdot \ln[-\ln(1-p)] \right\}$$

现在用 60 000 次迭代运行 200 次模拟。从表 6.3 中可以看到,每个测试方案的后验方差期望值之间的差异。

表 6.3　各方案的预期方差

测试方案编号	方差预期值 $t_{p,0}/h$
1	6.87×10^{235}
2	6.29×10^{288}
3	4.90×10^{267}

第7章 对不确定性和模型验证做出的说明

7.1 引　言

贝叶斯分析的核心是两个关键原则,即根据工程师从某个过程或测试中收集到的证据,以及工程师所选择的展示该过程或测试数据的模型等信息对相关未知数做出推断。虽然数据和模型存在不确定性,但这并不影响它们的使用。相反,我们只需采用概率关系对这些不确定性进行适当说明即可。此时,可靠性测试工程师在识别和描述不确定性来源方面的技能变得至关重要。而在分析具有内在不确定性的数据和模型时,工程师需要理解这种不确定性的性质。

通过适当的推理模型,相关未知数(比如,用于描述给定时间点上某个单位的失效时间或损伤量的参数)决定了随后的证据(用 E 表示)。如果该证据(比如,在给定时间内类似裂纹深度的累积损伤量)无法直接或准确地观察到,那么产生该证据的物理过程可能会带来不确定性。在这种情况下,"可观察证据"($\hat{E}$)具有一种概率关系,该概率关系以确凿证据或潜在证据(E)为条件,如果过程不够完善,那么后续观察过程可能会产生更多不确定性。在此情况下,可观察证据有一个以观察结果(O)为条件的概率关系。

理解这些概率关系和"观察平面"至关重要。观察平面是指由观察者和分隔每个不确定性来源的产品之间的 E 位置所界定的。在证据收集的背景下,该平面将不确定性分为两大类。第一类不确定性是在物理过程中产生的(比如失效机制),该过程涉及所谓的"经典误差",即产生可观察证据的概率以确凿的潜在证据为条件的概率 $\Pr(\hat{E}|E)$(卡罗尔 & 史蒂芬斯基,1990;富勒,1987;马利克、霍夫曼 & 卡罗尔,2002)。第二类不确定性是在观察过程中产生的,该过程涉及所谓的"伯克森误差",即产生可观察证据的概率 $\Pr(\hat{E}|E)$(卡罗尔 & 史蒂芬斯基,1990;马利克、霍夫曼 & 卡罗尔,2002;达尔比 & 费姆,1999)。这两种不确定来源需要以不同的方式融合,以形成贝叶斯推理。

7.2　证据的不确定性①

可靠性测试工程师必须明白,在他的观察中,哪些不确定性源自"经典误差"和"伯克森

---

① 在文献中,不考虑经典误差而孤立地记录伯克森误差的情形并不少见。后来,伯克森误差通常被写成 $\Pr(\hat{E}|E)$,其中,E 成为与真实潜在证据的同义词,而 $\hat{E}$ 表示所观察到的数据。本书所采用的分类法不同于这种保持一致性的陈述方式,但其基本原理相同。

误差"。每种误差必须以下述不同方式进行融合。

7.2.1 经典误差——物理过程中的不确定性

融入经典误差后,不涉及不确定性的贝叶斯结构又添加了一个微小的变化。我们先回顾下贝叶斯定理:

$$\pi_1(\theta \mid E) = \frac{L(E \mid \theta)\pi_0(\theta)}{\int_\theta L(E \mid \theta')\pi_0(\theta')\mathrm{d}\theta'} \tag{7-1}$$

式中:θ 是相关未知数集体;E 是证据;$\pi_0(\theta)$ 是未知的联合概率分布(描述一种知识的先前状态);$\pi_0(\theta \mid E)$ 是联合概率分布,描述一种对证据进行贝叶斯推理后的知识更新状态;$L(E \mid \theta)$ 则是似然函数,用于描述在给定相关未知数集的情况下观察到证据的可能性。

如果物理过程中存在不确定性,那么需要理解和确定这些经典误差。考虑一个涉及化学检测试剂盒的腐蚀加速退化试验(ADT)。在试验中,要将一种带特殊涂层的试纸插入含有腐蚀污染物的未知油剂中。使用检测试剂盒是为了确定某种污染物的存在。如果存在污染物,那么试纸会变成红色。相反,如果没有污染物,那么试纸会变成绿色。然而,该检测试剂盒并不完美。当试纸应该变成红色(即污染物存在)时,有 10% 的可能性会出现错误,变成绿色。同样地,当试纸应该变成绿色(即没有污染物)时,有 5% 的概率出错,变成红色。

在这种情况下,腐蚀的确凿证据或潜在证据 E 指的是污染物存在(或不存在)。可观察证据 $\hat{E}$ 是检测试剂盒试纸变化的颜色。因此,以下经典误差可界定为

$$\Pr(\hat{E} \mid E) = \left\{ \begin{array}{c|cc} & E = \text{“存在污染物”} & E = \text{“不存在污染物”} \\ \hline \hat{E} = \text{“绿色”} & 0.9 & 0.05 \\ \hat{E} = \text{“红色”} & 0.1 & 0.95 \end{array} \right\} \tag{7-2}$$

经典误差被纳入贝叶斯分析中,采用了一种被称为"观测可能性"的方法(Tan & Xi,2003)。我们对式(7-1)中的似然函数进行了修改,以纳入可观察证据。如本示例所示,当存在有限的、可能的潜在证据集时,有

$$L(\hat{E} \mid \theta) = \sum_E \Pr(\hat{E} \mid E)L(E \mid \theta) \tag{7-3}$$

$L(\hat{E} \mid \theta)$ 代表可观察证据的概率,该概率由给定的特定相关未知数产生。式(7-3)可概括如下:

$$L(\hat{E} \mid \theta) = \int_E f(\hat{E} \mid E')L(E' \mid \theta)\mathrm{d}E' \tag{7-4}$$

式中:$f(\hat{E} \mid E')$ 是连续概括经典误差的概率密度函数(PDF)。式(7-3)和式(7-4)可以被替换为式(7-1),以生成下式中贝叶斯定理的修正表示:

$$\pi_1(\theta \mid \hat{E}) = \begin{cases} \dfrac{\pi_0(\theta)\sum\limits_{E}\Pr(\hat{E}\mid E')L(E'\mid\theta)}{\sum\limits_{\theta}\pi_0(\theta')\sum\limits_{E}\Pr(\hat{E}\mid E')L(E'\mid\theta')} & \text{(有限的可能证据集)} \\[4mm] \dfrac{\pi_0(\theta)\int_{E}f(\hat{E}\mid E')L(E'\mid\theta)\mathrm{d}E'}{\int_{\theta}\pi_0(\theta')\left[\int_{E}f(\hat{E}\mid E')L(E'\mid\theta')\mathrm{d}E'\right]\mathrm{d}\theta'} & \text{(无限的可能证据集)} \end{cases}$$

$$(7-5)$$

式(7-5)是式(7-1)中所表示的贝叶斯定理的"自然"扩展,这主要是因为它遵循了概率定律(正如本书后面所概述的那样,当涉及伯克森误差时,该特性并不通用)。

[**例7.1**] 一名测试工程师正在进行加速测试,以确定系统中轴承的性能水平。相关未知数是轴承的性能 x:若轴承性能高于所要求的最低水平,则 x 值为 0;若轴承性能接近违反要求,则 x 值为 1;若轴承性能低于性能要求,则 x 值为 2。由于系统在测试时是正常工作的,因此,测试工程师将以下先验信息分配给相关未知数 x,即

$$\pi_0(\theta)=\pi_0(x)=\begin{cases} 0.75 & (x=0) \\ 0.2 & (x=1) \\ 0.05 & (x=2) \end{cases}$$

$$(7-6)$$

如果轴承接近违反性能要求,那么该轴承的润滑剂流入液体冷却剂的可能性达 80%。如果轴承已经违反了性能要求,那么可能性增加到 100%。该润滑剂就是式(7-2)中的检测试剂盒污染物。

$$L(E\mid x)=\left\{ \begin{array}{l|ccc} & x=0 & x=1 & x=2 \\ \hline \hat{E}E=\text{"存在污染物"} & 0 & 0.8 & 1 \\ \hat{E}E=\text{"不存在污染物"} & 1 & 0.2 & 0 \end{array} \right\}$$

$$(7-7)$$

测试工程师要找出 x 的后验分布值。

求解:

证据是溶液(即冷却剂液)中存在(或不存在)污染物(即润滑剂)。在提取冷却剂样品后,测试工程师将试纸放入溶液,试纸变成红色,即

$$\hat{E}=\text{"红色"}$$

$$(7-8)$$

将式(7-6)和式(7-8)代入式(7-5),得

$$\pi_1(\theta\mid\hat{E})=\pi_1(x\mid\hat{E})=\frac{\pi_0(x)\sum\limits_{E}\Pr(\hat{E}\mid E)L(E\mid x)}{\sum\limits_{x}\pi_0(x')\sum\limits_{E}\Pr(\hat{E}\mid E')L(E'\mid x')}$$

$$(7-9)$$

考虑式(7-9)中的求和,并代入式(7-2)和式(7-7),得

$$\sum_{E}\Pr(\hat{E}\mid E)L(E\mid\mid x)$$

$$= \sum_{\forall E} \left[\begin{array}{c|cc} & E=\text{``存在污染物''} & E=\text{``不存在污染物''} \\ \hline \hat{E}=\text{``绿色''} & 0.9 & 0.05 \\ \hat{E}=\text{``红色''} & 0.1 & 0.95 \end{array} \right.$$

$$\times \left. \begin{array}{c|ccc} & x=0 & x=1 & x=2 \\ \hline E=\text{``存在污染物''} & 0 & 0.8 & 1 \\ E=\text{``不存在污染物''} & 1 & 0.2 & 0 \end{array} \right]$$

$$= \left[\begin{array}{c|c} & E=\text{``存在污染物''} \\ \hline \hat{E}=\text{``绿色''} & 0.9 \\ \hat{E}=\text{``红色''} & 0.1 \end{array} \right. \left. \begin{array}{c|ccc} & x=0 & x=1 & x=2 \\ \hline E=\text{``存在污染物''} & 0 & 0.8 & 1 \end{array} \right.$$

$$\left. \begin{array}{c|c} & E=\text{``不存在污染物''} \\ \hline \hat{E}=\text{``绿色''} & 0.05 \\ \hat{E}=\text{``红色''} & 0.95 \end{array} \right. \left. \begin{array}{c|ccc} & x=0 & x=1 & x=2 \\ \hline E=\text{``不存在污染物''} & 1 & 0.2 & 1 \end{array} \right.$$

$$= \left[\begin{array}{c|ccc} & x=0 & x=1 & x=2 \\ \hline \hat{E}=\text{``红色''} & 0 & 0.72 & 0.9 \\ \hat{E}=\text{``绿色''} & 0 & 0.08 & 0.1 \end{array} \right.$$

$$+ \left. \begin{array}{c|ccc} & x=0 & x=1 & x=2 \\ \hline \hat{E}=\text{``红色''} & 0.05 & 0.01 & 0 \\ \hat{E}=\text{``绿色''} & 0.95 & 0.19 & 0 \end{array} \right]$$

$$= \begin{array}{c|ccc} & x=0 & x=1 & x=2 \\ \hline \hat{E}=\text{``红色''} & 0.05 & 0.73 & 0.9 \\ \hat{E}=\text{``绿色''} & 0.95 & 0.27 & 0.1 \end{array}$$

$$(7-10)$$

式 $(7-10)$ 乘以式 $(7-6)$，得

$$\pi_0(x) \sum_E \Pr(\hat{E} \mid E) L(E \mid x)$$

$$= \left\{ \begin{array}{c|c} 0.75 & x=0 \\ 0.20 & x=1 \\ 0.05 & x=2 \end{array} \right\} \left\{ \begin{array}{c|ccc} & x=0 & x=1 & x=2 \\ \hline \hat{E}=\text{``红色''} & 0.05 & 0.73 & 0.9 \\ \hat{E}=\text{``绿色''} & 0.95 & 0.27 & 0.1 \end{array} \right\}$$

$$= \left\{ \begin{array}{c|ccc} & x=0 & x=1 & x=2 \\ \hline \hat{E}=\text{红色} & 0.037\,5 & 0.146 & 0.045 \\ \hat{E}=\text{``绿色''} & 0.712\,5 & 0.054 & 0.005 \end{array} \right. \qquad (7-11)$$

求式 $(7-11)$ 所有可能的 x 之和，得出式 $(7-9)$ 中的分母：

$$\sum_x \pi_0(x') \sum_E \Pr(\hat{E} \mid E') L(E' \mid x') \, \mathrm{d}x' = \sum_{\forall x} \left\{ \begin{array}{c|ccc} & x=0 & x=1 & x=2 \\ \hline \hat{E}=\text{``红色''} & 0.037\,5 & 0.146 & 0.045 \\ \hat{E}=\text{``绿色''} & 0.712\,5 & 0.054 & 0.005 \end{array} \right.$$

$$
= \left\{ \begin{array}{c|c} & x = 0 \\ \hline \hat{E} = \text{"红色"} & 0.037\,5 \\ \hat{E} = \text{"绿色"} & 0.712\,5 \end{array} \right\} + \left\{ \begin{array}{c|c} & x = 1 \\ \hline \hat{E} = \text{"红色"} & 0.014\,6 \\ \hat{E} = \text{"绿色"} & 0.054 \end{array} \right\} + \left\{ \begin{array}{c|c} & x = 2 \\ \hline \hat{E} = \text{"红色"} & 0.045 \\ \hat{E} = \text{"绿色"} & 0.005 \end{array} \right\}
$$

$$
= \left\{ \begin{array}{c|c} \hat{E} = \text{"红色"} & 0.228\,5 \\ \hat{E} = \text{"绿色"} & 0.771\,5 \end{array} \right\} \tag{7-12}
$$

将式(7-12)和式(7-11)代入式(7-9),得

$$
\pi_1(x \mid \hat{E}) = \frac{\pi_0(x) \sum\limits_{E} \Pr(\hat{E} \mid E) L(E \mid x)}{\sum\limits_{x} \pi_0(x') \sum\limits_{E} \Pr(\hat{E} \mid E') L(E' \mid x')}
$$

$$
= \frac{\left\{ \begin{array}{c|ccc} & x = 0 & x = 1 & x = 2 \\ \hline \hat{E} = \text{"红色"} & 0.037\,5 & 0.146 & 0.045 \\ \hat{E} = \text{"绿色"} & 0.712\,5 & 0.054 & 0.005 \end{array} \right\}}{\left\{ \begin{array}{c|c} \hat{E} = \text{"红色"} & 0.228\,5 \\ \hat{E} = \text{"绿色"} & 0.771\,5 \end{array} \right\}}
$$

$$
\approx \left\{ \begin{array}{c|cc} & \hat{E} = \text{"红色"} & \hat{E} = \text{"绿色"} \\ \hline x = 0 & 0.164\,1 & 0.923\,5 \\ x = 1 & 0.639\,0 & 0.070\,0 \\ x = 2 & 0.196\,9 & 0.006\,5 \end{array} \right\} \tag{7-13}
$$

测试工程师观察到试纸变红,这意味着相关未知数的后验分布由式(7-13)中的"$\hat{E}$ = 红色"列给出。这意味着轴承超过性能要求的概率为 16.41%,接近违反要求的概率为 63.90%,已经低于性能要求的概率为 19.69%。即使正在运转中的轴承不可能将润滑剂泄漏到系统(即当 $x = 0$ 时),在轴承运转正常但又观测到试纸变红的情况下,依旧可能存在残留物(根据上述计算结果,可能性为 16.41%)。这是由测试过程中固有的不确定性或经典误差造成的。

与纳入不确定性相似,经典误差的纳入是一个感知问题。在上述检测试剂盒试纸的例子中,考虑试纸颜色变成"确凿证据"和将不确定性(通过污染物是否存在的概率关系)纳入似然函数的构造中也是一种完全正确的做法。式(7-3)和式(7-4)表明了如何在概念上构造这样的似然函数。

经典误差遵循概率定律的另一个好处就是:它在确凿或潜在的证据之间纳入了多层级证据形式。如果有 n 个这样的层级,且第 n 个和最后一个层级是可观察证据,那么经典误差如下式所示:

$$
L(\hat{E}_i \mid \hat{E}_{i-1})
$$

$$
= \left\{ \begin{array}{ll} \sum\limits_{\hat{E}_{i-1}} \Pr(\hat{E}_i \mid \hat{E}_{i-1}) L \left[\hat{E}_{i-1} \left| \begin{array}{l} E(i=2) \\ \hat{E}_{i-2}(i \geqslant 3) \end{array} \right. \right] & \text{(有限的、可能观察到的第 } i-1 \text{ 证据)} \\ \int_{\hat{E}_{i-1}} f(\hat{E}_i \mid \hat{E}'_{i-1}) L \left(\hat{E}_{i-1} \left| \begin{array}{l} E(i=2) \\ \hat{E}_{i-2}(i \geqslant 3) \end{array} \right. \right) \mathrm{d}\hat{E}'_{i-1} & \text{(无限的、可能观察到的第 } i-1 \text{ 证据)} \end{array} \right.
$$

$$
\tag{7-14}
$$

7.2.2 伯克森误差:观察过程中的不确定性

与物理过程中的不确定性及其相关的经典误差相反,伯克森误差源于观察过程本身的不确定性。从本质上讲,观察过程中的不确定性意味着人们只能根据检验人员、传感器或其他测量技术的观察结果来猜测实际的可观察证据是什么。更确切地说,两者之间的概率关系表示为以观察为条件(O)的可观察证据$(\hat{E})$发生的条件概率,即 $\Pr(\hat{E}|O)$。

在贝叶斯构造中,可用两种方法来处理伯克森误差。第一种方法是构造后验分布$\pi_1(\theta|\hat{E})$,以此作为所有可能的可观察证据后验分布的加权平均值 $\pi_1(\theta|\hat{E})$。其中,加权值用伯克森误差 $\Pr(\hat{E}|O)$ 来描述。该方法为杰弗里概率运动学定律(杰弗里,1965),如下式所示:

$$\pi_1(\theta|O)=\begin{cases}\displaystyle\sum_E\pi_1(\theta|\hat{E}')\Pr(\hat{E}'|O) & \text{(有限的、可能观察到的证据集)}\\[2mm] \displaystyle\int_E\pi_1(\theta|\hat{E}')f(\hat{E}'|O)\mathrm{d}\hat{E}' & \text{(无限的、可能观察到的证据集)}\end{cases} \tag{7-15}$$

式中:$f(\hat{E}|O)$是连续概括伯克森误差的概率密度函数。

处理伯克森误差的第二种方法不同于杰弗里概率运动学定律。它没有将后验分布构造为加权平均值,而是将似然函数进行加权。此方法被称为“齐斯曼定律”(齐斯曼,1986),如下式所示:

$$L(O|\theta)=\begin{cases}\displaystyle\sum_E L(\hat{E}'|\theta)\Pr(\hat{E}'|O) & \text{(有限的、可能观察到的证据集)}\\[2mm] \displaystyle\int_E L(\hat{E}'|\theta)f(\hat{E}'|O)\mathrm{d}\hat{E}' & \text{(无限的、可能观察到的证据集)}\end{cases} \tag{7-16}$$

[例 7.2] 以例 7.1 中的测试工程师为例。他患轻微的色盲症,在他看来,部分绿色和红色的阴影是灰色的。有时候,他无法分辨试纸上的颜色。因此,当他觉得试纸变成灰色时,就会记录下来。在这种情况下,他的观察结果(O)是颜色集{红色、绿色、灰色}中的一种元素。然而,通过多次测试,我们得知:当实际颜色是绿色时,有 40% 的时间是灰色的;而在其余 60% 的时间里,实际颜色是红色的。目前有一点尚不清楚:在什么条件下,红色或绿色会在测试工程师面前表现为明显的灰色?换言之,这种不确定性不能以取决于实际颜色为的概率表示,从而排除使用经典误差。唯一适用的误差就变成了伯克森误差:

$$\Pr(\hat{E}|O)=\begin{cases} & \begin{array}{ccc} O=\text{“绿色”} & O=\text{“灰色”} & O=\text{“红色”}\end{array}\\ \begin{array}{c}\hat{E}=\text{“绿色”}\\ \hat{E}=\text{“红色”}\end{array} & \begin{array}{ccc} 1 & 0.4 & 0\\ 0 & 0.6 & 1\end{array}\end{cases} \tag{7-17}$$

思考上述示例中的场景,除了这种情况以外,测试工程师都观察到测试纸上的灰色。他决定利用杰弗里定律来纳入这种不确定性。将式(7-17)和式(7-13)代入式(7-15),得

$$\pi_1(\theta|O)=\pi_1(x|O)=\sum_E\pi_1(x|\hat{E}')\Pr(\hat{E}'|O)$$

$$= \sum_{\forall E} \left\{ \begin{array}{c|cc} & \hat{E}=\text{"红色"} & \hat{E}=\text{"绿色"} \\ \hline x=0 & 0.164\,1 & 0.923\,5 \\ x=1 & 0.639\,0 & 0.070\,0 \\ x=2 & 0.196\,9 & 0.006\,5 \end{array} \right\} \left\{ \begin{array}{c|ccc} & \begin{array}{c}O=\\ \text{"绿色"}\end{array} & \begin{array}{c}O=\\ \text{"灰色"}\end{array} & \begin{array}{c}O=\\ \text{"红色"}\end{array} \\ \hline \hat{E}=\text{"绿色"} & 1 & 0.4 & 0 \\ \hat{E}=\text{"红色"} & 0 & 0.6 & 1 \end{array} \right\}$$

$$= \left\{ \begin{array}{c|c} & \hat{E}=\text{"红色"} \\ \hline x=0 & 0.164\,1 \\ x=1 & 0.639\,0 \\ x=2 & 0.196\,9 \end{array} \right\} \left\{ \begin{array}{c|ccc} & O=\text{"绿色"} & O=\text{"灰色"} & O=\text{"红色"} \\ \hline \hat{E}=\text{"红色"} & 0 & 0.6 & 1 \end{array} \right\} +$$

$$= \left\{ \begin{array}{c|c} & \hat{E}=\text{"绿色"} \\ \hline x=0 & 0.923\,5 \\ x=1 & 0.070\,0 \\ x=2 & 0.006\,5 \end{array} \right\} \left\{ \begin{array}{c|ccc} & O=\text{"绿色"} & O=\text{"灰色"} & O=\text{"红色"} \\ \hline \hat{E}=\text{"红色"} & 0 & 0.6 & 1 \end{array} \right\}$$

$$= \left\{ \begin{array}{c|ccc} & \begin{array}{c}O=\\ \text{"绿色"}\end{array} & \begin{array}{c}O=\\ \text{"灰色"}\end{array} & \begin{array}{c}O=\\ \text{"红色"}\end{array} \\ \hline x=0 & 0 & 0.098\,5 & 0.154\,1 \\ x=1 & 0 & 0.383\,4 & 0.638\,9 \\ x=2 & 0 & 0.118\,2 & 0.196\,9 \end{array} \right\} + \left\{ \begin{array}{c|ccc} & \begin{array}{c}O=\\ \text{"绿色"}\end{array} & \begin{array}{c}O=\\ \text{"灰色"}\end{array} & \begin{array}{c}O=\\ \text{"红色"}\end{array} \\ \hline x=0 & 0.923\,5 & 0.369\,4 & 0 \\ x=1 & 0.070\,0 & 0.028\,0 & 0 \\ x=2 & 0.006\,5 & 0.002\,6 & 0 \end{array} \right\}$$

$$= \left\{ \begin{array}{c|ccc} & O=\text{"绿色"} & O=\text{"灰色"} & O=\text{"红色"} \\ \hline x=0 & 0.923\,5 & 0.467\,9 & 0.164\,1 \\ x=1 & 0.070\,0 & 0.411\,4 & 0.638\,9 \\ x=2 & 0.006\,5 & 0.120\,8 & 0.196\,9 \end{array} \right\} \tag{7-18}$$

可以看到,使用杰弗里定律将测试工程师的色盲带来的不确定和和上述例子中物理过程的不确定性结合起来,如果他观察试纸是灰色,那么轴承功能正常的概率是 46.79%,接近失效的概率是 41.14%,已经失效的概率是 12.08%。

纳入观察过程中不确定性的关键在于正确地描述伯克森误差。这要求可靠性测试工程师了解哪些概率影响因素在起作用。为此,可靠性测试工程师需要注意两种特定的不确定性来源,即系统不确定性和随机不确定性。系统不确定性可被视为观察过程中固有的误差。从检测试剂盒的例子来看,式(7-17)表明,测试工程师观察红色时产生轻微误差。随机不确定性可被视为观察过程中固有的误差。同样地,式(7-17)所体现的概率关系也证明了这一事实。

7.2.2.1 系统不确定性

系统不确定性是一个重要的概念,尤其是考虑到专家意见、未校准的传感器或不准确的测量工具所带来的挑战时。理想的"完美"专家是指其伯克森误差不涉及偏见或不确定性的专家,即

$$\Pr(\hat{E}\,|\,O)=\begin{cases}1 & (\hat{E}=O)\\[2mm]0 & (\hat{E}\neq O)\end{cases} \tag{7-19}$$

那么,引入一种偏见或系统不确定性,就会形成一个精确但不完美的专家,即

$$\Pr(\hat{E}\,|\,O)=\begin{cases}1 & (\hat{E}=O+\overline{X})\\[2mm]0 & (\hat{E}\neq O+\overline{X})\end{cases} \tag{7-20}$$

式中:$\overline{X}$ 是一个常数误差项(可能是矩阵形式),代表着专家的偏见。

7.2.2.2　随机不确定性

传感器测量、人工检测和专家意见不仅涉及偏差和偏见,它们还涉及随机可变因素和不准确性。描述随机不确定性的一种有用方法是:如果不确定性源于加性误差过程(如中心极限定理所述),那么采用高斯分布法;如果误差过程是乘性的,那么采用对数正态分布法。根据 $\hat{E}$ 中涉及的参数或变量的数量,可纳入一个多变量高斯分布。如果问题变量是标量值,那么专家意见的伯克森误差可以表示为

$$\Pr(\hat{E}\,|\,O)=\frac{1}{\sigma\sqrt{2\pi}}e^{-\frac{1}{2}\left[\frac{O-(\hat{E}+\overline{X})}{\sigma}\right]^2} \tag{7-21}$$

式中:σ 是高斯分布标准差,用于描述观察中的不准确性和随机性。

如果观察的随机性和不准确性源于乘性误差过程,那么应使用对数正态分布来描述专家意见的伯克森误差,即

$$\Pr(\hat{E}\,|\,O)=\frac{1}{O\sigma\sqrt{2\pi}}e^{-\frac{1}{2}\left[\frac{\ln O-(\ln\hat{E}+\ln\overline{X})}{\sigma}\right]^2} \tag{7-22}$$

7.2.2.3　伯克森误差与经典误差的关系

尽管人们本能地希望将观察过程中的不确定性归类为经典误差,以免违反概率定律,但如果随机性不允许,就不可以这样做。如果观察过程中的不确定性可用经典误差来描述,那么实际发生的事情就是物理过程的延伸,即:曾经观察到的事物 O 实际上是可观察证据 $\hat{E}$,且应采用上文所描述的方法。从根本上讲,知道 $\hat{E}$ 的概率取决于 O(即伯克森误差),这并不意味着工程师可以确定 O 的概率取决于 E(E 可以改写为经典误差)。

以例 7.2 中探讨的操作检测试剂盒的色盲工程师为例。鉴于可观察证据 $\hat{E}$,在试图确定该工程师的观察概率 O 时,必须采用贝叶斯定理的离散形式:

$$\begin{aligned}\Pr(O=o\,|\,\hat{E})&=\frac{\Pr(\hat{E}\,|\,O=o)\Pr(O=o)}{\Pr(\hat{E})}\\[3mm]&=\frac{\Pr(\hat{E}\,|\,O=o)\Pr(O=o)}{\displaystyle\sum_{o'\in\{"绿色";"红色"\}}\Pr(\hat{E}\,|\,O=o')\Pr(O=o')}\end{aligned} \tag{7-23}$$

为了求解式(7-23),该工程师需要知道 $\Pr(O=o)$ 或其他情况下观察到红色或绿色的概率。在这种情况下,这个概率关系令人难以理解,即我们无法确定某项测试的任何特定观察概率,除非该概率本身取决于测试。简而言之,没有任何广义定律允许我们用经典误差正

确地表示伯克森误差。

这并不是表示没有任何场景可以用伯克森误差来推断经典误差,但只有在确定潜在概率影响的情况下,这种转换才能发生。在观察步枪靶场上的子弹探测机及其相关的校准实验的例子中,根据可观察证据生成观察概率构造的方法同样有效,这是因为相关指标是位移。在思考位移时,我们可以看到,A 和 B 的距离与 B 和 A 的距离一样远。这让工程师的视角得以改变(太口语化),从而使机器的估算值变成可观察证据,并严格纳入经典误差。然而,正如上述示例所示,这种互反关系并不一定存在。

7.3　概率失效物理模型的不确定性、误差和验证

概率失效物理模型或机械模型选择本身包含一种固有的不确定性水平,这种情况并不罕见,比如,裂纹通过结构金属蔓延的模型。随着材料工程师对微观材料特性的理解不断提升,模型也不断发展和更新。有时候,这些模型在基础物理方面存在竞争关系,而可靠性测试工程师可能不确定哪个模型最适合。

在这种情况下,可靠性测试工程师所使用的模型范围以及关于它们相关性的先验信息都可被视为其知识状态的一部分,即

$$\mathrm{UOI}=\{M_j,\theta_j\}_{j=1,2,3,\cdots,m} \tag{7-24}$$

式中:M_j 是可靠性测试工程师正在考虑的第 j 个模型;θ_j 是与模型 M_j 相关联的参数集。

先验知识用以下概率密度函数表示:

$$\mathrm{Pr}_0(M_j) \quad (j=1,2,3,\cdots,m) \tag{7-25}$$

$$\pi_0(\theta_j \mid M_j) \quad (j=1,2,3,\cdots,m) \tag{7-26}$$

如果存在一些相关未知数的特性、测量值或函数(在这种情况下以 x 表示),那么模型的不确定性可能是在建立其概率密度函数过程中所固有的,即

$$f(x \mid \{\mathrm{Pr}(M_j),\pi(\theta_j \mid M_j)\}_{j=1,2,3,\cdots,m})=\sum_{j=1}^{m}\left[\mathrm{Pr}(M_j)\int_{\theta_j}\mathrm{Pr}(x \mid M_j,\theta_j')\mathrm{d}\theta_j'\right] \tag{7-27}$$

贝叶斯分析提供了几种方法,以提升可靠性测试工程师对模型不确定性的理解。它们通常存在于同一个通用框架中。考虑证据集 E,它包含了一些独立的观察结果:

$$E=\{e_1,e_2,e_3,\cdots,e_n\} \tag{7-28}$$

我们定义了 E 的两个子集:E_1 和 E_2。这些子集的选择定义了被采用的方法,将在后面详细讨论。考虑下述概率密度函数:

$$f(E_2 \mid E_1,M_j)=\int_{\theta_j}L(E_2 \mid M_j,\theta_j')\pi_1(\theta_j' \mid M_j,E_1)\mathrm{d}\theta_j' \tag{7-29}$$

该概率密度函数被称为"预测密度"。$\pi_1(\theta_j' \mid M_j,E_1)$ 是以证据子集 E_1 中所含信息为基础的第 j 个模型参数所做的更新或后验分布。它被正式定义为

$$\pi_1(\theta_j \mid M_j,E_1)=\frac{L(E_1 \mid M_j,\theta_j)\pi_0(\theta_j \mid M_j)}{\int_{\theta_j}L(E_1 \mid M_j,\theta_j')\pi_0(\theta_j' \mid M_j)\mathrm{d}\theta_j'} \tag{7-30}$$

将式(7-30)代入式(7-29),得

$$f(E_2 \mid E_1, M_j) = \frac{\int_{\theta_j} L(E_2 \mid M_j, \theta_j') L(E_1 \mid M_j, \theta_j') \pi_0(\theta_j' \mid M_j) d\theta_j'}{\int_{\theta_j} L(E_1 \mid M_j, \theta_j') \pi_0(\theta_j' \mid M_j) d\theta_j'} \tag{7-31}$$

式(7-31)中的分布用于比较每个模型的相对优点。

1. 贝叶斯因子(BF)

如果 E_1 被设置成一个空集 $\varnothing$，那么意味着 E_2 是整个集 E，那么式(7-31)变得简化。两个模型引发的预测密度的比值定义了贝叶斯因子(盖尔芬德 & 德伊,1993)：

$$BF_{1,2} = \frac{f(E \mid M_1)}{f(E \mid M_2)} = \frac{\int_{\theta_1} L(E \mid M_1, \theta_1') \pi_0(\theta_1' \mid M_1) d\theta_1'}{\int_{\theta_2} L(E \mid M_2, \theta_2') \pi_0(\theta_2' \mid M_2) d\theta_2'} \tag{7-32}$$

从本质上讲,贝叶斯因子是两个竞争模型的观察证据 E 的概率比,该概率比以每个模型参数的先验分布为基础。换言之,贝叶斯因子是第一个模型相比于第二个模型所观察到的证据的次数。

从概念上讲,贝叶斯因子存在一个缺点,那就是预测分布仅以每个模型参数的先验分布为基础。若某个模型参数的先验分布选得不好,那么在进行这种比较时,会处于不利地位。表 7.1 提供了杰弗里拟定的指南,即如何通过对模型 M_1 和模型 M_2 进行模型对比来阐述贝叶斯因子(杰弗里,1961)。

表 7.1　杰弗里关于模型 M_1 与模型 M_2 对比的贝叶斯因子指南

贝叶斯因子	支持模型 M_1 的证据力度
<1	负(支持模型 M_2)
$1\sim3$	可忽略
$3\sim10$	重要
$10\sim30$	强
$30\sim100$	非常强
>100	决定性的

2. 伪贝叶斯因子(PsBF)

我们可以通过使用伪贝叶斯因子来解决严格采用模型参数的后验理解所产生的问题(盖瑟 & 艾迪,1979)。在这种情况下,预测分布可考虑每次采用一个证据成分,允许所有其他证据成分影响预测分布：

$$PsBF_{1,2} = \frac{\prod_{i=1}^{n} f(E_i \mid \bar{E}_i, M_1)}{\prod_{i=1}^{n} f(E_i \mid \bar{E}_i, M_2)} \tag{7-33}$$

式中：$E_i = \{e_i\}$ 和 $\bar{E}_i = \{e_1, e_2, \cdots, e_{i-1}, e_{i+1}\}$。

3. 后验贝叶斯因子

后验贝叶斯因子以预测分布为基础，而这些预测分布已被全部证据更新（艾特金，1991），即

$$\text{PoBF}_{1,2} = \frac{f(E \mid E, M_1)}{f(E \mid E, M_2)} \qquad (7-34)$$

4. 假定值

另一种评估模型有效性的方法是使用假定值。假定值是一个概率，该概率源自一个随机过程，它至少与观察到的结果一样极端。例如，如果假定为 0.05，那么与观察到的结果相比，有 5% 的可能性会产生更极端的结果。假定值在概率和统计中经常被使用（哈伯德 & 林赛，2008）。在贝叶斯分析中，可靠性测试工程师必须选择一个统计数字，其概率可以用一个模型进行预测，并直接根据证据进行估算（博克斯，1980）。这类统计数字包括平均值、百分位数和其他对数的首数。如果该统计数字用 X 表示，基于证据的估算值用 $\hat{x}$ 表示，则可以得出以下方程式：

$$\hat{x} = g(E) \qquad (7-35)$$

式中：g 是定义统计数字的函数。

下式定义了第 j 个模型的统计数字的预测分布：

$$X_j = f_j(x \mid M_j, \theta_j) \qquad (7-36)$$

[**例 7.3**]　考虑一个简单场景，该场景常用于演示基础贝叶斯模型的对比和验证。以下例子与其他例子类似，比如格韦克（2005）概述的例子。考虑在加速退化试验期间使用检查初始裂纹的过程。当声学信号振幅在恒定的时间间隔内超过预设水平时，就能检测到初始裂纹是否存在。其结果将是以下两种状态之一：$\{0, 1\}$. 考虑从 20 个检查间隔中收集到的证据，显示以下结果：

$$E = \{0,0,0,1,1,1,1,1,1,1,1,1,1,1,0,0,0,0,0,0,0\} \qquad (7-37)$$

测试工程师要考虑两种模型。第一种模型基于一个二项式过程。该过程所观察到的某个特定状态的概率是预先设定好的。第二个模型基于状态之间的转换过程，下一个间隔与前一个间隔有可能不同：

$$M_1 \rightarrow \Pr(s) = \begin{cases} p_1 & (s=0) \\ 1-p_1 & (s=1) \end{cases} \qquad (7-38)$$

式中：s 为给定检查间隔内存在的一个初始裂纹。

$$M_2 \rightarrow \Pr(s_i \mid s_{i-1}) = \begin{cases} p_2 & (s_i = s_{i-1}) \\ 1-p_2 & (s_i \neq s_{i-1}) \end{cases} \qquad (7-39)$$

采用贝叶斯因子法对两种模型进行了对比，并估算模型参数。

求解：

对于第一个模型，似然函数是基于二项式分布的：

$$L(E \mid M_1, p_1) = \binom{20}{10} p_1^{10}(1-p_1)^{10} \qquad (7-40)$$

第二个模型的似然函数也是基于二项式分布的，但它不是基于给定状态的概率，而是基于从 0 到 1 的转换。对于证据集 E，有 19 个案例使用了状态转换能力（我们不知道第一个

证据元素之前是何种状态)。因此:在后续的需求中,我们观察到两种状态转换;而当状态没有转换时,共有 17 个观察到的需求。那么,似然函数就变成

$$L(E \mid M_2, p_2) = \binom{19}{17} p_2^{17} (1 - p_2)^2 \tag{7-41}$$

假设 p_1 和 p_2 在 $[0,1]$ 上的先验分布很均匀,

$$\pi_0(p_1) = \begin{cases} 1 & (p_1 \in [0,1]) \\ 0 & (\text{其他}) \end{cases} \tag{7-42}$$

$$\pi_0(p_2) = \begin{cases} 1 & (p_2 \in [0,1]) \\ 0 & (\text{其他}) \end{cases} \tag{7-43}$$

将式(7-40)和式(7-41)代入式(7-32),得

$$\mathrm{BF}_{1,2} = \frac{\displaystyle\int_{p_1} L(E \mid M_1, p_1') \pi_0(p_1' \mid M_1) \mathrm{d}p_1'}{\displaystyle\int_{p_2} L(E \mid M_2, p_2') \pi_0(p_2' \mid M_2) \mathrm{d}p_2'} = \frac{0.047\,6}{0.050\,0} = 0.952\,4 \tag{7-44}$$

这表明,第二种模型更受喜爱一些。从概念上讲,这是合理的,这是因为证据集似乎存在长时间连续"运行"状态。然而,这种评估是基于相关未知数 p_1 和 p_2 的均匀先验分布。

要研究在证据集信息基础上更新模型所产生的效果,贝叶斯分析可派上用场。由于似然函数是基于二项式分布的,贝塔分布提供了一个"共轭先验"。在这种情况下,后验分布也是一个贝塔分布,这意味着只需更新这些参数即可(保留复杂计算):

$$X \sim \mathrm{Beta}(\alpha, \beta) \rightarrow f_\beta(x) = \frac{1}{B(\alpha, \beta)} x^{\alpha-1} (1-x)^{\beta-1} \tag{7-45}$$

式中:β 是贝塔函数。

此外,均匀分布(此前被选为先验分布)是贝塔分布的一种特例,其中两个参数都等于 1。从这些事实中,我们可以得出结论:

$$\pi_1(p_1 \mid E) = \frac{1}{B(11,11)} p_1^{10} (1-p_1)^{10} \tag{7-46}$$

$$\pi_1(p_2 \mid E) = \frac{1}{B(18,3)} p_2^{17} (1-p_2)^2 \tag{7-47}$$

从式(7-47)可以看出,模型 M_2 表明,在连续观察中,系统"停留"在相同状态的概率很高。

将式(7-46)和式(7-47)代入式(7-31)和式(7-34),得

$$\mathrm{PoBF}_{1,2} = \frac{f(E \mid E, M_1)}{f(E \mid E, M_2)} = \frac{1.447 \times 10^{-5}}{2.339 \times 10^{-5}} = 0.618\,8 \tag{7-48}$$

可以看出,随着模型更新,第二个模型正获得越来越多支持。如果不选择单一模型,我们可以纳入每个更新过的模型,为每个模型分配一个概率,并采用式(7-27)。每个模型的概率与使用式(7-48)计算出的 $f(E \mid E, M)$ 成正比。完成贝叶斯分析,得

$$\mathrm{Pr}(M_1) = \frac{f(E \mid E, M_1)}{\displaystyle\sum_i f(E \mid E, M_i)} = \frac{1.447 \times 10^{-5}}{1.447 \times 10^{-5} + 2.339 \times 10^{-5}} = 0.382\,3 \tag{7-49}$$

适用于 $\pi_1(p_1 \mid E)$ 和

$$\mathrm{Pr}(M_2) = \frac{f(E\,|\,E,M_2)}{\sum_i f(E\,|\,E,M_i)} = \frac{2.339 \times 10^{-5}}{1.447 \times 10^{-5} + 2.339 \times 10^{-5}} = 0.617\,7 \quad (7-50)$$

适用于 $\pi_1(p_2\,|\,E)$。

7.4　模型验证在加速退化试验中的应用

本节讨论为解决系统和/或组件的物理退化而开发的模型的验证过程。模型验证的主要活动是将模型预测与实验结果进行比较,两者之间的差异就是模型误差。

任一模型的精度可以用图 7.1 中的散点图进行定性显示。假设有 n 个样本单位,每次(即第 j 次)对相应的退化进行测量。横轴 D_e 表示单位 i 的退化测量结果,纵轴 D_m 表示单位 i 的退化模型预测。$D_{m,ij}$ 和 $D_{e,ij}$ 都是单位 i 在时间 j 的特定退化量。$Y_{t,ij}$ 是真正相关的退化。$D_{m,ij}$ 和 $Y_{t,ij}$ 之间的偏差被称为"模型预测的误差";而 $D_{e,ij}$ 和 $Y_{t,ij}$ 之间的偏差代表着"试验结果的误差"。只有当模型预测和试验结果之间没有差异时,该点才能落在虚线对角线上。通过模型验证过程,兼顾了模型预测和实验结果中的不确定性,从而估计相关真实损害的不确定性。模型验证过程根据被选择的模型误差类型而有所不同(比如,加性或乘性误差模型)。

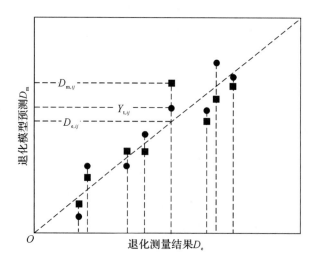

图 7.1　退化模型预测 D_m 与退化测量结果 D_e 对比

1. 加性误差模型

加性误差模型是最常用的,它假设误差受加性或聚合的影响。引入的误差可以是负的、零的或正的,我们用高斯分布描述该误差,表示潜在的退化和可观察的退化之间的差异。

$$\left. \begin{aligned} Y_{t,ij} &= D_{e,ij} + E_{e,ij}; \quad E_e \sim N(b_e,s_e) \\ Y_{t,ij} &= D_{m,ij} + E_{m,ij}; \quad E_m \sim N(b_m,s_m) \end{aligned} \right\} \quad (7-51)$$

式中:E_e 为试验结果误差,与均值 b_e 和标准差 s_e 呈正态分布;E_m 为模型预测误差,与均值 b_m 和标准差 s_m 呈正态分布。

比较模型误差和试验误差时,很容易得到 $E_{\text{me},i}$ 的表达式,即模型预测和试验结果之间的加性误差。

$$E_{\text{me}} = (E_{\text{m}} - E_{\text{e}}) \sim N(b_{\text{m}} - b_{\text{e}}, \sqrt{s_{\text{m}}^2 + s_{\text{e}}^2}) \tag{7-52}$$

由于试验的不确定性可以从一个独立的来源中检索出来,因此,可以采用贝叶斯更新过程来更新先验状态,以对 b_{m} 和 s_{m} 进行联合分布:

$$\begin{aligned}
&\pi_1(b_{\text{m}}, s_{\text{m}} \mid D_{\text{e},ij}, D_{\text{m},ij}, b_{\text{e}}, s_{\text{e}}) \\
&= \frac{\pi_0(b_{\text{m}}, s_{\text{m}}) \cdot L(D_{\text{e},ij}, D_{\text{m},ij}, b_{\text{e}}, s_{\text{e}} \mid b_{\text{m}}, s_{\text{m}})}{\iint\limits_{s_{\text{m}}, b_{\text{m}}} \pi_0(b_{\text{m}}, s_{\text{m}}) \cdot L(D_{\text{e},ij}, D_{\text{m},ij}, b_{\text{e}}, s_{\text{e}} \mid b_{\text{m}}, s_{\text{m}}) \mathrm{d}b_{\text{m}} \mathrm{d}s_{\text{m}}}
\end{aligned} \tag{7-53}$$

式中:$\pi_0(b_{\text{m}}, s_{\text{m}})$ 为参数的先验联合分布;$\pi_1(b_{\text{m}}, s_{\text{m}} \mid D_{\text{e},ij}, D_{\text{m},ij}, b_{\text{e}}, s_{\text{e}})$ 为参数的后验联合分布;$L(D_{\text{e},ij}, D_{\text{m},ij}, b_{\text{e}}, s_{\text{e}} \mid b_{\text{m}}, s_{\text{m}})$ 为似然函数,如

$$L(D_{\text{e},ij}, D_{\text{m},ij}, b_{\text{e}}, s_{\text{e}} \mid b_{\text{m}}, s_{\text{m}}) = \prod_{i=1}^{n} \frac{1}{\sqrt{2\pi} \sqrt{s_{\text{m}}^2 + s_{\text{e}}^2}} \mathrm{e}^{-\frac{1}{2} \frac{\left[D_{\text{m},ij} - D_{\text{e},ij} - (b_{\text{m}} - b_{\text{e}}) \right]^2}{s_{\text{m}}^2 + s_{\text{e}}^2}} \tag{7-54}$$

如果相关变量远远大于零且紧密分散,那么正态分布假设是正确的。广泛分散的数据将产生负下限,无法进行任何现实的物理诠释。此外,当数据主要位于较低范围或较高范围时,不确定性就会降低。

2. 乘性误差模型

在乘性误差模型中,误差被分配为对数正态分布,以弥补正态分布假设的缺陷。该模型假设模型预测、试验结果和真实损害都是正的或负的。这些误差可用数学方法表示如下:

$$\left.\begin{aligned}
\frac{Y_{\text{t},ij}}{D_{\text{e},ij}} &= F_{\text{e},ij}; \quad F_{\text{e}} \sim \text{LN}(b_{\text{e}}, s_{\text{e}}) \\
\frac{Y_{\text{t},ij}}{D_{\text{m},ij}} &= F_{\text{m},ij}; \quad F_{\text{m}} \sim \text{LN}(b_{\text{m}}, s_{\text{m}})
\end{aligned}\right\} \tag{7-55}$$

式中:F_{e} 为试验结果的乘性误差,与对数均值 b_{e} 和对数标准差 s_{e} 呈对数正态分布;F_{m} 为模型预测误差,与对数均值 b_{m} 和对数标准差 s_{m} 呈对数正态分布。

有了式(7-55),就得出 $\dfrac{D_{\text{e},g}}{D_{\text{m},j}} = \dfrac{F_{\text{m},j}}{F_{\text{e},j}} = F_{\text{t},ij}$,该因子代表着试验的乘性误差与模型预测之比。考虑到 F_{m} 和 F_{e} 的独立性,$F_{\text{t},ij}$ 也受对数正态分布 F_{t} 与均值 $b_{\text{m}} - b_{\text{e}}$ 和标准差 $\sqrt{s_{\text{m}}^2 + s_{\text{g}}^2}$ 的影响。

参数 b_{m} 和 s_{m} 的后验联合分布可以表示为

$$\begin{aligned}
&\pi_1(b_{\text{m}}, s_{\text{m}} \mid D_{\text{e},ij}, D_{\text{m},ij}, b_{\text{e}}, s_{\text{e}}) \\
&= \frac{\pi_0(b_{\text{m}}, s_{\text{m}}) \cdot L(D_{\text{e},ij}, D_{\text{m},ij}, b_{\text{e}}, s_{\text{e}} \mid b_{\text{m}}, s_{\text{m}})}{\iint\limits_{s_{\text{m}}, b_{\text{m}}} \pi_0(b_{\text{m}}, s_{\text{m}}) \cdot L(D_{\text{e},ij}, D_{\text{m},ij}, b_{\text{e}}, s_{\text{e}} \mid b_{\text{m}}, s_{\text{m}}) \mathrm{d}b_{\text{m}} \mathrm{d}s_{\text{m}}}
\end{aligned} \tag{7-56}$$

式中:$\pi_0(b_{\text{m}}, s_{\text{m}})$ 为参数的先验联合分布;$\pi_1(b_{\text{m}}, s_{\text{m}} \mid D_{\text{e},ij}, D_{\text{m},ij}, b_{\text{e}}, s_{\text{e}})$ 为参数的后验联合分布;$L(D_{\text{e},ij}, D_{\text{m},ij}, b_{\text{e}}, s_{\text{e}} \mid b_{\text{m}}, s_{\text{m}})$ 为似然函数,如

$$L(D_{e,ij},D_{m,ij},b_e,s_e \mid b_m,s_m) = \prod_{i=1}^{n} \frac{1}{\sqrt{2\pi}\left(\frac{D_{e,ij}}{D_{m,ij}}\right)\sqrt{s_m^2+s_e^2}} e^{-\frac{1}{2}\frac{\left[\ln\left(\frac{D_{e,ij}}{D_{m,ij}}\right)-(b_m-b_e)\right]^2}{s_m^2+s_e^2}} \tag{7-57}$$

请注意,模型预测误差的分布也可以用来推断相关真实损害的分布:$Y_{t,ij}=F_{m,ij} \cdot D_{m,ij}$。因此,实际损害 $Y_t \sim LN[\ln(D_m)+b_m,S_m]$。

[**例 7.4**] 考虑进行一项试验,该试验使用声发射(AE)和光学显微镜测量法(凯什特加和莫达雷斯,2013)来研究标准化样品中的开裂问题,从而建立一个小型疲劳裂纹的概率模型:

$$a(N)=\alpha \cdot l(N)+\beta \tag{7-58}$$

式中:$a(N)$ 为 N 个加载循环后的小裂纹的真实长度;$l(N)$ 为计算得到的循环时的 AE 强度;N、α 和 β 为未知的模型参数。

通过对模型预测和试验数据之间进行图解比较,对已开发模型进行定性验证,如图 7.2 所示。

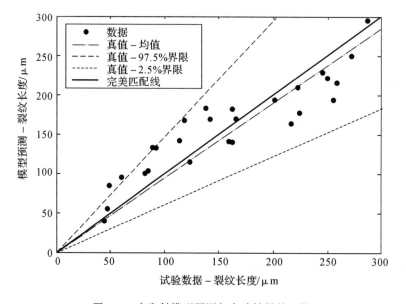

图 7.2 声发射模型预测与实验结果的比较

可采用基于模拟的先进方法,对基于贝叶斯估计法的模型进行验证。采用模型开发过程中未使用过的新数据集来验证已开发模型。

根据模型预测的乘性误差,考虑到检测概率(POD)、测量误差、被测量和用模型评估的裂纹,数据被观察到的可能性为

$$L(D_{e,ij},D_{m,ij},b_e,s_e \mid b_m,s_m,m,s)$$

$$= \prod_{i=1}^{n} \left[POD(D_{e,ij} \mid m,s)\right]\left[\frac{1}{\sqrt{2\pi}\left(\frac{D_{e,ij}}{D_{m,ij}}\right)\sqrt{s_m^2+s_e^2}}\right] e^{-\frac{1}{2}\frac{\left[\ln\left(\frac{D_{e,ij}}{D_{m,ij}}\right)-(b_m-b_e)\right]^2}{s_m^2+s_e^2}} \tag{7-59}$$

$$POD(D_{e,ij}|m,s)=\frac{e^{\frac{\pi}{\sqrt{3}}\left(\frac{\lg D_{e,ij}-m}{s}\right)}}{1+e^{\frac{\pi}{\sqrt{3}}\left(\frac{\lg D_{e,ij}-s}{s}\right)}},m\approx27\ \text{和}\ s\approx9。$$ 试验误差 b_e 的均值为 0.027,相应

的标准差 s_e 为 0.081 8。

b_m 和 s_m 的后验联合分布表示为

$$\pi_1(b_m,s_m|D_{e,ij},D_{m,ij},b_e,s_e)$$
$$=\frac{\pi_0(b_m,s_m)\cdot L(D_{e,ij},D_{m,ij},b_e,s_e|b_m,s_m)}{\iint_{s_m,b_m}\pi_0(b_m,s_m)\cdot L(D_{e,ij},D_{m,ij},b_e,s_e|b_m,s_m)\mathrm{d}b_m\mathrm{d}s_m} \tag{7-60}$$

式中:$\pi_0(b_m,s_m)$ 为 b_m 和 s_m 的联合先验分布,其特征是缺乏信息。

真实裂纹长度模型预测可通过下式估算:

$$Y_t=F_m\cdot D_m \tag{7-61}$$

可用对数正态分布来估算:

$$Y_t\sim LN[\ln(D_m)+b_m,s_m] \tag{7-62}$$

图 7.3 显示了修改后的预测结果和相应的不确定性界限。结果表明,已建立的声发射模型能够合理地估计真实裂纹长度。尽管结果表明已开发的模型对裂纹长度的预测略高,但这种小的偏差可以通过加入模型误差因子 F_m 来解决。因此,已开发的模型可适当地用于无偏估计真实裂纹长度分布。

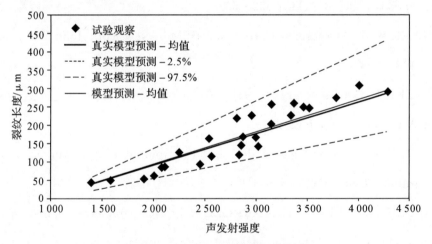

图 7.3 含乘性误差的模型预测

参 考 文 献

[1] CHEESEMAN P. Probabilistic versus fuzzy reasoning[J]. Machine Intelligence and Pattern Recognition, 1986,4: 85 - 102.

[2] AIYKIN M. Posterior Bayes factors[J]. Journal of the Royal Statistical Society, 1991, 53(1): 111 - 128.

[3] BOX G E P. Sampling and Bayes' inference in scientific modelling and robustness [J]. Journal of the Royal Statistical Society, 1980, 143(4): 383 - 404.

[4] CARROLL R J, STEFANSKI L A. Approximate quasi-likelihood estimation in models with surrogate predictors [J]. Journal of the American Statistical Association, 1990, 85(411): 652 - 663.

[5] FULLER W A. Measurement error models[M]. New York:John Wiley and Sons, Inc. ,1987.

[6] GEWEKE J. Contemporary Bayesian econometrics and statistics[M]. New York: John Wiley and Sons, Inc. ,2005.

[7] JEFFREY R C. The logic of decision[J]. Journal of the American Statistical Association, 1965, 35(2): 1 - 44.

[8] MALLICK B, OWEN H F, CARROLL R J. Semiparametric regression modeling with mixtures of Berkson and classical error, with application to fallout from the Nevada test site[J]. Biometrics, 2002, 58(1): 13 - 20.

[9] TAN Z B, XI W. Bayesian analysis with consideration of data uncertainty in a specific scenario[J]. Reliability Engineering and System Safety, 2003, 79 (1): 17 - 31.

[10] GEISSER S, EDDY W F. A predictive approach to model selection[J]. Journal of the American Statistical Association, 1979, 74(365): 153 - 160.

参考文献

[11] GELFAND A E, DEY D K. Bayesian model choice: asymptotics and exact calculations[J]. Journal of the Royal Statistical Society, 1994, 56(3): 501 - 514.

[12] HUBBARD R, LINDSAY R M. Why p values are not a useful measure of evidence in statistical significance testing[J]. Theory and Psychology, 2008, 18(1): 69 - 88.